Dirk Kühlers

Einfluss eines Hochwasserretentionsraums auf den Anteil infiltrierten Flusswassers in Grundwasser-Entnahmebrunnen

Einfluss eines Hochwasserretentionsraums auf den Anteil infiltrierten Flusswassers in Grundwasser-Entnahmebrunnen

von
Dirk Kühlers

Dissertation, genehmigt von der
Fakultät für Bauingenieur-, Geo- und Umweltwissenschaften
des Karlsruher Instituts für Technologie (KIT), 2012
Referenten: PD Dr. Ulf Mohrlok, Prof. Dr. h.c. Dr.-Ing. E.h. Helmut Kobus, Ph.D.

Impressum

Karlsruher Institut für Technologie (KIT)
KIT Scientific Publishing
Straße am Forum 2
D-76131 Karlsruhe
www.ksp.kit.edu

KIT – Universität des Landes Baden-Württemberg und
nationales Forschungszentrum in der Helmholtz-Gemeinschaft

KIT Scientific Publishing 2012
Print on Demand

ISBN 978-3-86644-897-1

Einfluss eines Hochwasserretentionsraums auf den Anteil infiltrierten Flusswassers in Grundwasser-Entnahmebrunnen

Zur Erlangung des akademischen Grades eines

DOKTOR-INGENIEURS

von der Fakultät für

Bauingenieur-, Geo- und Umweltwissenschaften

des Karlsruher Instituts für Technologie (KIT)

genehmigte

DISSERTATION

von

Dipl.-Geoökol. Dirk Kühlers

aus Karlsruhe

Tag der mündlichen Prüfung: 13. Februar 2012

Hauptreferent: PD Dr. Ulf Mohrlok

Korreferent: Prof. Dr. h.c. Dr.-Ing. E.h. Helmut Kobus, Ph.D.

Karlsruhe 2012

Kurzfassung

Zur Verminderung der Risiken extremer Hochwasserereignisse müssen an vielen Flussläufen Hochwasserretentionsräume geschaffen werden. Andererseits wird das Grundwasser vieler Flussauen zur Trinkwassergewinnung genutzt. Betreiber von Wasserwerken sehen die Einrichtung eines Retentionsraums in der Nähe ihrer Grundwasserbrunnen oft mit Sorge, da sie befürchten, dass mit Schadstoffen belastetes Flusswasser vermehrt in den Grundwasserleiter infiltrieren und mit der Grundwasserströmung zu ihren Brunnen gelangen könnte.

Zur Erfassung des Einflusses eines Hochwasserretentionsraums auf den Anteil infiltrierten Flusswassers an den Grundwasser-Entnahmebrunnen eines nahen Wasserwerks wurde die Grundwasserströmung zwischen dem Retentionsraum und dem Wasserwerk untersucht. Hierzu wurde zum einen mit numerischen Prinzipmodellen ein allgemeingültiges Prozessverständnis der Grundwasserströmung entwickelt, zum anderen wurde zur Quantifizierung des Einflusses eines Retentionsraums exemplarisch ein Aquifersimulator für den Standort Kastenwört am Rhein bei Karlsruhe aufgebaut.

Die Berechnungen mit den numerischen Prinzipmodellen ergaben, dass an einem Wasserwerk, dessen Einzugsgebiet räumlich vom nahen Retentionsraum getrennt ist, in der Regel auch infolge einer Flutung des Retentionsraums mit keinen oder nur sehr geringen Anteilen von Oberflächenwasser im geförderten Grundwasser zu rechnen ist. Eine Ausnahme von dieser Gesetzmäßigkeit kann für den Sonderfall auftreten, dass infiltriertes Oberflächenwasser bereits während des Hochwasserereignisses bis in die Nähe der Entnahmebrunnen transportiert wird. Das geförderte Grundwasser eines Wasserwerks, dessen Einzugsgebiet einen Teil des Retentionsraums beinhaltet, wird aufgrund der Flutung des Retentionsraums längerfristig einen signifikanten Fließgewässeranteil enthalten, der aber in der Regel erst in zeitlichem Abstand zum Hochwasserereignis zu beobachten ist. Wenn das Einzugsgebiet des Wasserwerks zusätzlich einen Abschnitt des Fließgewässers beinhaltet, wird zusätzlich zur langfristigen Wirkung auch kurzfristig während der Flutung des Retentionsraums der Fließgewässeranteil im geförderten Grundwasser ansteigen. Zur näherungsweisen Abschätzung der Größe des Einzugsgebiets einer Brunnenlinie und der Reichweite von infiltriertem Oberflächenwasser während eines Hochwassers wurde jeweils eine Methode entwickelt.

Die Anforderungen an einen zur Quantifizierung benötigten Aquifersimulator wurden dargestellt. Um den hohen Anforderungen gerecht zu werden, wurde eine Methode zur Kalibrierung des numerischen Modells entwickelt, bei der eine alternative, gröbere Diskretisierung verwendet wird. Weiterhin wurde eine Methode zur rückgekoppelten Anbindung der Abzugsgräben um den Retentionsraum in das Grundwassermodell entwickelt, bei der die Wasserstände der Abzugsgräben nicht zur Laufzeit des Grundwassermodells, sondern vorher berechnet werden.

Mit dem Aquifersimulator für den Standort Kastenwört am Rhein bei Karlsruhe konnte prognostiziert werden, dass der Anteil infiltrierten Flusswassers im geförderten Grundwasser eines geplanten Wasserwerks durch den Betrieb eines geplanten Retentionsraums um langfristig 5 % bis 10 % des Gesamtvolumens ansteigen wird, mit kurzfristigen Spitzen von bis zu 15 % während Flutungen des Retentionsraums.

Abstract

Along many rivers, flood water retention areas have to be built to protect downstream settlements against the impacts of extreme flooding. In these floodplains, riparian aquifers are often used for drinking water production. Consequently, the proximity of retention areas to drinking water production wells may lead to conflicting interests. Drinking water providers are concerned that river water, which often bears elevated loads of contaminants, could be directed through the retention areas toward production wells, adversely affecting the ground water quality at the municipal well fields.

To assess the influence of a flood water retention area on the percentage of infiltrated surface water in nearby ground water production wells, the ground water flow in between was investigated. First, the ground water flow was universally characterized using a highly generalized numerical model. Then, a detailed numerical model was constructed to quantitatively predict the influence of a planned retention area on the composition of groundwater at a well field planned nearby using the example of the Kastenwoert site south of Karlsruhe.

The simulations carried out with the highly generalized model showed that if the catchment area of a public well field is geographically separated from the nearby retention area, infiltrated surface water is not expected to appear in the production wells following flooding of the retention area. In exceptional cases, where surface water is transported very close to the wells during the flooding event itself, transport to the well head is possible. On the other hand, where the catchment area overlaps the retention area, long-term influence of surface water in the wells, beginning some time after the flooding, is inevitable. If the catchment area also extends to the nearby river, an additional short-term increase of the percentage of surface water in the wells will be observed during the flooding of the retention area. Empirical formulas were developed for use in estimating the size of the well field catchment area and the extent to which river water infiltrates into the aquifer during a flood event.

For the construction of the detailed numerical ground water model, a new model calibration method was developed, in which an alternative, coarser discretization was temporarily applied to the model. Furthermore, a new method was developed to dynamically couple the water levels in the trenches around the retention area to the ground water model. Selected sets of possible water levels in the trenches were calculated prior to the model runs. During the model runs, the appropriate set was chosen according to the calculated ground water levels and used as input values in the ground water model for the next time step.

Using the detailed numerical ground water model for the Kastenwoert site south of Karlsruhe, it was predicted that the planned retention area would permanently increase the amount of Rhine water in the ground water at the planned public well field by about 5 to 10 percentage points, with short-term peaks of up to 15 percentage points during the flooding of the retention area.

Danksagung

Mein erster Dank geht an Herrn PD Dr. Ulf Mohrlok, der das Promotionsverfahren gegen Ende als Hauptreferent begleitete. Er hat mich während der gesamten Projektlaufzeit immer wieder mit fachlichen Ratschlägen unterstützt. Insbesondere die intensiven Diskussionen gegen Ende des Promotionsverfahrens konnten die Qualität der Dissertation deutlich steigern.

Herrn Prof. Dr. h.c. Dr.-Ing. E.h. Helmut Kobus, Ph.D., danke ich sehr für die Übernahme des Korreferats. Seine Begleitung der Arbeit hat mir viel bedeutet, da er über besonders große Erfahrung im bearbeiteten Forschungsgebiet verfügt.

Bei Herrn Prof. Dr. Dr. h.c. Dietrich Maier möchte ich mich besonders bedanken, da er mich von Anfang an ermutigt hat, das Forschungsprojekt durchzuführen und den Weg des Promotionsverfahrens einzuschlagen. Insbesondere die schweren ersten Schritte des Promotionsverfahrens wurden von ihm begleitet, aber auch während der gesamten Projektdauer ließ er mich von seinem reichen Erfahrungsschatz profitieren.

Ein großes Dankeschön geht an die weiteren Mitglieder der Promotionskommission. Ohne die Mitwirkung von Herrn Prof. Dr. Dieter Burger, Herrn Prof. Dr. Josef Winter und Herrn Prof. Dr. Nico Goldscheider wäre das Promotionsvorhaben nicht möglich gewesen.

Ich bedanke mich posthum bei Herrn Prof. Gerhard Jirka, Ph.D., und Herrn Dr. Frank Oberacker. Herr Dr. Frank Oberacker hatte als erster die Idee, im Bereich Trinkwassergewinnung und Hochwasserretention ein Forschungsprojekt zu initiieren. Aufgrund seines frühen Todes konnte er das Projekt aber nicht mehr begleiten. Herr Prof. Gerhard Jirka erklärte sich ohne Zögern bereit, die geplante Promotion als Hauptreferent zu betreuen. Er hat mit wesentlichen Impulsen zum Gelingen der Arbeit beigetragen. Den Abschluss des Promotionsverfahrens konnte er wegen seines plötzlichen Todes aber leider nicht mehr erleben.

Die dieser Dissertation zugrunde liegenden Forschungsarbeiten wurden in wesentlichen Teilen im Rahmen meiner beruflichen Tätigkeit in der Hauptabteilung Trinkwassergewinnung der Stadtwerke Karlsruhe GmbH durchgeführt. Herzlich bedanken möchte ich mich bei meinen Vorgesetzten, Herrn Michael Schönthal und Herrn Prof. Matthias Maier, Ph.D., die mich während des gesamten Forschungsprojektes unterstützten, indem sie mir einen gut ausgerüsteten Arbeitsplatz und vor allem ausreichend Zeit zur Durchführung der Forschung zur Verfügung stellten. Sie brachten sich mit vielen Anregungen in die Arbeit ein. Ebenfalls herzlich bedanken möchte ich mich bei meinen Kollegen in der Abteilung Trinkwassergewinnung-Qualitätssicherung für die Schaffung eines außergewöhnlich freundlichen Arbeitsklimas und für die besonders angenehme Zusammenarbeit vor, während und nach den hier vorgestellten Forschungen. Ein besonderer Dank geht dabei an Herrn Wolfgang Deinlein und Herrn Markus Gruber, mit denen unzählige so fachliche wie fruchtbare Diskussionen geführt wurden.

Weiterhin möchte ich mich bei den Mitgliedern des Forschungsverbundvorhabens Rimax-HoT dafür bedanken, dass sie mir tiefe Einblicke in die wissenschaftliche Forschung benachbarter Fachbereiche gewährt haben. Das Verbundvorhaben konnte nur durch den großen Einsatz jedes Einzelnen erfolgreich abgeschlossen werden.

Beim Bundesministerium für Bildung und Forschung bedanke ich mich für die finanzielle Unterstützung der Forschung, ohne die sie nicht hätte stattfinden können.

Ein ganz besonders herzlicher Dank geht an meine Eltern und Geschwister, und vor allem an meine Frau Ann. Ohne ihre beständige Unterstützung hätten die Forschungen nicht erfolgreich abgeschlossen werden können.

Inhaltsverzeichnis

4 Methode zur Abschätzung der Beeinflussung   49

7 Zusammenfassung und Ausblick   **167**

Symbolverzeichnis

Formel-zeichen	Beschreibung	Einheit
A	Querschnitt	m^2
a	Faktor	-
a_{BR}	Abstand zwischen zwei Brunnen	m
b	Faktor oder Exponent	-
C	Geschwindigkeits-Beiwert	$m^{0,5}/s$
Co	Courant-Zahl	-
c	Stoffkonzentration	kg/m^3
c_0	Stoffkonzentration zu Beginn (zum Zeitpunkt 0)	kg/m^3
c_G	Gesamt-Stoffkonzentration (Feststoffphase + Wasserphase)	kg/m^3
$c_{konst.}$	gegebene, Stoffkonzentration	kg/m^3
c_s	Stoffkonzentration in der Feststoffphase	-
c_s^*	Stoffkonzentration in der Feststoffphase	kg/m^3
c_w	Stoffkonzentration in der Wasserphase	kg/m^3
D_D	Dispersionskoeffizient (Tensor)	m^2/s
D_{eff}	effektiver Diffusionskoeffizient im Grundwasser	m^2/s
D_L	Dispersionskoeffizient entlang der Grundwasserströmung	m^2/s
D_m	Diffusionskoeffizient	m^2/s
D_{Th}	Dispersionskoeffizient orthogonal horizontal zur Grundwasserströmung	m^2/s
D_{Tv}	Dispersionskoeffizient orthogonal vertikal zur Grundwasserströmung	m^2/s
d	Wegstrecke (Dicke)	m
E_{ges}	Gesamtenergie	J
E_h	Lageenergie	J
E_p	Druckenergie	J
E_k	kinetische Energie	J
$erf(z)$	Gaußsche Fehlerfunktion	-
$erfc(z)$	Komplementäre (konjugierte) Gaußsche Fehlerfunktion	-
F_G	Gewichtskraft	N
F_H	Hangabtriebskraft	N
F_R	Reibungskraft	N
$f()$	Funktion	-
g	Erdbeschleunigung	m/s^2
H_e	Energiehöhe	m
H_H	Höhe der Auslenkung des Grundwasserstands	m
h	Piezometerhöhe	m
h_0	Piezometerhöhe zu Beginn bzw. vor dem Hochwasserereignis	m

Formelzeichen	Beschreibung	Einheit
$h_{0,E}$	Piezometerhöhe am Ort der Grundwasserentnahme vor Beginn der Grundwasserentnahme	m
h_v	Verlusthöhe	m
$\hat{h}$	Elementweise definierte Näherungsfunktion	variabel
$h_{konst.}$	gegebene Piezometerhöhe	m
I	Gradient der Piezometerhöhe	-
i	Natürliche Zahl, Anzahl der Brunnen einer Brunnenlinie	-
I_E	Gradient der Energiehöhe	-
J_a	spezifischer Massenstrom der Advektion	$kg/(m^2 \cdot s)$
J_c	spezifischer Massenstrom aufgrund einer Cauchy-Randbedingung des Stofftransports	$kg/(m^2 \cdot s)$
J_D	spezifischer Massenstrom der Dispersion	$kg/(m^2 \cdot s)$
$J_{am,x}$	spezifischer Massenstrom der molekularen Diffusion in reiner Wasserphase in x-Richtung	$kg/(m^2 \cdot s)$
J_m	spezifischer Massenstrom der molekularen Diffusion im Grundwasser	$kg/(m^2 \cdot s)$
J_n	spezifischer Massenstrom entlang eines Konzentrationsgradienten im Grundwasser	$kg/(m^2 \cdot s)$
J_x	spezifischer Massenstrom in x-Richtung	$kg/(m^2 \cdot s)$
K	Tensor des Durchlässigkeitsbeiwertes	m/s
K_D	Adsorptionskoeffizient	m^3/kg
K_{ST}	Strickler-Beiwert	$m^{1/3}s^{-1}$
k_f	Durchlässigkeitsbeiwert	m/s
L	Wegstrecke/Länge	m
L_E	Länge einer Linienentnahme	m
M_{GW}	Mächtigkeit des Grundwasserleiters	m
m	Masse	kg
N_i	Interpolations-, Basis- oder Ansatzfunktionen des Knotens i	-
N_x	Massestrom in x-Richtung	kg/s
n	entwässerbare Porosität	-
n_e	effektive (durchflusswirksame) Porosität	-
n_{ges}	Gesamt-Porosität	-
n_M	Manning-Beiwert	$s/m^{1/3}$
n_o	Wegstrecke (orthogonal zu einer definierten Fläche)	m
P	Druck	Pa
Pe	(Gitter-)Pecletzahl	-
P_m	Punkt der maximalen unterstromigen Ausdehnung eines Einzugsgebiets	-
P_u	unterer Kulminationspunkt	-
Q	Durchfluss	m^3/s
Q_E	Gesamt-Entnahmerate eines oder mehrerer Brunnen oder einer Linienentnahme	m^3/s

Formel-zeichen	Beschreibung	Einheit
Q_I	Infiltrationsrate von Flusswasser in den Grundwasserleiter pro Flussmeter	m^2/s
q	spezifischer Fluss	m/s
$R(x,y,z)$	Residuum an der Stelle (x,y,z)	variabel
R_U	Reichweite von Uferfiltrat	m
$R_{U,10}$	Reichweite von Uferfiltrat bei einem Anteil von 10 % im Grundwasserleiter	m
r	Radius	m
r_{hy}	hydraulisch wirksamer Radius	m
S	Speicherkoeffizient	-
S_s	spezifischer Speicherkoeffizient	m^{-1}
s_a	Strecke advektiven Transports	m
T_H	Dauer eines Hochwasserereignisses	s
t	Zeit	s
U_B	benetzte Oberfläche des Gewässerbettes	m
U_0	Reaktions-Term der Stofftransportgleichung	$kg/(m^3 \cdot s)$
u	Abstandsgeschwindigkeit	m/s
V	Volumen	m^3
V_G	Gesamtvolumen	m^3
V_H	Hohlraumvolumen	m^3
V_V	Volumen von in den Aquifer infiltriertes Flusswasser pro Flussmeter	m^2
V_W	Grundwasser-Volumen	m^3
ΔV_k	Kontrollvolumen	m^3
ΔV_w	Volumen an Wasser im Kontrollvolumen	m^3
v	Geschwindigkeit	m/s
v_x	Geschwindigkeitskomponente der Filtergeschwindigkeit in x-Richtung	m/s
$v_{x,B}$	Summe der Geschwindigkeitskomponenten (Filtergeschwindigkeit) in x-Richtung von zwei Brunnen	m/s
$v_{Br,xm2}$	durch einen Brunnen im Abstand $x_{m,2}$ zum Brunnen verursachte (Filter-)geschwindigkeit der Grundwasserströmung	m/s
$v_{x,ges}$	Summe der Geschwindigkeitskomponenten (Filtergeschwindigkeit) in x-Richtung aller zu betrachtender Randbedingungen	m/s
$v_{x,h}$	durch eine gleichförmige, homogene Grundwasserströmung verursachte Geschwindigkeitskomponente (Filtergeschwindigkeit) in x-Richtung	m/s
$v_{x,1}$, $v_{x,2}$	durch den Brunnen 1 bzw. Brunnen 2 verursachte Geschwindigkeitskomponente (Filtergeschwindigkeit) in x-Richtung	m/s
v_y	Geschwindigkeitskomponente (Filtergeschwindigkeit) in y-Richtung	m/s
$v_{y,ges}$	Summe der Geschwindigkeitskomponenten (Filtergeschwindigkeit) in y-Richtung aller zu betrachtender Randbedingungen	m/s
$v_{y,1}$, $v_{y,2}$	durch den Brunnen 1 bzw. Brunnen 2 verursachte Geschwindigkeitskomponente (Filtergeschwindigkeit) in y-Richtung	m/s
W	Wasserstand im Fließgewässer	m
W_i	Gewichtungsfunktion des Knotens i	-

Formel-zeichen	Beschreibung	Einheit
W_{S0}	Quellen- und Senken-Term der Strömungsgleichung (3D)	s^{-1}
W_{S0*}	Quellen- und Senken-Term der Strömungsgleichung (2D-horizontal oder 1D-horizontal)	m/s
W_0	Quellen- und Senken-Term der Stofftransportgleichung	$kg/(m^3 \cdot s)$
x	Wegstrecke (Länge)	m
$x_{m,2}$	unterstromige Ausdehnung des Einzugsgebiets von zwei Brunnen	m
x_u	unterstromige Ausdehnung des Einzugsgebiets eines Einzelbrunnens bzw. Abstand eines Einzelbrunnens zum unteren Kulminationspunkt	m
$x_{u,2}$	Abstand einer Strecke zwischen zwei Brunnen zum unteren Kulminationspunkt	m
$x_{u,l}$	unterstromige Ausdehnung des Einzugsgebiets einer Linienentnahme bzw. Abstand einer Linienentnahme zum unteren Kulminationspunkt	m
Δx_E	Länge eines Elementes in x-Richtung	m
y	Wegstrecke (Breite)	m
y_b	Breite eines Einzugsgebiets	m
y_m	Abstand des Punkts P_m der maximalen unterstromigen Ausdehnung eines Einzugsgebiets zur Mittelachse zwischen zwei Brunnen	m
y_u	Abstand des unteren Kulminationspunkts P_u zur Mittelachse zwischen zwei Brunnen	m
z	Wegstrecke (Höhe)	m
α	Faktor	-
α_L	Längsdispersivität	m
α_s	Sohlneigungswinkel	°
α_{Th}	Querdispersivität (horizontal)	m
α_{Tv}	Querdispersivität (vertikal)	m
β	Faktor	-
Δ	Differenz	-
λ	Leakagekoeffizient zur Cauchy-Randbedingung der Grundwasserströmung	s^{-1}
λ_c	Leakagekoeffizient zur Cauchy-Randbedingung des Stofftransports	m/s
λ_R	Rohrreibungs-Beiwert	-
π	Kreiszahl Pi	-
ϕ	hydraulisches Potential	J/kg
ρ	Dichte	kg/m^3
ρ_s	Dichte der Kornmatrix des Grundwasserleiters	kg/m^3
τ	Schubspannung	N/m^2
Ω	Modellgebiet	m^2
∂	Operator der partiellen Ableitung	-
$\vec{\nabla}$	Nabla-Operator, partielle Ableitung nach allen drei Raumrichtungen	-

1 Einführung

1.1 Veranlassung

Die Verfügbarkeit von Trinkwasser in ausreichender Menge und Qualität ist für den Menschen lebensnotwendig und nicht ersetzbar (DIN 2000). Der Bereitstellung einer sicheren und nachhaltigen Trinkwasserversorgung ist daher höchste Priorität einzuräumen. Grundwasser ist in vielen Regionen, auch in Deutschland und in der Europäischen Union, eine Hauptquelle für die öffentliche Trinkwasserversorgung (EU 2006). Grundwasser, das für die Trinkwasserversorgung genutzt wird oder für eine solche zukünftige Nutzung vorgesehen ist, ist daher laut EU-Grundwasserrahmenrichtlinie so zu schützen, dass eine Verschlechterung der Grundwasserqualität verhindert wird (EU 2006). Die Grundwasserkörper in den porösen Sedimenten von Talauen sind häufig für die Trinkwassergewinnung geeignet und werden an vielen Orten dementsprechend genutzt.

Zur Verbesserung des vorbeugenden Hochwasserschutzes müssen andererseits in den Talauen vieler Fließgewässer Hochwasserrückhalteräume geschaffen werden. In den letzten Jahrzehnten sind die Risiken großer wirtschaftlicher und kultureller Schäden durch extreme Hochwasserereignisse in Fließgewässern stark gestiegen. Wesentliche Faktoren hierfür sind die durchgeführten Ausbaumaßnahmen an Fließgewässern und die zunehmende Häufung extremer Witterungsverhältnisse in Zusammenhang mit der globalen Erwärmung, aber auch die zunehmende Besiedelung von hochwassergefährdeten Standorten. Um den steigenden Risiken entgegenzuwirken, hat beispielsweise die Bundesregierung Deutschlands 2002 ein 5-Punkte-Programm entwickelt, das auch die Schaffung von natürlichen Überschwemmungsflächen und steuerbaren Entlastungspoldern beinhaltet (BMU 2002).

Damit stellen viele Talauen eine unverzichtbare Ressource für zwei gleichermaßen vorrangig zu handhabende Aspekte der öffentlichen Daseinsvorsorge, Trinkwasserversorgung und Hochwasserschutz, dar. Sie bieten einerseits die notwendige Fläche zur Schaffung von Überflutungsräumen und andererseits Grundwasser in geeigneter Menge und Qualität zur Versorgung der umliegenden Bevölkerung mit Trinkwasser. Allein am Rhein, entlang dem mehr als 20 Millionen Menschen mit direkt oder indirekt aus dem Rhein gewonnenem Trinkwasser versorgt werden (IAWR 2008), gibt es zwischen Basel und Duisburg an 15 Standorten räumliche Überschneidungen bei der Planung von Retentionsräumen und Wasserschutzgebieten (IKSR & IAWR 1998). Wasserversorger sehen die Einrichtung von Retentionsräumen in der Nähe ihrer Wassergewinnungsanlagen mit Sorge, da sie ein höheres Risiko der Verunreinigung der Grundwasserressourcen, beispielsweise durch den Eintrag organischer Schadstoffe über das eingestaute Flusswasser, befürchten (MAIER 1992, MAIER & WEINDEL 1995, MAIER et al. 2002).

1.2 Zielsetzung und Vorgehensweise

Ziel der durchgeführten Forschungen war die Berechnung bzw. Prognose des Einflusses eines Hochwasserretentionsraums auf den Anteil infiltrierten Flusswassers im Grundwasser an den Entnahmebrunnen eines Wasserwerks. Zur umfassenden Erfüllung dieser Aufgabenstellung wurden folgende Teilziele definiert:

- Entwicklung eines allgemeingültigen Prozessverständnisses des instationären Systems der Grundwasserströmung und des zugehörigen Stofftransports zwischen einem Retentionsraum und einem Wasserwerk.

- Entwicklung einer Methode, mit der für einen konkreten Standort mit einfachen Mitteln (ohne Einsatz eines numerischen Modells) abgeschätzt werden kann, ob ein entsprechender Einfluss vorliegt, bzw. vorliegen wird.

- Entwicklung einer Methode zur Quantifizierung des Einflusses eines Hochwasserretentionsraums auf den Anteil infiltrierten Flusswassers an den Entnahmebrunnen eines Wasserwerks an einem konkreten Standort unter Einsatz eines numerischen Modells.

- Exemplarische Anwendung der entwickelten Methoden am Standort Kastenwört südlich von Karlsruhe und dadurch quantitative Prognose der durch einen geplanten Retentionsraum zu erwartenden Änderung des Anteils infiltrierten Flusswassers in einem geplanten Wasserwerk.

In flussnahen Bereichen eines Grundwasserkörpers können durch die dort stattfindenden Wechselwirkungen aus hydrogeologischer Sicht sehr komplexe Systeme entstehen (WOESSNER 2000). Durch einen Retentionsraum und ein Wasserwerk wird die Komplexität des Systems noch weiter erhöht, so dass die gegenseitige Beeinflussung mit analytischen Mitteln nicht vorherzusagen ist. Dies zeigen auch exemplarisch Untersuchungen zur Uferfiltration am Inn in Österreich, wo der Uferfiltratanteil in einem Brunnen nach einem Hochwasserereignis überraschend zurückging (WETT et al. 2002). Daher wurden im Wesentlichen numerische instationäre Grundwassermodelle verwendet, um sowohl das Prozessverständnis der Grundwasserströmung zwischen Retentionsraum und Wasserwerk zu entwickeln, als auch um die quantitative Prognose anzufertigen.

Zur Entwicklung des Prozessverständnisses des instationären und komplexen Systems Strömung und Stofftransport im Grundwasserleiter zwischen einem Retentionsraum und einem Wasserwerk wurden numerische Prinzipmodelle verwendet. Mit ihnen wurde unter stark abstrahierten Bedingungen berechnet, wie sich das im Retentionsraum infiltrierte Flusswasser im Nachgang des Hochwasserereignisses im Grundwasserkörper unter Berücksichtigung einer nahen Grundwasserentnahme bewegt. Durch das gezielte Variieren der Randbedingungen wurde es ermöglicht, das Gesamtsystem in allgemeingültiger Form zu erfassen und zu beschreiben.

Um auf der Grundlage des allgemeingültigen Prozessverständnisses für einen konkreten Standort abschätzen zu können, ob ein gegebener Hochwasserrückhalteraum einen Einfluss auf den Anteil infiltrierten Flusswassers im Grundwasser an den Entnahmebrunnen eines gegebenen Wasserwerks hat, mussten Methoden zur Abschätzung der Größe des Einzugsgebiets eines Wasserwerks und zur

Abschätzung der Reichweite von Uferfiltrat im Aquifer während eines Hochwasserereignisses entwickelt werden.

Für die quantitative Erfassung bzw. Prognose der Veränderung des Anteils infiltrierten Flusswassers im Grundwasser an den Entnahmebrunnen eines Wasserwerks durch den Betrieb eines Retentionsraums an einem konkreten Standort ist die Erstellung eines Aquifersimulators entsprechend DVGW-Arbeitsblatt W107 (2004) unumgänglich. Um geeignete Methoden hierfür aufzuzeigen, wurde für ein ausgewähltes Untersuchungsgebiet, in dem sowohl ein Wasserwerk als auch ein Hochwasserretentionsraum geplant wurden, exemplarisch ein Aquifersimulator aufgebaut, mit dem der Uferfiltratanteil am geplanten Wasserwerk prognostiziert werden konnte. Die erhöhten Anforderungen an den Aquifersimulator und geeignete Vorgehensweisen zur Einbindung von Oberflächengewässern und des Retentionsraums in das Grundwassermodell sowie zur Kalibrierung des Modells werden vorgestellt, bzw. wurden bei Bedarf neu entwickelt.

Die dieser Dissertation zugrunde liegende Forschung wurden zu großen Teilen im Teilprojekt A des Forschungsverbundvorhabens „Spannungsfeld Hochwasserrückhaltung und Trinkwassergewinnung – Vermeidung von Nutzungskonflikten (HoT)" vom Bundesministerium für Bildung und Forschung (BMBF) innerhalb der Förderaktivität „Risikomanagement extremer Hochwasserereignisse (Rimax)" gefördert (Förderkennzeichen 02WH0690, Projektzeitraum 01.08.2005 – 31.01.2009). Das Forschungsprojekt wurde entsprechend der Vorgaben des BMBF mit einem Schlussbericht (KÜHLERS & MAIER 2009) dokumentiert.

2 Stand der Wissenschaft

2.1 Einfluss eines Hochwasserretentionsraums auf den Anteil infiltrierten Flusswassers in den Entnahmebrunnen eines Wasserwerks

Der Einfluss eines Hochwasserretentionsraums auf den Anteil infiltrierten Flusswassers im Grundwasser an den Entnahmebrunnen eines Wasserwerks wurde bisher noch nicht umfassend untersucht. Erste Hinweise zu dieser Fragestellung gibt eine Studie im Rahmen des Integrierten Rheinprogramms (IRP), in der die vorhandenen wissenschaftlichen Publikationen und die Betriebserfahrungen flussnaher Wasserwerke ausgewertet wurden (Oberrheinagentur & LfU 1996). Dabei wurde festgestellt, dass an 7 der 12 ausgewerteten Wasserwerke ein Einfluss von Flutungen auf die Rohwasserqualität nachweisbar ist. Bei 2 der 12 Wasserwerke liegen alle Brunnen außerhalb der Überflutungsflächen. An einem davon, dem Wasserwerk Oberwerth am Mittelrhein in Rheinland Pfalz, konnte ein Einfluss festgestellt werden, am anderen, dem Wasserwerk Tiefgestade der Gemeinde Eggenstein-Leopoldshafen nördlich von Karlsruhe, konnte dagegen kein Einfluss festgestellt werden. Eine Studie des Schweizerischen Vereins des Gas- und Wasserfaches (SVGW) untersuchte die Auswirkungen von Revitalisierungsmaßnahmen an Fließgewässern, die teilweise auch die Schaffung von neuen Überflutungsräumen beinhalten, im Einzugsgebiet von Trinkwasserfassungen. Dabei wurde ein massiv erhöhtes Risiko der Verunreinigung des Grundwassers an den Trinkwasserentnahmebrunnen festgestellt (WÜLSER & PFÄNDLER 2007). Die Ergebnisse der beiden Studien zeigen deutlich den bestehenden Forschungsbedarf in diesem Feld.

Im Zuge der Planungen zum Retentionsraum Bellenkopf/Rappenwört südlich von Karlsruhe wurde ein Grundwassermodell für die Umgebung des Retentionsraums aufgebaut. Autor und Betreiber dieses Grundwassermodells ist die Ingenieurgesellschaft kup Prof. Kobus und Partner GmbH im Auftrag des Regierungspräsidiums Karlsruhe als Bauherr des geplanten Retentionsraums. Dieses auf dem Finite-Elemente-Ansatz beruhende instationäre dreidimensionale Grundwassermodell umfasst ein Modellgebiet von etwa 50 km² und einen Modellzeitraum von etwa eineinhalb Jahren. Mit ihm wurden die Auswirkungen der Flutungen des Retentionsraums auf die umliegenden Grundwasserstände und die Brunnen des nahe gelegenen geplanten Wasserwerks Kastenwört berechnet (LANG et al. 2004). Mit diesem Grundwassermodell wurde berechnet, dass sich beim Rheinhochwasser 1999 die Uferfiltratbelastung am Wasserwerk durch den Retentionsraum von etwa 5 % auf etwa 23 % erhöht hätte, wenn beide Maßnahmen zu dieser Zeit schon in Betrieb gewesen wären (LANG & PFÄFFLIN 2009). Aufgrund des kurzen Modellzeitraums können mit diesem Modell jedoch keine Aussagen zu langfristigen Entwicklungen gegeben werden.

Im deutsch- und englischsprachigen Raum sind darüber hinaus keine weiteren Publikationen auffindbar, die sich explizit mit dem Einfluss eines Hochwasserretentionsraums auf den Anteil infiltrierten Flusswassers im Grundwasser an den Entnahmebrunnen eines Wasserwerks befassen. Daher wird nachfolgend versucht, einen Kenntniszugewinn in der vorliegenden Fragestellung aus Forschungsergebnissen in benachbarten Themenbereichen zu erreichen.

2.2 Uferfiltrat in Wasserwerken

Die Uferfiltration gehört in Deutschland seit langem zu den etablierten Aufbereitungs- bzw. Gewinnungsverfahren in der Trinkwasserproduktion (SCHMIDT et al. 2003). Sie wurde daher bereits, einschließlich der beteiligten Prozesse und der daraus resultierenden Gefährdungen, an zahlreichen Beispielen intensiv untersucht (z.B. SCHMIDT et al. 2004, GRISCHEK 2003, RAY et al. 2002, MASSMANN et al. 2008). Mit dem Durchgang des Flusswassers durch den Grundwasserleiter bis zu den Förderbrunnen des Wasserwerks wird im Allgemeinen eine wesentliche Verbesserung der Wasserqualität erzielt. Älteres Uferfiltrat ist daher oft kaum noch von Grundwasser aus versickernden Niederschlägen zu unterscheiden (HOEHN & MEYLAN 2009). Andererseits können durch die Uferfiltration nicht alle Schadstoffe eliminiert werden, so dass die betroffenen Wasserwerke in der Regel eine aufwendige mehrstufige Aufbereitung beinhalten (VERSTRAETEN et al. 2002, KÜHN & MÜLLER 2000). Diesbezüglich sind vor allem Schadstoffe, die im Grundwasserstrom gleichzeitig mobil und persistent sind, von Interesse. Als Beispiele sind hier das iodierte Röntgenkontrastmittel Amidotrizoesäure und die Arzneimittel Carbamazepin (Antiepileptikum) und Sulfamethoxazol (Antibiotikum) zu nennen, die im Grundwasser vor allem im aeroben Milieu keine Elimination erfahren (SCHMIDT et al. 2004). Ebenfalls höchst persistent und mobil ist das Antiklopfmittel MTBE (Methyl-tert-butylether), das in Oberflächengewässern jedoch selten in höheren Konzentrationen vorkommt (SCHMIDT et al. 2004). Auch beim Komplexbildner EDTA (Ethylendiamintetraessigsäure) ist im aeroben Milieu im Allgemeinen nicht von einem Abbau auszugehen, unter anaeroben Bedingungen kann je nach gebundenem Kation aber ein sehr langsamer Abbau über Monate oder Jahre hinweg erfolgen (GRISCHEK 2003). Die genannten Stoffe können trotz der allgemeinen Verbesserung der Wasserqualität in Fließgewässern in den letzten Jahrzehnten beispielsweise im Rhein immer noch in signifikanten Konzentrationen angetroffen werden (FLEIG et al. 2006, 2007, 2008).

Bemerkenswerte Erkenntnisse lieferte das vom Bundesminister für Forschung und Technologie (BMFT) geförderte Forschungsverbundvorhaben zur Sicherheit der Trinkwassergewinnung aus Rheinuferfiltrat bei Stoßbelastungen, das nach dem Sandoz-Unfall 1986 ins Leben gerufen wurde. Wesentliches Ergebnis des Verbundvorhabens ist, „dass erhöhte Konzentrationen von Störstoffen, die nach einer Stoßbelastung über einen Zeitraum von ein bis zwei Tagen im Rhein vorkommen, im Uferfiltrat durch Vermischungs- und Verdünnungsvorgänge allein schon so weit verringert werden, dass in den Rohwässern der Wasserwerke meist nur Werte von 1-2 % der Maximalkonzentrationen im Rhein festzustellen sein werden." (SONTHEIMER 1991).

Neben Prozessen der Diffusion in immobiles Porenwasser und der Dispersion ist die festgestellte hohe Verdünnung auch eine Folge der beobachteten Abdichtung der obersten Sohlschicht des Rheins in der Nähe von Förderbrunnen aufgrund von mechanischer Kolmation (SCHUBERT et al. 1992, SCHUBERT

2002). Diese führt dazu, dass die Infiltration an der Gewässersohle erst weit vom Ufer entfernt beginnt und sich über eine große Fläche erstreckt. Daher sind aufgrund unterschiedlicher Fließwege und vor allem stark unterschiedlicher Fließzeiten im Grundwasserleiter in der Nähe von Uferfiltratwasserwerken Stoßbelastungen aus dem Rhein schon an ufernahen Grundwassermessstellen kaum mehr festzustellen. Eine Abdichtung der Gewässersohle wurde in gleicher Weise auch von GOLDSCHNEIDER et al. (2007) am Saint John River, New Brunswick, Kanada, festgestellt.

Weiterhin wurde innerhalb des Verbundvorhabens für das Wasserwerk 5 Wittlaerer Werth der Stadtwerke Duisburg gezeigt, dass der Uferfiltratanteil durch den Betrieb des Wasserwerks beeinflusst werden kann. (SONTHEIMER 1991). Für die 800 m vom Rhein entfernte Wasserfassung Rheinfähre der Städtischen Werke Krefeld konnte gezeigt werden, dass Stoßbelastungen des Rheins die Grundwasserqualität am Standort der Entnahmebrunnen auch bei Hochwasser nicht beeinflussen können (SONTHEIMER 1991). Am Beispiel des Wasserwerks Weiler der GEW Köln AG in Köln-Rheinkassel konnte gezeigt werden, dass ein Teil des an den Brunnen entnommenen Uferfiltrats Aufenthaltszeiten von mehreren Monaten oder Jahren im Grundwasserleiter hatte (SONTHEIMER 1991).

Die vorgestellten Untersuchungen zur Uferfiltration belegen, dass Uferfiltrat in Grundwasser, das zu Trinkwasserzwecken entnommen wird, die Beschaffenheit des Trinkwassers verändern kann. In zwei Fallbeispielen war dabei die Höhe des Uferfiltratanteils abhängig von der Entfernung zum Fließgewässer und der Entnahmerate der Trinkwasserfassungen. Ob und wie diese Erkenntnisse auf andere Standorte übertragbar sind, ist noch unklar und muss durch weitere Forschung geklärt werden. Aus der Erkenntnis, dass Stoßbelastungen im Fließgewässer keine Gefährdung darstellen, folgt, dass diese Fragestellung einer kurzfristig erhöhten Stoffkonzentration im Fließgewässer nicht mehr untersucht werden muss. Jedoch darf keinesfalls die kurzfristige Infiltration von Flusswasser über den Retentionsraum in den Grundwasserleiter als eine dieser Stoßbelastungen gewertet werden, da der Übergang von Flusswasser ins Grundwasser über einen Retentionsraum unter signifikant anderen Randbedingungen stattfindet als über eine abgedichtete Gewässersohle. Weiterhin zeigen die vorliegenden Erkenntnisse, dass die in dieser Arbeit durchzuführenden Simulationen sehr lange Zeiträume umfassen müssen.

2.3 Auswirkung von Hochwasser auf flussnahes Grundwasser

Die Auswirkung von Hochwasser auf das flussnahe Grundwasser bzw. Uferfiltrat wurde seit 1982 intensiv am Beispiel des Neuwieder Beckens untersucht. „Bei mittleren Wasserständen sickern dem Fließgewässer meist geringe Grundwasservolumina zu. Wird das Gewässer jedoch von einer Hochwasserwelle durchlaufen, kehrt sich der Wasseraustausch um. Große Mengen von Flusswasser werden nun durch die Ufer und die Gewässersohle in den Porenraum des Grundwasserleiters hineingedrückt. Ein Teil dieses ufergespeicherten Wassers gelangt bereits während der folgenden Mittelwasserperiode wieder in den Fluss. Der Rest folgt spätestens während der nächsten Niedrigwassersituation." (BfG 1994) Ausführlich zu diesen Untersuchungen berichten UBELL 1987 sowie GIEBEL & HOMMES 1988 und 1994. Bei diesen Untersuchungen geht es jedoch ausschließlich um die Zwischenspeicherung von Flusswasser im ufernahen Grundwasserleiter, der Einfluss eines Wasserwerks oder eines Retentionsraums wird nicht betrachtet.

Zur mathematischen Beschreibung der Wirkung der Wasserstände, bzw. eines Hochwasserereignisses in einem Fließgewässer auf die benachbarten Grundwasserstände wurden von WORKMAN et al. (1997) und von SERRANO & WORKMAN (1998) analytische Modelle entwickelt. Auch bei diesen Untersuchungen wurden weder ein potentieller Retentionsraum noch ein potentielles Wasserwerk berücksichtigt. Weiterhin beschränkten sich die entwickelten Lösungen auf die Berechnung des einzigen Parameters Grundwasserstand.

Die Dynamik des flussnahen Grundwassers in Zusammenhang mit Hochwasserereignissen unter Berücksichtigung eines Retentionsraums wurde am Beispiel der Elbe im Bereich der Ohremündung nördlich von Magdeburg untersucht (MOHRLOK et al. 2001). Dabei konnte mit Hilfe numerischer Grundwassermodellierung eine Wirkung des Retentionsraums auf die Höhe der Grundwasserstände in Hochwassersituationen nachgewiesen werden.

Die bestehenden Untersuchungen zeigen, dass bei einem Hochwasser starke Austauschprozesse zwischen dem Fließgewässer und dem angrenzenden Grundwasserleiter stattfinden, wodurch ein deutlicher Einfluss auf die Dynamik der Grundwasserstände resultiert. Bezüglich der daraus folgenden Stofftransportvorgänge von Uferfiltrat im Grundwasserleiter, die für die Bewertung der Gefährdung einer nahen Trinkwasserfassung maßgeblich sind, besteht jedoch noch Untersuchungsbedarf.

2.4 Auswirkungen von Überflutungen auf die Grundwasserbeschaffenheit

Die Auswirkungen der Flutung eines Retentionsraums auf die Beschaffenheit des nahen Grundwassers wurde aufwendig an den Poldern Altenheim untersucht. Hierfür wurde der Probeeinstau der Polder Altenheim im März 1987 sowie die nachfolgenden ökologischen Flutungen der Polder Altenheim mit einem umfangreichen wissenschaftlichen Untersuchungsprogramm begleitet.

Zur Überwachung der Grundwasserqualität während des Probeeinstaus wurden mehr als 20 Grundwassermessstellen, gruppiert nach der Entfernung zum Rhein in drei Kategorien (200 – 375 m, 875 – 1625 m, 1625 – 2000 m), eingesetzt. Im Zuge der begleitenden Modellierungsarbeiten wurde erläutert, „dass der Stoffeintrag wegen des dort vorhandenen Potentialgefälles bevorzugt auf einem relativ schmalen Streifen auf der Wasserseite des Polderdeichs von statten geht." (LfU 1990) Es wurde festgestellt, dass aus dem Messprogramm „lediglich für die Messstelle 129/065 eine Veränderung der Grundwasserbeschaffenheit ursächlich dem Probestau direkt zugeordnet werden" (LfU 1990) kann. Durch die Modellierung wurde dann abgeschätzt, dass aufgrund des Probestaus durch Dispersionseffekte ein messtechnisch nachweisbarer Rheinwasseranteil bis in eine Entfernung von etwa 100 m landseitig vom Polderdeich möglich war und ab ca. 250 m vom Polderdeich Rheinwasser nicht mehr aufgetreten sein kann. Im Fazit wird infolgedessen festgehalten: „Ein Eintrag von Polderwasser in das Grundwasser hat stattgefunden. Räumlich war der damit verbundene Stoffeintrag auf den Polderbereich selbst und auf dessen unmittelbare Umgebung begrenzt." (LfU 1990) Als Konsequenz der Untersuchungen wird schließlich gefordert, dass im Falle von vorhandenen oder geplanten nahen Trinkwassergewinnungsanlagen mit einem Grundwassermodell der Nachweis geführt werden muss, dass diese nicht von Flutungswasser angeströmt werden (LfU 1990). Die hier aufgeführten wesentlichen Erkenntnisse aus dem Probeeinstau wurden auch im zusammenfassenden Bericht der Flutungen von 1987 bis 1990 wiedergegeben (LfU 1991).

Im monatlichen Untersuchungsprogramm zur Feststellung der Auswirkungen der ökologischen Flutungen der Polder Altenheim von 1993 bis 1996 waren weder die genannte Grundwassermessstelle 129/065 noch Grundwassermessstellen in direkter Nachbarschaft zum Polderdeich enthalten. Folglich konnten keine oder höchstens geringfügige flutungsbedingte Veränderungen der Grundwasserbeschaffenheit festgestellt werden (Oberrheinagentur 1995, LfU & Gewässerdirektion Südlicher Oberrhein/Hochrhein 1999). Eine einmalige Messung der Komplexbildner EDTA und NTA ergab nachweisbare Konzentrationen innerhalb und unmittelbar außerhalb des Retentionsraums bei keinen nachweisbaren Konzentrationen weiter landseitig. Dies deutet auf eine längerfristige Beeinflussung der Grundwasserqualität durch wiederholte Flutungen des Polders hin.

Eine weitere Untersuchung zu den qualitativen Auswirkungen von Überflutungen auf das Grundwasser wurde nach dem Hochwasser der Elbe 2002 in Dresden durchgeführt. Hierfür wurden die Analysen von 250 Grundwassermessstellen in und um Dresden ausgewertet. Für einzelne Parameter wurden nach dem Hochwasserdurchgang starke Veränderungen festgestellt. Neben eingedrungenem Flusswasser wird als Ursache auch die Mobilisierung von Stoffen aus Böden und Altlasten, auch durch veränderte Strömungsrichtungen, gesehen. Nachhaltig negative Auswirkungen konnten jedoch insgesamt nicht festgestellt werden. (MARRE et al. 2005)

Die Untersuchungen an den Poldern Altenheim und in Dresden zeigen, dass Überflutungen einerseits zu signifikanten Anteilen infiltrierten Oberflächenwassers im Grundwasserleiter führen können, dass andererseits eine Änderung der Beschaffenheit des Grundwassers im näheren Umfeld des Überflutungsgebiets auch andere Ursachen als infiltriertes Oberflächenwasser haben kann. Für den Polder Altenheim wurden erste Gesetzmäßigkeiten formuliert, an welchem Ort im Grundwasserleiter infiltriertes Oberflächenwasser hauptsächlich auftreten kann. Diese Ansätze wurden jedoch nicht konsequent überprüft und weiter verfolgt, so dass hier noch erheblicher Forschungsbedarf besteht.

2.5 Zusammenfassung des derzeitigen Kenntnisstandes

Die vorliegende Auswertung zeigt, dass der Uferfiltrateinfluss auf flussnahe Wasserwerke bereits an vielen Beispielen untersucht wurde. Zu den hydraulischen Auswirkungen von Hochwasser auf das flussnahe Grundwasser und zu den Auswirkungen von Überflutungen auf die chemische Beschaffenheit des nahen Grundwassers wurden ebenfalls bereits an einzelnen Beispielen Untersuchungen durchgeführt, teilweise auch in Zusammenhang mit Retentionsräumen. Bezüglich des möglichen Einflusses eines Retentionsraums auf die Beschaffenheit des Grundwassers an den Entnahmebrunnen eines Wasserwerks geben die numerischen Modellarbeiten im Zusammenhang mit der Planung des Retentionsraums Bellenkopf/Rappenwört bei Karlsruhe erste Hinweise.

Bisher wurden jedoch noch keine systematischen Untersuchungen zum Einfluss eines Hochwasserretentionsraums auf den Anteil infiltrierten Flusswassers im Grundwasser an den Entnahmebrunnen eines Wasserwerks durchgeführt bzw. publiziert. Da diesbezüglich jedoch Kenntnisse benötigt werden, um beispielsweise die Aufbereitungsanlagen eines Wasserwerks nahe einem Retentionsraum dimensionieren zu können, besteht hier noch erheblicher Forschungsbedarf.

3 Verwendete Modelle zur Berechnung von Strömung und Stofftransport

3.1 Grundwasserströmung

3.1.1 Grundwasser

Grundwasser ist „unterirdisches Wasser, das Hohlräume der Lithosphäre zusammenhängend ausfüllt, und dessen Bewegungsmöglichkeit ausschließlich durch die Schwerkraft bestimmt wird" (DIN 4049-3, 1994). Es bewegt sich dabei in einem wasserdurchlässigen Gesteinskörper, der Grundwasserleiter oder Aquifer genannt wird. In dieser Arbeit wird von einem porösen Grundwasserleiter ausgegangen, dessen Substrat aus sedimentierten Lockergesteinen (z.B. Sanden und Kiesen) besteht, und dessen Hohlräume definitionsgemäß mit Grundwasser gefüllt sind.

Um die Bewegung von Grundwasser zu beschreiben, wird meist, so auch im Nachfolgenden, vom Kontinuum-Ansatz ausgegangen. Dabei wird nicht die genaue Bewegung des Wassers um die einzelnen Körner der Matrix herum beschrieben. Stattdessen wird das Medium mit allen Phasen als hypothetische homogene Substanz im betrachteten Gebiet beschrieben. Um diesen Ansatz verwenden zu dürfen, muss der untersuchte Raum mindestens ein repräsentatives Elementarvolumen umfassen. Ein repräsentatives Elementarvolumen ist dann gegeben, wenn sich die Mittelwerte der relevanten Eigenschaften der Substanzen in seinem Inneren bei einer Vergrößerung des Elementarvolumens nicht signifikant verändern (BEAR 1972).

Eine wesentliche Größe zur Beschreibung eines Grundwasserleiters mittels des Kontinuum-Ansatzes ist das Porenvolumen bzw. die Porosität n_{ges} [-]. Sie wird im Allgemeinen als Verhältnis des Hohlraumvolumens V_H [m³], also des nicht von der festen Matrix eingenommenen Volumens, zum Gesamtvolumen V_G [m³] definiert.

$$n_{ges} = \frac{V_H}{V_G} \tag{3.1}$$

Das Verhältnis des Volumens V_W [m³] des Grundwassers entsprechend oben genannter Definition zum Gesamtvolumen V_G wird als entwässerbare Porosität n [-] bezeichnet.

$$n = \frac{V_W}{V_G} \tag{3.2}$$

Die entwässerbare Porosität ist stets kleiner als das gesamte Porenvolumen (FETTER 1994), da ein Teil des Wassers in den Poren adhäsiv an die Kornmatrix gebunden ist und daher nicht als Grundwasser betrachtet wird. Sie enthält jedoch auch noch Poren, die nicht vom Grundwasser durchströmt werden können, da sie beispielsweise nur an einer Seite offen sind. Das Verhältnis des vom Grundwasser durchströmbaren Porenraums zum Gesamtvolumen heißt durchflusswirksame Porosität oder effektive Porosität n_e [-] (FETTER 1999).

3.1.2 Das hydraulische Potential

Das hydraulische Potential ist ein Maß für den Energieinhalt von Wasser und kann dementsprechend aus der Energie, die das Wasser an jeder Stelle besitzt, abgeleitet werden. Im Grundwasser setzt sich Gesamtenergie einer gegebenen Masse Wasser zusammen aus ihrer Lageenergie E_h [J], der in ihr als hydrostatischer Druck gespeicherten Energie E_p [J] und ihrer kinetischen Energie E_k [J]. (WANG & ANDERSON 1982).

$$E_h = m \cdot g \cdot z$$

$$E_p = P \cdot V = P \cdot \frac{m}{\rho}$$

$$E_k = \frac{1}{2} \cdot m \cdot v^2$$

$$(3.3)$$

Wegen seiner geringen Fließgeschwindigkeit ist im Fall des Grundwassers die kinetische Energie gering und wird daher vernachlässigt, so dass für die Gesamtenergie E_{ges} [J] des Grundwassers gilt:

$$E_{ges} = E_h + E_p = m \cdot g \cdot z + P \cdot \frac{m}{\rho} \tag{3.4}$$

Bezieht man die Energie nun auf eine Einheitsmasse (Division durch die Masse m [kg]), so erhält man das erstmals 1940 von HUBBERT als „force potential" beschriebene hydraulische Potential ϕ [J/kg] (WANG & ANDERSON 1982).

$$\phi = \frac{P}{\rho} + g \cdot z \tag{3.5}$$

Durch die Division mit der Erdbeschleunigung g [m/s^2] erhält man die Dimension einer Höhe. Diese Höhe kann im Grundwasser als Piezometerhöhe h [m] gemessen werden (FREEZE & CHERRY 1979).

$$h = \frac{P}{\rho \cdot g} + z \tag{3.6}$$

Der Wert der Piezometerhöhe h ist nicht absolut, sondern hängt von einer willkürlich festzulegenden Bezugshöhe ab. Die Differenz der Piezometerhöhe an zwei Orten ist jedoch unabhängig von der Bezugshöhe. Wenn als Bezugshöhe Normalnull gewählt wurde, entspricht die Piezometerhöhe der an Grundwassermessstellen erfassbaren Standrohrspiegelhöhe.

Wenn die Piezometerhöhe gleich der Oberfläche des Grundwasserkörpers ist, so wird das Grundwasser als ungespannt bezeichnet. Wenn andererseits die Piezometerhöhe über der Oberfläche des Grundwasserkörpers liegt, weil über dem Grundwasserleiter eine wasserundurchlässige Schicht liegt, so wird das Grundwasser als gespannt bezeichnet.

Das Wasser fließt immer von einem Ort höheren Potentials zu einem Ort niedrigeren Potentials. Auf seinem Weg gibt das Wasser, verursacht durch äußere und innere Reibung, Energie ab. Diese Energie entspricht der Differenz der Piezometerhöhen (FETTER 1994).

3.1.3 Das Gesetz von Darcy

Das Gesetz von DARCY wurde erstmals 1856 vom Wasserbauingenieur HENRY DARCY nach einer Versuchsreihe mit wasserdurchflossenen, sandgefüllten Säulen formuliert. Es setzt einen Gradienten der Piezometerhöhe, ursprünglich der Wasserspiegelhöhe, mit einem Geschwindigkeitsvektor in Beziehung. Das Gesetz besagt, dass die Wassermenge, die einen Grundwasserleiter durchströmt, bzw. der Volumenstrom Q [m³/s] des Grundwassers, proportional zum durchströmten Querschnitt A [m²]und zur Differenz der Piezometerhöhen Δh [m] ist, sowie antiproportional zur Länge der durchströmten Wegstrecke ΔL [m]. Der zugehörige Proportionalitätsfaktor k_f [m/s] heißt Durchlässigkeitsbeiwert. Im Fall einer eindimensionalen Problemstellung lautet die Gleichung des Gesetzes (WANG & ANDERSON 1982)

$$Q = k_f \cdot A \cdot \frac{\Delta h}{\Delta L} \; .$$

(3.7)

Der Quotient aus der Differenz der Piezometerhöhe Δh und der Wegstrecke ΔL wird zukünftig als Gradient I [-] bezeichnet.

$$I = \frac{\Delta h}{\Delta L}$$

(3.8)

Nach einer Division der Gleichung (3.7) durch die durchflossene Fläche A erhält man den spezifischen Fluss q [m/s]

$$q = k_f \cdot I \; ,$$

(3.9)

der nur vom Durchlässigkeitsbeiwert und dem Gradienten abhängt. Er hat die Dimension einer Geschwindigkeit und wird daher auch als Filtergeschwindigkeit oder Darcy-Geschwindigkeit bezeichnet (KINZELBACH UND RAUSCH 1995).

Der Durchlässigkeitsbeiwert oder k_f-Wert ist ein Maß für den Widerstand, den der Aquifer dem Fließen des Grundwassers entgegensetzt. Je größer der k_f-Wert ist, desto kleiner ist der Widerstand und desto mehr Wasser kann bei gegebenem Gradienten fließen. Der Durchlässigkeitsbeiwert wird nicht allein durch das Korngerüst des Grundwasserleiters bestimmt, sondern hängt ebenfalls von der Viskosität des sich darin befindenden Fluidums ab (FREEZE & CHERRY 1979). In der vorliegenden Fragestellung wird als Fluidum ausschließlich Wasser, das zudem überall nahezu die gleiche Temperatur und Salinität aufweist, betrachtet. Es bestehen folglich keine Unterschiede in der Viskosität. Die nachfolgende Verwendung des Durchlässigkeitsbeiwertes als Parameter des Aquifers ist daher in dieser Arbeit gerechtfertigt.

Zur Bearbeitung einer dreidimensionalen Fragestellung muss in der Gleichung (3.9) die skalare Größe k_f durch den Tensor K ersetzt werden sowie die skalaren Größen q und I durch die Vektoren $\vec{q}$ (mit den Komponenten q_x, q_y und q_z) und $\vec{I}$ (mit den Komponenten I_x, I_y und I_z). Das negative Vorzeichen ist notwendig, da das Grundwasser in Richtung abnehmender Piezometerhöhen fließt.

$$\vec{q} = -K \cdot \vec{I} \qquad (3.10)$$

Ist das Medium isotrop, so ist im Durchlässigkeitstensor K nur die Diagonale besetzt, und zwar mit jeweils dem gleichen Wert. Im Fall eines anisotropen Mediums können alle Positionen des Tensors K besetzt sein. Das hat zur Konsequenz, dass beispielsweise ein Gradient in x-Richtung einen spezifischen Fluss in y-Richtung zur Folge haben kann. Wenn die Koordinatenachsen des Bezugssystems jedoch so ausgerichtet werden, dass sie senkrecht aufeinander stehen und eine Achse in die Richtung größter, eine andere in die Richtung kleinster Durchlässigkeit weisen, dann ist wieder nur die Diagonale von K besetzt (KINZELBACH UND RAUSCH 1995).

$$K = \begin{pmatrix} k_{f,x} & 0 & 0 \\ 0 & k_{f,y} & 0 \\ 0 & 0 & k_{f,z} \end{pmatrix} \qquad (3.11)$$

3.1.4 Die Kontinuitätsgleichung

Das zweite Prinzip, das neben dem Gesetz von Darcy das Fließen des Grundwassers maßgebend bestimmt, ist das Gesetz des Massenerhalts bzw. der Kontinuität. Es besagt, dass bei stationären Verhältnissen das in ein infinitesimal kleines Kontrollvolumen einströmende Wasser gleich dem aus ihm ausströmenden Wasser ist (WANG & ANDERSON 1982).

Ist das Kontrollvolumen ΔV_k [m³] rechteckig, so lässt sich seine Größe berechnen mit

$$\Delta V_k = \Delta x \cdot \Delta y \cdot \Delta z \ . \qquad (3.12)$$

Der Zustrom Q_x [m³/s] an der Vorderseite beträgt

$$Q_x = q_x \cdot A_x = q_x \cdot (\Delta y \cdot \Delta z) \ . \tag{3.13}$$

Die Änderung des spezifischen Flusses in x-Richtung $-\Delta q_x$ [m/s] ist

$$-\Delta q_x = -(\partial q_x / \partial x) \cdot \Delta x \ . \tag{3.14}$$

Folglich beträgt die Nettoänderung des Volumenstroms ΔQ_x [m³/s] in x-Richtung

$$\Delta Q_x = -(\partial q_x / \partial x) \cdot \Delta x \cdot (\Delta y \cdot \Delta z) = -(\partial q_x / \partial x) \cdot \Delta V_k \ . \tag{3.15}$$

Da sich die Wassermenge im Kontrollvolumen nicht ändert, muss die Summe der Volumenstromänderungen aller drei Raumrichtungen gleich null sein:

$$\Delta Q_x + \Delta Q_y + \Delta Q_z = 0 \tag{3.16}$$

Dividiert man die Gleichung (3.16) durch das Kontrollvolumen ΔV_k, so erhält man unter Verwendung der Gleichung (3.15) in allen drei Koordinatenrichtungen die Kontinuitätsgleichung:

$$\frac{\partial q_x}{\partial x} + \frac{\partial q_y}{\partial y} + \frac{\partial q_z}{\partial z} = 0 \tag{3.17}$$

3.1.5 Die stationäre Strömungsgleichung

In der Kontinuitätsgleichung werden die spezifischen Flüsse des Grundwassers in den drei Raumrichtungen bilanziert. Der spezifische Fluss kann mit dem Darcy-Gesetz aus den Gradienten der Piezometerhöhen berechnet werden. Das Gesetz von Darcy (Gleichung (3.10)) eingesetzt in die Kontinuitätsgleichung (3.17) ergibt die stationäre Grundwasserströmungsgleichung:

$$\frac{\partial}{\partial x}\left(K \frac{\partial h}{\partial x} \right) + \frac{\partial}{\partial y}\left(K \frac{\partial h}{\partial y} \right) + \frac{\partial}{\partial z}\left(K \frac{\partial h}{\partial z} \right) = 0 \tag{3.18}$$

Die Lösung dieser Differentialgleichung bei gegebenen Randbedingungen ergibt die Piezometerhöhe h als Funktion der drei Raumrichtungen x, y und z. Für einfache Fälle, beispielsweise ein Entnahmebrunnen in einem homogenen, isotropen und unendlich ausgedehnten Aquifer, können analytische Lösungen dieser Differentialgleichung, das heißt Formeln, mit denen die Piezometerhöhe an jedem Ort berechnet werden kann, entwickelt werden. Für komplexere Fälle wird die Lösung in der Regel numerisch bestimmt (FETTER 1994), beispielsweise mit dem Finite-Differenzen-Verfahren oder dem in Kapitel 3.3 beschriebenen Finite-Elemente-Verfahren.

Die stationäre Strömungsgleichung wird um einen Quellen- und Senken-Term W_{S0} [s^{-1}] erweitert, der es erlaubt, Wasser in das Kontrollvolumen einzubringen oder daraus zu entnehmen (beispielsweise zur Simulation eines Brunnens), ohne dass es über die Flächen der drei Raumrichtungen bilanziert wird. Die in einem dreidimensionalen stationären numerischen Grundwassermodell verwendete Differentialgleichung wird daher folgendermaßen formuliert:

$$\frac{\partial}{\partial x}\left(K\frac{\partial h}{\partial x}\right) + \frac{\partial}{\partial y}\left(K\frac{\partial h}{\partial y}\right) + \frac{\partial}{\partial z}\left(K\frac{\partial h}{\partial z}\right) \pm W_{S0} = 0 \tag{3.19}$$

3.1.6 Die instationäre Strömungsgleichung

Zur Betrachtung instationärer Verhältnisse, bei denen die Piezometerhöhen sich im zeitlichen Verlauf ändern können und daher nicht nur von der Position im Raum, sondern auch vom Zeitpunkt abhängig sind, muss die Kontinuitätsgleichung um einen Term erweitert werden. Der Nettobetrag des bezüglich des Kontrollvolumens ein- und ausströmenden Wassers ist dann nicht mehr null, sondern gleich der Änderung des im Kontrollvolumen gespeicherten Wassers (WANG & ANDERSON 1982).

Um die in einem bestimmten Volumen speicherbare Menge an Wasser quantifizieren zu können, wird der spezifische Speicherkoeffizient S_s [m^{-1}] eingeführt. Er ist definiert durch das Volumen an Wasser ΔV_w, das aus einem Kontrollvolumen ausfließt, wenn die Piezometerhöhe Δh um einen Meter sinkt, normiert auf das Kontrollvolumen ΔV_k.

$$S_s = \frac{\Delta V_w}{\Delta V_k \cdot \Delta h} \tag{3.20}$$

Bei gespannten Verhältnissen ist der spezifische Speicherkoeffizient durch die Kompressibilität des Grundwasserleiters bestimmt. Ein typischer Wert des spezifischen Speicherkoeffizienten beträgt für einen sandigen Kies 10^{-5} m^{-1} (DOMENICO & SCHWARTZ 1990) für einen reinen Sand 10^{-7} m^{-1} (BEAR 1979). Durch Integration des spezifischen Speicherkoeffizienten S_s über die Mächtigkeit des Grundwasserleiters erhält man den Speicherkoeffizienten S [-].

$$S = \int S_s(z)\,dz \tag{3.21}$$

Bei ungespannten Verhältnissen ist der Speicherkoeffizient näherungsweise gleich der entwässerbaren Porosität n (Gleichung (3.2)).

Das während eines Zeitraums Δt [s] in ein Kontrollvolumen zu- bzw. abfließende Wasser kann sowohl unter Verwendung der Kontinuitätsgleichung (3.17) als auch unter der Verwendung des spezifischen Speicherkoeffizienten (Gleichung (3.20)) beschrieben werden:

$$\Delta V_w = \left(-\frac{\partial q_x}{\partial x} - \frac{\partial q_y}{\partial y} - \frac{\partial q_z}{\partial z} \right) \cdot \Delta V_k \cdot \Delta t = S_s \cdot \Delta V_k \cdot \Delta h \qquad (3.22)$$

Dividiert man die Gleichung durch ΔV_k und Δt, führt den Grenzübergang $\Delta t \rightarrow 0$ durch und verwendet das Gesetz von Darcy (Gleichung (3.10)) für die spezifischen Flüsse, so erhält man die Differentialgleichung für instationäre Strömungen:

$$\frac{\partial}{\partial x}\left(K \frac{\partial h}{\partial x} \right) + \frac{\partial}{\partial y}\left(K \frac{\partial h}{\partial y} \right) + \frac{\partial}{\partial z}\left(K \frac{\partial h}{\partial z} \right) = S_s \cdot \frac{\partial h}{\partial t} \qquad (3.23)$$

Wie bei der stationären Strömung wird auch die instationäre Strömungsgleichung um einen Quellen- und Senken-Term W_{S0} [s^{-1}] erweitert, der es erlaubt, Wasser in das Kontrollvolumen einzubringen oder daraus zu entnehmen, ohne dass es über die Flächen der drei Raumrichtungen bilanziert wird. Die in den Kapiteln 4.3 und 5 beschriebenen dreidimensionalen instationären numerischen Modelle zur Berechnung der Grundwasserströmung basieren daher auf folgender Differentialgleichung:

$$\frac{\partial}{\partial x}\left(K \frac{\partial h}{\partial x} \right) + \frac{\partial}{\partial y}\left(K \frac{\partial h}{\partial y} \right) + \frac{\partial}{\partial z}\left(K \frac{\partial h}{\partial z} \right) - S_s \cdot \frac{\partial h}{\partial t} \pm W_{S0} = 0 \qquad (3.24)$$

3.1.7 Tiefenunabhängige Modellierung der ungespannten Grundwasserströmung

Bei ungespannten Grundwasserverhältnissen ist die Oberfläche des Grundwasserleiters gleich der Piezometerhöhe des Grundwassers. Da entlang der Strömungsrichtung des Grundwassers die Piezometerhöhe abnimmt, folgt daraus, dass bei horizontal-ebener unterer Begrenzung des Grundwasserleiters der durchflossene Querschnitt entlang der Strömungsrichtung kleiner wird. Wenn keine Änderung des spezifischen Grundwasserflusses q stattfindet, so muss entlang der Strömungsrichtung deshalb der Gradient steiler werden.

Der Gradient der Grundwasseroberfläche hat zur Folge, dass die Grundwasserströmung immer auch eine Komponente in vertikaler Richtung besitzt, und daher die Piezometerhöhe des Grundwassers in vertikaler Richtung nicht gleich ist, sondern Änderungen aufweist. Eine tiefenunabhängige Beschreibung der ungespannten Grundwasserströmung ist dadurch zunächst nicht mehr möglich.

Das Problem wird durch die DUPUIT-Annahmen (1863) gelöst, die darauf beruhen, dass der Gradient der Grundwasseroberfläche in der Regel sehr klein ist. Sie besagen, dass bei kleinen Gradienten der Grundwasseroberfläche bzw. des hydraulischen Potentials die Stromlinien als horizontal und die Flächen gleichen hydraulischen Potentials als vertikal angenommen werden dürfen (BEAR 1972). Der aus dieser Näherung resultierende Fehler ist vernachlässigbar, solange $(k_{f,x}/k_{f,z}) \cdot I^2$ viel kleiner als eins ist (BEAR 1972).

Durch Anwendung der DUPUIT-Annahmen kann auch die ungespannte Grundwasserströmung tiefenunabhängig durch horizontal-eindimensionale oder -zweidimensionale Modelle beschrieben werden. Die Entwicklung der entsprechenden Strömungsgleichung erfolgt analog zur Entwicklung der dreidimensionalen Strömungsgleichung, das Kontrollvolumen ΔV_k [m³] (Gleichung (3.12)) jedoch so definiert, dass es sich über die gesamte Mächtigkeit des Grundwasserleiters M_{GW} [m] erstreckt.

$$\Delta V_k = \Delta x \cdot \Delta y \cdot M_{GW} \tag{3.25}$$

Die resultierende Differentialgleichung (3.26) beschreibt die horizontal zweidimensionale instationäre Strömung des Grundwassers. Die Gleichung wird auch als Boussinesq-Gleichung für instationäre Strömung bezeichnet (BEAR 1972).

$$\frac{\partial}{\partial x}\left(K \cdot M_{GW} \cdot \frac{\partial h}{\partial x}\right) + \frac{\partial}{\partial y}\left(K \cdot M_{GW} \cdot \frac{\partial h}{\partial y}\right) - S \cdot \frac{\partial h}{\partial t} \pm W_{S0*} = 0 \tag{3.26}$$

Bei ungespanntem Grundwasser ist die Mächtigkeit des Grundwasserleiters M_{GW} eine Funktion des Grundwasserstands h und der Speicherkoeffizient näherungsweise gleich der entwässerbaren Porosität n (Gleichung (3.2)).Das Produkt aus Durchlässigkeitsbeiwert und durchströmter Mächtigkeit wird auch als Transmissivität bezeichnet.

Für viele Anwendungsfälle bezüglich ungespannten Grundwassers können analytische Lösungen gefunden werden, wenn weitere Näherungen angewendet werden. Solange die Unterschiede in den Grundwasserständen im untersuchten Raum sehr viel kleiner sind als die durchströmte Mächtigkeit des Grundwasserleiters, und die untere Begrenzung des Grundwasserleiters horizontal ist, kann die durchströmte Mächtigkeit des Grundwasserleiters als unabhängig von Ort und Zeit (x,y,t) angenommen werden (BEAR 1972). Weiterhin werden für die Entwicklung analytischer Lösungen in der Regel näherungsweise homogene Verhältnisse angenommen, so dass der Tensor des Durchlässigkeitsbeiwertes K ebenfalls unabhängig von Ort und Zeit (x,y,t) ist. Gleichung (3.26) kann mit diesen Annahmen zu Gleichung (3.27) vereinfacht werden.

$$K \cdot M_{GW} \cdot \frac{\partial^2 h}{\partial x^2} + K \cdot M_{GW} \cdot \frac{\partial^2 h}{\partial y^2} - S \cdot \frac{\partial h}{\partial t} \pm W_{S0*} = 0 \tag{3.27}$$

Der Vorteil der Gleichung (3.27) gegenüber der Gleichung (3.26) ist, dass sie linear bezüglich der Piezometerhöhe h ist (BEAR 1972). Daraus folgt, dass die Wirkungen verschiedener Randbedingungen auf die Piezometerhöhe, und damit auch auf den Gradienten der Piezometerhöhe und den spezifischen Fluss des Grundwassers, addiert werden dürfen (BEAR 1972). Die stationären zweidimensional-horizontalen Analysen der Grundwasserströmung in Kapitel 4.1 basieren auf der aus Gleichung (3.27) abgeleiteten Gleichung (3.28):

$$K \cdot M_{GW} \cdot \frac{\partial^2 h}{\partial x^2} + K \cdot M_{GW} \cdot \frac{\partial^2 h}{\partial y^2} \pm W_{S0*} = 0 \tag{3.28}$$

Grundlage für die analytischen Betrachtungen in Kapitel 4.2 bildet die aus Gleichung (3.27) abgeleitete instationäre horizontal-eindimensionale Strömungsgleichung, bzw. eindimensionale, linearisierte Boussinesq-Gleichung:

$$K \cdot M_{GW} \cdot \frac{\partial^2 h}{\partial x^2} - S \cdot \frac{\partial h}{\partial t} \pm W_{S0*} = 0 \qquad (3.29)$$

3.1.8 Randbedingungen und Anfangsbedingung zur Beschreibung der Grundwasserströmung

Die vorgestellten Differentialgleichungen können (analytisch oder numerisch) nur dann eindeutig gelöst werden, wenn Randbedingungen vorgegeben werden, die das betrachtete System beschreiben. Zur Lösung der Differentialgleichung für die instationäre Strömung werden zusätzlich Anfangsbedingungen benötigt, die die räumliche Verteilung der Piezometerhöhen zu Beginn des Modellzeitraums beschreiben. Es werden im Wesentlichen drei Typen von Randbedingungen unterschieden, die nachfolgend erläutert werden.

Wenn an einer definierten Stelle im Modellgebiet der Wert der zu ermittelnden Funktion, bei der Grundwasserströmung also der Wert der Piezometerhöhe h [m], vorgegeben wird, nennt man diese Randbedingung „Dirichlet-Randbedingung", „Randbedingung erster Art" oder „Festpotential-Randbedingung" (KINZELBACH & RAUSCH 1995).

$$h = f(t) \qquad (3.30)$$

Am Ort dieser Randbedingung fließt dem Modellgebiet beliebig viel Wasser zu- oder ab, damit der vorgegebene Wert erreicht wird. Im Grundwassermodell wird die Dirichlet-Randbedingung daher meist für große Flüsse und Seen verwendet, die hydraulisch direkt an das Grundwasser angeschlossen sind und praktisch unbegrenzt Wasser zu- oder abführen können. Gibt es im Modellgebiet Orte, an denen eine bestimmte Grundwasserhöhe durch einen Brunnen eingestellt wird, so können diese ebenfalls durch Festpotentiale modelliert werden.

Wenn an einer definierten Stelle im Modellgebiet die erste räumliche Ableitung der zu ermittelnden Funktion, d.h. bei der Grundwasserströmung der Gradient der Piezometerhöhe, vorgegeben wird, nennt man diese Randbedingung „Neumann-Randbedingung" oder „Randbedingung zweiter Art".

$$\frac{\partial h}{\partial n_o} = f(t) \qquad (3.31)$$

Da bei bekanntem Durchlässigkeitsbeiwert der Gradient einem bestimmten spezifischen Fluss q [m/s] entspricht (Gleichung (3.9)), kann mit dieser Randbedingung ein bekannter spezifischer Fluss in das Modellgebiet oder aus dem Modellgebiet beschrieben werden (KINZELBACH & RAUSCH 1995).

$$q = -k_f \cdot \frac{\partial h}{\partial n_o} \quad [m/s] \tag{3.32}$$

In der zur Modellierung verwendeten Software (Kapitel 3.3.6) wird der gewünschte spezifische Fluss vorgegeben, der zur Simulation benötigte Gradient wird von der Software daraus berechnet. Ein Sonderfall der Neumann-Randbedingung sind undurchlässige Ränder des Modellgebiets. Der Fluss senkrecht zu diesen Rändern ist genau wie der Gradient senkrecht zu diesen Rändern gleich Null ($\partial h / \partial n_o = 0$). An diesen Rändern befinden sich daher Randstromlinien.

Die „Cauchy-Randbedingung" oder „Randbedingung dritter Art" stellt eine Linearkombination aus den beiden oben beschriebenen Randbedingungen dar ($\alpha \cdot h + \beta \cdot \partial h / \partial n_o$). Bei der Simulation der Grundwasserströmung wird die Cauchy-Randbedingung verwendet, um die Wirkung einer bekannten Piezometerhöhe, die durch einen Widerstand abgeschwächt wird, zu beschreiben (KINZELBACH & RAUSCH 1995). Der Widerstand wird durch den Leakagekoeffizienten λ [s^{-1}] angegeben. Er wird mit dem Quotienten aus einem Durchlässigkeitsbeiwert k_f [m/s] und einer Strecke d [m] berechnet.

$$\lambda = \frac{k_f}{d} \tag{3.33}$$

Durch Vorgabe der bekannten Piezometerhöhe $h_{konst.}$ [m] und des Leakagekoeffizienten λ kann dann ein Zufluss q [m/s] in das Modellgebiet oder Abfluss q aus dem Modellgebiet berechnet werden.

$$q = -\lambda \cdot (h_{konst.} - h) \tag{3.34}$$

Je größer der Durchlässigkeitsbeiwert k_f und je kleiner die Strecke d, desto größer ist der Leakagekoeffizient λ und desto größer ist die Wirkung der Piezometerhöhe $h_{konst.}$ auf den Grundwasserspiegel h. Ist der Leakagekoeffizient gleich null, so hat die festgelegte Piezometerhöhe überhaupt keinen Einfluss, ist er sehr groß, dann wirkt die Cauchy-Randbedingung wie ein Festpotential (DIERSCH 2005a).

Im Grundwassermodell werden mit der Cauchy-Randbedingung gewöhnlich Gewässer nachgebildet, die über eine Kolmationsschicht an das Grundwasser angebunden sind. Die Kolmationsschicht ist eine Schicht aus feinkörnigen Sedimenten, die oft an der Sohle eines Gewässers zu finden ist und die eine geringe Durchlässigkeit gegenüber Wasser besitzt. Sie verhindert den direkten hydraulischen Kontakt des Gewässers mit dem Grundwasser. In diesem Fall ist der Leakagekoeffizient gleich dem Durchlässigkeitsbeiwert der Kolmationsschicht dividiert durch ihre Mächtigkeit (Abbildung 3-1).

Die Cauchy-Randbedingung kann beispielsweise auch für einen Rand des Untersuchungsgebiets verwendet werden, wenn in einer definierten Entfernung zu diesem Rand die Potentialhöhe und darüber hinaus der Durchlässigkeitsbeiwert des dazwischen liegenden Grundwasserleiters bekannt sind.

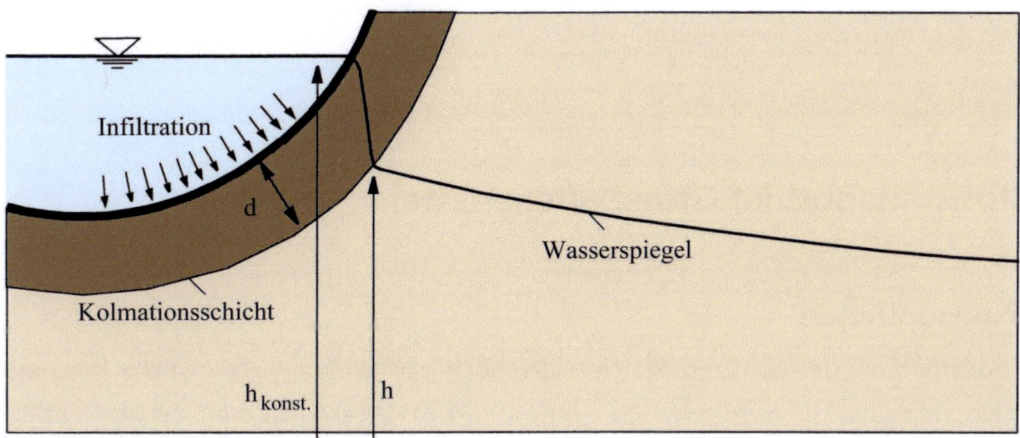

Abbildung 3-1: Modellierung von Gewässern mit der Cauchy-Randbedingung (DIERSCH 2005a, verändert)

3.2 Stofftransport im Grundwasserleiter

3.2.1 Konzentration

Die zur Beschreibung des Stofftransportes maßgeblich verwendete Größe ist die Konzentration der betrachteten Substanz. Die Konzentration c [kg/m³] ist in diesem Fall definiert als die Masse m [kg] der Substanz pro Volumen Grundwasser V_W [m³], nicht pro Gesamtvolumen V_G, das sich im Grundwasserleiter aus den Volumina der festen Matrix, des adhäsiv an die Matrix gebundenen Wassers und des Grundwassers zusammensetzt.

$$c = \frac{m}{V_W} \tag{3.35}$$

Entsprechend dem Kontinuum-Ansatz (Kapitel 3.1.1) werden nachfolgend jedoch alle Längen-, Flächen- und Volumenangaben auf das Gesamtsystem Grundwasserleiter bezogen. Unter Verwendung der entwässerbaren Porosität n [-] (Gleichung (3.2)) kann die Konzentration konsistent mit dem Kontinuum-Ansatz im Verhältnis zum Gesamtvolumen angegeben werden.

$$n \cdot c = \frac{m}{V_G} \tag{3.36}$$

Um die Konzentrationsverteilung im Untersuchungsgebiet in Abhängigkeit von den Anfangsbedingungen und Randbedingungen zu berechnen, müssen im Wesentlichen die Prozesse
- o   der Advektion,
- o   der molekularen Diffusion und der Dispersion,
- o   der Retardation durch Sorption und Desorption, und
- o   physikalischer, chemischer und biochemischer Reaktionen

bilanziert werden.

3.2.2 Advektiver Transport

Der Transport einer Substanz mit der gleichen Geschwindigkeit, mit der auch das Grundwasser fließt, wird als Advektion bzw. als advektiver Transport bezeichnet. Der daraus resultierende spezifische Massenstrom J_a [kg/(m² s)] wird bestimmt durch die Konzentration der Substanz im Grundwasser c [kg/m³] und dem spezifischen Fluss q [m/s] des Grundwassers entsprechend des Kontinuum-Ansatzes (Gleichung (3.9)) (KINZELBACH & RAUSCH 1995).

$$\vec{J}_a = c \cdot \vec{q} \tag{3.37}$$

Der spezifische Fluss bzw. die Filtergeschwindigkeit q stimmt nicht mit der zu beobachteten Geschwindigkeit u [m/s] überein, mit der sich das Grundwasser und die advektiv mit ihm transportierten Substanzen von einem Ort zu einem anderen Ort bewegen. Da das Grundwasser nicht den gesamten Querschnitt des Grundwasserleiters für das Fließen zur Verfügung hat, sondern nur den durchströmbaren Teil des Porenraums, muss zur Berechnung der bei einem Markierungsversuch beobachtbaren Abstandsgeschwindigkeit u die Filtergeschwindigkeit q durch den effektiven Porenraum n_e [-] (Kapitel 3.1.1) geteilt werden (KINZELBACH & RAUSCH 1995).

$$\vec{u} = \frac{\vec{q}}{n_e} \tag{3.38}$$

3.2.3 Molekulare Diffusion

Der durch die Brownsche Molekularbewegung verursachte Transportprozess einer Substanz von einem Ort höherer Konzentration zu einem Ort niedrigerer Konzentration wird molekulare Diffusion genannt. Aufgrund des Stofftransportes entgegen dem Konzentrationsgradienten führt er langfristig zu einem Konzentrationsausgleich. Die molekulare Diffusion wird durch das Fick'sche Gesetz beschrieben, das von ADOLF FICK empirisch ermittelt und 1855 erstmals formuliert wurde, das aber auch mit theoretischen Überlegungen aus der Brownschen Molekularbewegung abgeleitet werden kann (EINSTEIN 1905). Das Fick'sche Gesetz besagt, dass der aus der molekularen Diffusion resultierende spezifische Massenstrom J_{am} [kg/(m² s)] direkt proportional zum Konzentrationsgradienten ist. Der Proportionalitätsfaktor D_m [m²/s] heißt Diffusionskoeffizient.

$$J_{am,x} = -D_m \cdot \frac{\partial c}{\partial x} \tag{3.39}$$

Bezüglich der molekularen Diffusion im Grundwasser ist zu beachten, dass der Diffusionskoeffizient im Grundwasser D_{eff} [m²/s] gegenüber dem Diffusionskoeffizienten in einer reinen Wasserphase D_m korrigiert werden muss, da die Beweglichkeit der Moleküle durch die Kornmatrix des Grundwasserleiters eingeschränkt wird (KINZELBACH & RAUSCH 1995). Zusätzlich wird der spezifische Massenstrom eingeschränkt, da nur der Querschnitt des Grundwassers für den Transport zur Verfügung steht, nicht die gesamte Querschnittsfläche des Kontinuum-Ansatzes. Daher muss eine Korrektur mit der entwässerbaren Porosität n [-] (Gleichung (3.2)) erfolgen (KINZELBACH & RAUSCH 1995). Der aufgrund der Diffusion im Grundwasserleiter stattfindende spezifische Massenstrom J_m [kg/(m² s)] kann dann unter Berücksichtigung aller drei Raumrichtungen beschrieben werden mit:

$$\vec{J}_m = -n \cdot D_{eff} \cdot \left(\frac{\partial c}{\partial x}, \frac{\partial c}{\partial y}, \frac{\partial c}{\partial z} \right) = -n \cdot D_{eff} \cdot \vec{\nabla} c \qquad (3.40)$$

3.2.4 Dispersion

Eine Dispersion von im Grundwasser gelösten Substanzen tritt auf, da das Grundwasser nicht gleichmäßig mit seiner mittleren Geschwindigkeit fließt, sondern eine ausgeprägte Geschwindigkeitsverteilung aufweist. Schon innerhalb der Poren ist die Geschwindigkeit des Grundwassers in der Porenmitte größer als am Rand der Poren. In größeren Poren fließt es zudem schneller als in benachbarten kleineren Poren. Zusätzlich können die Wege des Grundwassers um das Korngerüst des Grundwasserleiters herum signifikante Unterschiede in der jeweiligen Länge aufweisen. In Bereichen einer feineren Kornmatrix fließt das Grundwasser außerdem im Allgemeinen langsamer als in Bereichen einer gröberen Matrix.

Ein Teil der im Grundwasser gelösten Substanzen wird folglich schneller transportiert als mit der mittleren Geschwindigkeit des Grundwassers, ein anderer Teil langsamer. Die dadurch entstehende, von der Advektion abweichende Komponente des Stofftransportes wird als Dispersion J_D [kg/(m² s)] bezeichnet. Unter der Annahme einer Normalverteilung der Geschwindigkeit des Grundwassers kann die Dispersion ähnlich wie die molekulare Diffusion beschrieben werden (BEAR 1972). Der Stofftransport erfolgt immer entgegen dem Konzentrationsgradienten und ist direkt proportional zu diesem Gradienten. Wie die molekulare Diffusion muss auch die Dispersion mit der Porosität korrigiert werden. Bei der Dispersion wird jedoch im Gegensatz zur Diffusion die effektive Porosität n_e [-] zur Korrektur verwendet (FETTER 1999), da wie beim advektiven Transport nur die durchströmten Poren zur Bewegung des Grundwassers beitragen.

$$\vec{J}_D = -n_e \cdot D_D \cdot \vec{\nabla} c \qquad (3.41)$$

Im Gegensatz zur molekularen Diffusion ist der Proportionalitätsfaktor der Dispersion, der so genannte Dispersionskoeffizient D_D [m²/s], abhängig von der Raumrichtung und damit ein Tensor wie der Durchlässigkeitsbeiwert (Gleichung (3.10)). Die größte Dispersion liegt in der Strömungsrichtung des Grundwassers vor (D_L [m²/s]). Quer zur Strömungsrichtung ist die Dispersion wesentlich geringer, wobei noch mal unterschieden wird zwischen der horizontalen Querdispersion (D_{Th} [m²/s]) und der vertikalen Querdispersion (D_{Tv} [m²/s]), die erfahrungsgemäß am geringsten ist. Bei entsprechender Ausrichtung des Koordinatensystems ist dann nur noch die Diagonale des Tensors besetzt.

$$D_D = \begin{pmatrix} D_L & 0 & 0 \\ 0 & D_{Th} & 0 \\ 0 & 0 & D_{Tv} \end{pmatrix} \qquad (3.42)$$

Wenn das Koordinatensystem so gewählt wird, dass die Grundwasserströmung entlang der x-Achse verläuft, kann der spezifische Massenstrom aufgrund der Dispersion J_D [kg/(m² ·s)] folgendermaßen beschrieben werden.

$$\vec{J}_D = -n_e \cdot D_D \cdot \vec{\nabla}c = -n_e \cdot \left(D_L \cdot \frac{\partial c}{\partial x}, D_{Th} \cdot \frac{\partial c}{\partial y}, D_{Tv} \cdot \frac{\partial c}{\partial z} \right) \tag{3.43}$$

Da die Dispersion durch die Geschwindigkeitsverteilung des Grundwassers verursacht wird, ist der Dispersionskoeffizient direkt proportional zur Abstandsgeschwindigkeit des Grundwassers. Andererseits ist er abhängig von der Ungleichförmigkeit des Grundwasserleiters. Er kann folglich als Produkt der Abstandsgeschwindigkeit u [m/s] des Grundwassers und einer Aquifereigenschaft, der Dispersivität α [m], beschrieben werden (SCHEIDEGGER 1957). Dabei wird zwischen der Längs- und der (horizontalen und vertikalen) Querdispersivität unterschieden.

$$\begin{aligned} D_L &= \alpha_L \cdot u \ , \\ D_{Th} &= \alpha_{Th} \cdot u \ , \\ D_{Tv} &= \alpha_{Tv} \cdot u \end{aligned} \tag{3.44}$$

Aufgrund der oben beschriebenen Skalenabhängigkeit ist auch die Größe der Dispersivität von der betrachteten Skala abhängig. Je größer die betrachtete Skala ist, desto größer ist die Dispersivität. Bei betrachteten Längen in der Größenordnung von 100 m bis 1 km sind beispielsweise Längsdispersivitäten von etwa 15 m typisch (KINZELBACH & RAUSCH 1995). Das Verhältnis von Längs- zu Querdispersivität wurde in Feldstudien auf 0,01 bis 0,3 bestimmt (PICKENS & GRISAK 1980), wobei gerade die horizontale Querdispersivität häufig vor allem durch die Schwankungen der regionalen Strömungsrichtung bestimmt wird (KINZELBACH & ACKERER 1986). In vielen Fällen ist der Transport durch Dispersion viel größer als der Transport durch molekulare Diffusion, so dass die molekulare Diffusion vernachlässigt werden kann.

3.2.5 Retardation durch Adsorption und Desorption

Viele der im Grundwasser gelösten Stoffe haben eine Tendenz, an die Oberfläche der Kornmatrix des Grundwasserleiters zu adsorbieren. Die Adsorption ist ein reversibler Prozess, das heißt, der adsorbierte Stoff kann wieder von der Kornmatrix in das Grundwasser desorbieren. Dabei bildet sich ein Gleichgewicht zwischen der Konzentration des gelösten Stoffes im Grundwasser und der Konzentration des an der Matrix adsorbierten Stoffes aus. Das Verhältnis von adsorbierter Stoffkonzentration c_S [kg/kg] zu gelöster Stoffkonzentration c_W [kg/m³] heißt Adsorptionskoeffizient K_D [m³/kg] (KINZELBACH & RAUSCH 1995).

$$K_D = \frac{c_S}{c_W} \tag{3.45}$$

Solange nur wenige der an der Kornmatrix verfügbaren Adsorptionsplätze belegt sind, bleibt das Verhältnis zwischen adsorbierter Stoffkonzentration und gelöster Stoffkonzentration konstant und unabhängig von den Konzentrationen. Man spricht in diesem Fall von einer linearen Adsorptionsisotherme.

Wenn man das Verhältnis der gesamten Stoffkonzentration c_G [kg/m³] zur gelösten Stoffkonzentration bildet, so erhält man den Retardationsfaktor R [-].

$$R = \frac{c_G}{c_W} = \frac{c_W + c_S^*}{c_W} = \frac{c_W + \dfrac{1-n}{n} \cdot K_D \cdot \rho_S \cdot c_W}{c_W} = 1 + \frac{1-n}{n} \cdot K_D \cdot \rho_S \tag{3.46}$$

Der Retardationsfaktor R gibt an, um wie viel langsamer die Abstandsgeschwindigkeit des gelösten Stoffes gegenüber der Abstandsgeschwindigkeit des Grundwassers ist (ZHENG & BENNETT 1995).

3.2.6 Prinzip des Massenerhaltes

Ausgangspunkt der instationären Stofftransportgleichung ist, analog zur Vorgehensweise bei der Erstellung der Strömungsgleichungen, die Bilanzierung der Masse einer gelösten Substanz in einem Kontrollvolumen unter Beachtung des Prinzips des Massenerhaltes.

Das Kontrollvolumen ΔV_k [m³] wird rechteckig angenommen, so dass sich seine Größe berechnen lässt mit

$$\Delta V_k = \Delta x \cdot \Delta y \cdot \Delta z . \tag{3.47}$$

Der Zustrom gelöster Masse N_x [kg/s] an der Vorderseite beträgt

$$N_x = J_x \cdot A_x = J_x \cdot (\Delta y \cdot \Delta z) . \tag{3.48}$$

Die Änderung des spezifischen Massenstroms in x-Richtung $-\Delta J_x$ [kg/(m² ·s)] ist

$$-\Delta J_x = -(\partial J_x / \partial x) \cdot \Delta x . \tag{3.49}$$

Folglich beträgt die Nettoänderung des Zustroms gelöster Masse in x-Richtung ΔN_x [kg/s]

$$\Delta N_x = -(\partial J_x / \partial x) \cdot \Delta x \cdot (\Delta y \cdot \Delta z) = -(\partial J_x / \partial x) \cdot \Delta V_k . \tag{3.50}$$

Die Summe der Massestromänderungen aller drei Raumrichtungen ist dann aufgrund des Massenerhaltes gleich der Änderung der Masse m [kg] im Kontrollvolumen.

$$\Delta N_x + \Delta N_y + \Delta N_z = \frac{\partial m}{\partial t} \tag{3.51}$$

Unter Beachtung der Gleichung (3.36) kann die Masseänderung im Kontrollvolumen auch als Konzentrationsänderung im Grundwasser beschrieben werden.

$$\Delta N_x + \Delta N_y + \Delta N_z = n \frac{\partial c}{\partial t} \Delta V_k \tag{3.52}$$

Dividiert man die Gleichung (3.52) durch das Kontrollvolumen ΔV_k, so wird unter Verwendung der Gleichung (3.50) die Konzentrationsänderung im Kontrollvolumen als Summe der Änderungen der spezifischen Massenströme in allen drei Raumrichtungen beschrieben:

$$n \frac{\partial c}{\partial t} = -\frac{\partial J_x}{\partial x} - \frac{\partial J_y}{\partial y} - \frac{\partial J_z}{\partial z} = -\vec{\nabla}\vec{J} \tag{3.53}$$

3.2.7 Instationäre Stofftransportgleichung des Grundwassers

Die im Grundwasserleiter zu bilanzierenden Massenströme umfassen die Massenströme aufgrund des advektiven Transportes J_A [kg/(m² s)], aufgrund der molekularen Diffusion J_m [kg/(m² s)] (soweit nicht vernachlässigbar) und aufgrund der Dispersion J_D [kg/(m² s)]. Hinzu kommt ein Term U_0 [kg/(m³ s)], der beschreibt, ob die Masse des betrachteten Stoffes im Kontrollvolumen aufgrund physikalischer, chemischer oder biochemischer Reaktionen größer oder kleiner wird. Dementsprechend kann die Gleichung (3.53) formuliert werden als:

$$n \frac{\partial c}{\partial t} = -\vec{\nabla}\vec{J}_A - \vec{\nabla}\vec{J}_m - \vec{\nabla}\vec{J}_D \pm n \cdot U_0 \tag{3.54}$$

Unter Berücksichtigung der Retardation werden die einzelnen spezifischen Stoffströme um den Faktor R reduziert. Weiterhin wird die Gleichung um den Quellen- und Senken-Term W_0 [kg/(m³ s)] erweitert, der es erlaubt, im Modell Masse in das Kontrollvolumen einzubringen oder daraus zu entnehmen, ohne dass es über eine der drei Raumrichtungen bilanziert werden muss.

$$\frac{\partial c}{\partial t} = -\frac{\vec{\nabla}\vec{J}_A}{n \cdot R} - \frac{\vec{\nabla}\vec{J}_m}{n \cdot R} - \frac{\vec{\nabla}\vec{J}_D}{n \cdot R} \pm U_0 \pm W_0 \tag{3.55}$$

Mit Einsetzen der Beziehungen für den advektiven, diffusiven und dispersiven Transport (Gleichungen (3.38), (3.40) und (3.41)) erhält man die allgemeine Stofftransportgleichung des Grundwassers.

$$\frac{\partial c}{\partial t} = -\frac{1}{n \cdot R} \vec{\nabla}(\vec{q} \cdot c) + \frac{D_{eff}}{R} \vec{\nabla}^2 c + \frac{n_e}{n \cdot R} \vec{\nabla}(D_D \cdot \vec{\nabla}c) \pm U_0 \pm W_0 \tag{3.56}$$

Unter der Annahme, dass die Grundwasserströmung in Richtung der x-Koordinate verläuft, kann die Stofftransportgleichung des Grundwassers auch folgendermaßen formuliert werden.

$$\frac{\partial c}{\partial t} = -\frac{n_e}{n \cdot R} \frac{\partial(u \cdot c)}{\partial x} + \frac{D_{eff}}{R}\left(\frac{\partial^2 c}{\partial x^2} + \frac{\partial^2 c}{\partial y^2} + \frac{\partial^2 c}{\partial z^2}\right)$$
$$+ \frac{n_e}{n \cdot R}\left[\frac{\partial}{\partial x}\left(\alpha_L \cdot u \cdot \frac{\partial c}{\partial x}\right) + \frac{\partial}{\partial y}\left(\alpha_{Th} \cdot u \cdot \frac{\partial c}{\partial y}\right) + \frac{\partial}{\partial z}\left(\alpha_{Tv} \cdot u \cdot \frac{\partial c}{\partial z}\right)\right] \pm U_0 \pm W_0 \tag{3.57}$$

Bei den in Kapitel 4.3 und 5 beschriebenen Untersuchungen wird der Stofftransport unter Annahme eines konservativen, idealen Tracers berechnet, so dass weder die Retardation noch der Reaktionsterm eine Rolle spielen. Weiterhin unterscheidet die zur Modellierung verwendete Software (Kapitel 3.3.6) nur zwischen Längs- und Querdispersivität. Zur tatsächlichen Modellerstellung wurde dementsprechend die nachfolgende Differentialgleichung verwendet.

$$\frac{\partial c}{\partial t} = -\frac{n_e}{n} \frac{\partial(u \cdot c)}{\partial x} + D_{eff}\left(\frac{\partial^2 c}{\partial x^2} + \frac{\partial^2 c}{\partial y^2} + \frac{\partial^2 c}{\partial z^2}\right)$$
$$+ \frac{n_e}{n}\left[\frac{\partial}{\partial x}\left(\alpha_L \cdot u \cdot \frac{\partial c}{\partial x}\right) + \frac{\partial}{\partial y}\left(\alpha_T \cdot u \cdot \frac{\partial c}{\partial y}\right) + \frac{\partial}{\partial z}\left(\alpha_T \cdot u \cdot \frac{\partial c}{\partial z}\right)\right] \pm W_0 \tag{3.58}$$

3.2.8 Anfangsbedingung und Randbedingungen zur Beschreibung des Stofftransports im Grundwasserleiter

Genau wie die instationäre Grundwasserströmungsgleichung kann auch die Differentialgleichung für den instationären Stofftransport im Grundwasser nur dann eindeutig gelöst werden, wenn Anfangs- und Randbedingungen vorgegeben werden, die das betrachtete System beschreiben. Diese werden dabei genau wie bei der Modellierung der Grundwasserströmung vorgegeben (Kapitel 3.1.7), mit dem Unterschied, dass statt Werten für die Piezometerhöhen Werte für die Stoffkonzentrationen angegeben werden.

Mit der „Dirichlet-Randbedingung" oder „Randbedingung erster Art" wird der Wert der Konzentration c [kg/m³] an einer definierten Stelle im Untersuchungsgebiet vorgegeben.

$$c = f(t) \tag{3.59}$$

Diese Randbedingung kann in einem dreidimensionalen Grundwassermodell beispielsweise am Rand eines Oberflächengewässers, in dem die betrachtete Stoffkonzentration bekannt ist, und von dem aus Wasser in den Grundwasserleiter infiltriert, eingesetzt werden. In zweidimensional-horizontalen

Grundwassermodellen ist die Dirichlet-Randbedingung oft ungeeignet, da mit dieser Randbedingung dann die über die gesamte Tiefe des Grundwasserleiters gemittelte Stoffkonzentration vorgegeben wird, welche häufig aber nicht bekannt ist.

Mit der „Neumann-Randbedingung" oder „Randbedingung zweiter Art" wird an einer definierten Stelle im Untersuchungsgebiet die erste räumliche Ableitung der Stoffkonzentration vorgegeben.

$$\frac{\partial c}{\partial n_o} = f(t) \tag{3.60}$$

Da bei bekanntem Diffusionskoeffizient D_{eff} [m²/s] und bekanntem Dispersionskoeffizient D_D [m²/s] der Konzentrationsgradient einem bestimmten Massenstrom J_n [kg/(m² s)] entspricht (Gleichungen (3.40) und (3.41)), kann mit dieser Randbedingung ein bekannter Massenstrom J_n in das Modellgebiet oder aus dem Modellgebiet beschrieben werden.

$$J_n = -n \cdot D_{eff} \cdot \frac{\partial c}{\partial n_o} - n_e \cdot D_D \cdot \frac{\partial c}{\partial n_o} \tag{3.61}$$

In der zur Modellierung verwendeten Software (Kapitel 3.3.6) wird die Neumann-Randbedingung dementsprechend dazu verwendet, einen spezifischen Massenstrom J_n in das Modellgebiet oder aus dem Modellgebiet vorzugeben, der unabhängig vom advektiven Transport, auch über die Grenzen des Modellgebiets hinweg, erfolgt (DIERSCH 2005a).

Die „Cauchy-Randbedingung" oder „Randbedingung dritter Art" stellt eine Linearkombination aus den beiden oben beschriebenen Randbedingungen dar ($\alpha \cdot h + \beta \cdot \partial c / \partial n_o$). In der zur Modellierung verwendeten Software (Kapitel 3.3.6) wird die Cauchy-Randbedingung verwendet, um, ähnlich wie bei der Modellierung der Grundwasserströmung, die Wirkung einer bekannten Stoffkonzentration, die durch einen Widerstand abgeschwächt wird, zu beschreiben. Der Widerstand wird durch den Leakagekoeffizienten des Stofftransports λ_c [m/s] angegeben. Durch Vorgabe einer bekannten Stoffkonzentration $c_{konst.}$ [kg/m³] und des Leakagekoeffizienten λ_c kann dann ein spezifischer Massenstrom J_c [kg/(m² s)] in das Modellgebiet oder aus dem Modellgebiet berechnet werden (DIERSCH 2005a).

$$J_c = -\lambda_c \cdot (c_{konst.} - c) \tag{3.62}$$

Ist der Leakagekoeffizient λ_c gleich null, so hat die vorgegebene Stoffkonzentration $c_{konst.}$ keinen Einfluss, ist er sehr groß, dann wirkt die Cauchy-Randbedingung wie eine Dirichlet-Randbedingung.

Die Lösung kann bei einfachen Randbedingungen analytisch erfolgen, meist wird jedoch ein numerisches Verfahren, beispielsweise das Finite-Differenzen-Verfahren oder das nachfolgend beschriebene Finite-Elemente-Verfahren, eingesetzt.

3.3 Die Finite-Elemente-Methode

Die Finite-Elemente-Methode ist ein numerisches Verfahren zur näherungsweisen Lösung von Differentialgleichungen. Ihr zentraler Ansatz ist die Unterteilung des Untersuchungsgebiets in eine endliche Anzahl von endlich großen Teilgebieten, für die jeweils eine Näherungslösung der dem System zu Grunde liegenden Differentialgleichung gefunden werden kann. Im Bereich der Grundwassermodellierung wurde sie erstmals in den frühen 1970er Jahren eingesetzt (ISTOK 1989). In der Grundwassermodellierung wird sie zusammen mit den oben vorgestellten Differentialgleichungen zur Beschreibung der Grundwasserströmung und des Stofftransports im Grundwasser verwendet, um bei gegebenen Randbedingungen die Lage des Grundwasserspiegels und die Konzentrationsverteilung eines Stoffes im Grundwasser zu berechnen. Gegenüber der vorher in der Grundwassermodellierung ausschließlich verwendeten Finite-Differenzen-Methode hat sie folgende Vorteile:

o Die Elemente, mit denen das Modellgebiet diskretisiert wird, sind flexibler. So ist die Verwendung von Dreieckselementen möglich, was auch die genaue Modellierung unregelmäßiger Grenzen gestattet. Weiterhin ist es leicht möglich, einige Teilgebiete enger zu diskretisieren als andere.

o Die Genauigkeit der numerisch errechneten Lösung ist insbesondere bei Transportproblemen deutlich höher.

Ein Nachteil der Finite-Elemente-Methode ist, dass sie einen umfangreicheren mathematischen Kenntnisstand voraussetzt und einen höheren programmiertechnischen Aufwand erfordert (ISTOK 1989).

3.3.1 Diskretisierung des Untersuchungsgebiets

Vor der Durchführung von Berechnungen muss das Modellgebiet diskretisiert werden (Abbildung 3-2). In der Finite-Elemente-Methode erfolgt die Diskretisierung durch Elemente und Knoten. Die Elemente sind Teilgebiete des Modellgebiets. Die Ecken der Elemente heißen Knoten. Die Elemente müssen so gewählt werden, dass sie sich nicht überlappen, das Modellgebiet aber lückenlos abdecken (ISTOK 1989).

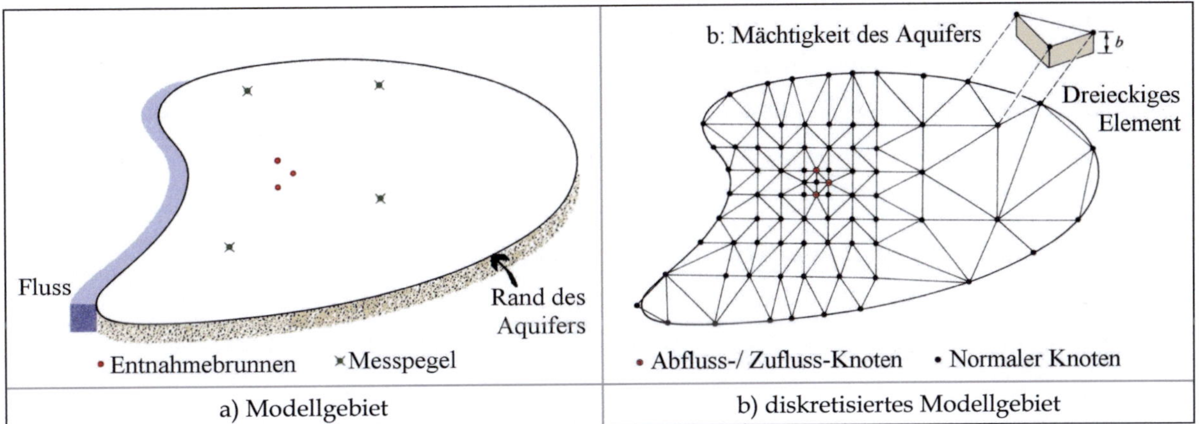

Abbildung 3-2: Beispiel zur Diskretisierung eines Modellgebiets (WANG & Anderson 1982, verändert)

Um eine Stofftransportsimulation stabil berechnen zu können, darf bei der Diskretisierung die Gitter-Pecletzahl Pe [-] als Maßzahl für das Verhältnis zwischen advektivem und dispersivem Massenfluss Eins nicht weit übersteigen (KINZELBACH 1987). Die Gitter-Pecletzahl wird dabei mit dem Quotienten der Abstandsgeschwindigkeit u [m/s] mal Elementgröße Δx_E [m] (in Richtung der Strömung) und des Dispersionskoeffizienten D_L [m²/s] berechnet. Durch die Anwendung der Finite-Elemente-Methode wird ein Stofftransport entgegen des Konzentrationsgradienten berechnet, der in der Natur nicht stattfindet, und der mit größer werdenden Elementen zunimmt. Dieser fehlerhaft berechnete Stofftransport wird numerische Dispersion genannt. Um die numerische Dispersion gering zu halten, wird im Allgemeinen gefordert, dass die Gitter-Pecletzahl kleiner Zwei ist (KINZELBACH 1987).

$$Pe = \frac{\Delta x_E \cdot u}{D_L} = \frac{\Delta x_E}{\alpha_L} < 2 \tag{3.63}$$

Wenn davon ausgegangen wird, dass die Querdispersivität viel kleiner als die Längsdispersivität ist (PICKENS & GRISAK 1980, KINZELBACH & ACKERER 1986, Kapitel 3.2.4), dann werden zur Verhinderung numerischer Dispersion sogar noch deutlich kleinere Elementgrößen erforderlich (KINZELBACH 1987).

$$\frac{\Delta x_E \cdot u}{D_T} = \frac{\Delta x_E}{\alpha_T} < \sqrt{2} \cdot 2 \tag{3.64}$$

3.3.2 Definition der Näherungslösung

Für die zu ermittelnde Funktion (z.B. Verteilung der Piezometerhöhen bei der Strömungsmodellierung, Verteilung der Konzentrationen bei der Stofftransportmodellierung) wird für das gesamte Modellgebiet eine Näherungslösung erzeugt. Im Gegensatz zur Finite-Differenzen-Methode existieren definierte Werte dieser Funktion nicht nur an den Knoten der Diskretisierung, sondern an jeder beliebigen Stelle im Modellgebiet. An den Knoten wird ein Wert explizit angegeben, innerhalb eines Elements kann er an jeder beliebigen Stelle berechnet werden, indem er aus den Werten an den Knoten des Elements interpoliert wird. Es wird folglich keine endliche Anzahl an Werten erzeugt, sondern eine elementweise definierte Funktion $\hat{h}$, mit der sich die Werte an jeder beliebigen Stelle im Modellgebiet ermitteln lassen.

Um die Interpolation durchzuführen, wird zu jedem Knoten i eine Funktion N_i definiert, so dass die Summe der Funktionen aller Knoten multipliziert mit dem Wert des jeweils zugehörigen Knotens h_i den interpolierten Wert an jedem gewünschten Ort ergibt (WANG & ANDERSON 1982).

$$\hat{h}(x, y, z) = \sum_{i=1}^{nnode} \left(N_i (x, y, z) \cdot h_i \right) \tag{3.65}$$

Die Näherungsfunktion $\hat{h}$, die die Verteilung beispielsweise der Piezometerhöhen im Modellgebiet vollständig beschreibt, hat folglich so viele Variablen, wie Knoten im Modellgebiet existieren.

Die Funktionen N_i, mit denen die Interpolation durchgeführt wird, heißen Interpolations-, Basis- oder Ansatzfunktionen. Der Wert einer Ansatzfunktion ist am Knoten, dem sie zugeordnet ist, gleich eins und nimmt dann mit zunehmender Entfernung ab. An allen anderen Knoten beträgt ihr Wert 0. Die Summe aller Ansatzfunktionen muss an jeder Stelle den Wert 1 ergeben. Im Fall der Grundwassermodellierung wird in der Regel linear interpoliert (Abbildung 3-3), so auch bei den in den Kapiteln 4 und 5 vorgestellten Simulationen.

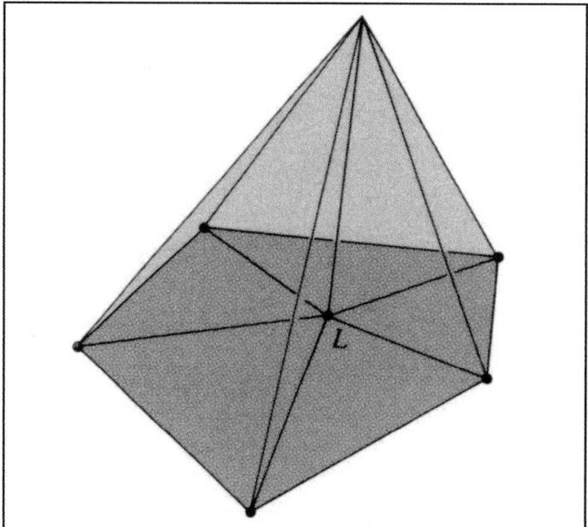

Abbildung 3-3: Ansatzfunktion N_L eines Knotens L bei linearer Interpolation (WANG & ANDERSON 1982)

3.3.3 Erstellung des Gleichungssystems

Um die Variablen der Näherungsfunktion $\hat{h}$ zu bestimmen, werden genau so viele Gleichungen benötigt, wie Variablen existieren, was wiederum der Anzahl der Knoten des Modellgebiets entspricht. Um diese Gleichungen zu erzeugen, wird in der Grundwassermodellierung meist die nachfolgend beschriebene Galerkin-Methode verwendet, so auch bei den in den Kapiteln 4 und 5 vorgestellten

Simulationen. Die Galerkin-Methode ist ein für die Simulation von Grundwasserströmungen besonders geeigneter Sonderfall der Methode der gewichteten Residuen (WANG & ANDERSON 1982).

Die Grundlage der Finite-Elemente-Methode ist eine Differentialgleichung, die das Verhalten des Systems beschreibt. Diese Differentialgleichung enthält die zu berechnende Funktion. Im Beispiel der stationären Strömungsgleichung ist die gesuchte Funktion die Verteilung der Piezometerhöhen, also die Lage des Grundwasserspiegels. Die zugehörige Differentialgleichung wurde als Gleichung (3.19) dokumentiert. Wird nun statt der wahren Funktion eine durch lineare Interpolation angenäherte Funktion (z.B. eine angenäherte Verteilung der Piezometerhöhen) in die Differentialgleichung eingesetzt, so ist diese nicht mehr erfüllt, sondern enthält eine Abweichung R, die Residuum genannt wird (ISTOK 1989). Dies stellt sich im Beispiel der stationären Grundwasserströmung wie folgt dar:

$$\frac{\partial}{\partial x}\left(K\frac{\partial \hat{h}}{\partial x}\right) + \frac{\partial}{\partial y}\left(K\frac{\partial \hat{h}}{\partial y}\right) + \frac{\partial}{\partial z}\left(K\frac{\partial \hat{h}}{\partial z}\right) = R \neq 0 \qquad (3.66)$$

Da die zu berechnende Funktion im gesamten Modellgebiet definiert ist, kann für jede Stelle im Modellgebiet ein Residuum R angegeben werden. Bei der Methode der gewichteten Residuen werden für jeden Knoten die Residuen des Modellgebiets bezüglich des jeweiligen Knotens i mit einer Funktion W_i gewichtet, integriert und dem jeweiligen Knoten zugeordnet. Um eine möglichst geringe Abweichung zwischen der berechneten Näherungslösung und der wahren Lösung der Differentialgleichung zu erreichen, soll der jedem Knoten zugeordnete Wert Null werden.

$$\int_{\Omega} W_i(x, y, z) \cdot R(x, y, z) \cdot d\Omega = 0 \qquad (3.67)$$

Verschiedene Möglichkeiten der Gewichtung der Residuen sind möglich. Die Galerkin-Methode verwendet als Gewichtungsfunktionen W_i die gleichen Funktionen, die auch zur Interpolation verwendet werden, also die Ansatzfunktionen N_i.

Mit der vorgestellten Methode wird zu jedem Knoten eine Gleichung aufgestellt, die die gesuchte Funktion $\hat{h}$ enthält. Dadurch entsteht ein Gleichungssystem, das genau so viele Gleichungen wie Unbekannte besitzt und daher zur Berechnung der Variablen (z.B. Piezometerhöhen oder Stoffkonzentrationen an allen Knoten des Untersuchungsgebiets) eingesetzt werden kann.

3.3.4 Lösung des Gleichungssystems

Das erstellte Gleichungssystem ist nur dünn besetzt, da zur Berechnung des gewichteten Residuums an einem Knoten entsprechend der vorgestellten Galerkin-Methode nur die Werte des Knotens selbst und der benachbarten Knoten eingehen. Die Werte aller weiter entfernt liegenden Knoten gehen nicht mit ein, da die Residuen in allen weiter entfernt liegenden Elementen mit Null gewichtet werden.

Die Gleichungssysteme kleiner Modelle mit wenigen Knoten können direkt gelöst werden, indem die Matrix mathematisch umgeformt wird, zum Beispiel mittels des Gauß-Verfahrens. Bei größeren Gleichungssystemen werden direkte Lösungsverfahren zunehmend ineffizient, da sowohl der Speicherbedarf als auch die Rechenzeit zur Lösungsfindung stark ansteigen (ZIENKIEWICZ & TAYLOR 2000). Große Gleichungssysteme werden daher iterativ gelöst, indem zunächst eine Lösung geraten wird, die dann schrittweise verbessert wird. Einfache Beispiele dafür sind das Jacobi-Verfahren oder das Gauß-Seidel-Verfahren. Deutlich effizienter und daher häufiger eingesetzt sind jedoch vorkonditionierte Verfahren der konjugierten Gradienten oder Mehrgitterverfahren (JUNG & LANGER 2001).

Zur Lösung der in den Kapiteln 4 und 5 beschriebenen Modelle wurde das algebraische Mehrgitterverfahren SAMG des Fraunhofer-Instituts für Algorithmen und Wissenschaftliches Rechnen (SCAI) verwendet. In diesem Verfahren wird automatisiert eine Hierarchie immer gröberer, und damit kleinerer Gleichungssysteme erstellt (STÜBEN & CLEES 2005).

3.3.5 Zeitliche Diskretisierung instationärer numerischer Grundwassermodelle

Bei instationären numerischen Strömungs- und Stofftransportmodellen sind die Piezometerhöhen und Stoffkonzentrationen nicht nur vom Ort, sondern auch vom Zeitpunkt abhängig. Daher findet sich in der instationären Strömungsgleichung und in der instationären Stofftransportgleichung auch die Ableitung der gesuchten Funktion nach der Zeit ($\partial h/\partial t$). Dieser Term wird in der Finite-Elemente-Methode wie auch in der Finite-Differenzen-Methode durch endliche, diskrete Zeitschritte Δt angenähert. Daher ist die Finite-Elemente-Methode zur Berechnung der instationären Grundwasserströmung und des instationären Stofftransportes streng genommen ein Hybrid aus der Finite-Elemente- und der Finite-Differenzen-Methode (WANG & ANDERSON 1982).

Die Berechnung der in den Kapiteln 4 und 5 vorgestellten Simulationen erfolgte implizit hinsichtlich der Zeit („upwind"). Das bedeutet, dass die Werte zum Zeitpunkt t+Δt nicht nur mit den bekannten Werten zum Zeitpunkt t berechnet werden, sondern die unbekannten Werte zum Zeitpunkt t+Δt ebenfalls in die Berechnung mit eingehen.

Bei der Wahl der Größe der Zeitschritte sollte im Fall einer Stofftransportmodellierung das Courant-Kriterium und das Neumann-Kriterium eingehalten werden. Beide Kriterien geben eine maximale Größe der Zeitschritte vor. Das Courant-Kriterium basiert auf der Courant-Zahl Co [-] als Quotient aus der Abstandsgeschwindigkeit u [m/s] mal der Zeitschrittlänge Δt [s] und der Elementgröße (in Strömungsrichtung) Δx_E [m] (COURANT et al. 1928).

$$Co = \frac{\Delta t \cdot u}{\Delta x_E} \tag{3.68}$$

Die Einhaltung des Courant-Kriteriums garantiert, dass die Stoffkonzentration in einem Element nicht größer werden kann als die Konzentration in seinen konvektiven Zuflüssen, und dass in einem Zeitschritt nicht mehr Masse das Element verlassen kann, als zu Beginn in ihm ist (KINZELBACH 1987). Im eindimensionalen Fall darf die Courant-Zahl dafür nicht größer als Eins werden.

$$Co = \frac{\Delta t \cdot u}{\Delta x_E} \leq 1 \qquad (3.69)$$

Die Zeitschrittweite muss folglich umso kleiner gewählt werden, je kleiner die Elementgröße ist, und je größer die Abstandsgeschwindigkeit des Grundwassers ist.

$$\Delta t \leq \frac{\Delta x_E}{u} \qquad (3.70)$$

Im dreidimensionalen Fall darf die Summe der Courant-Zahlen jeder Raumrichtung Eins nicht überschreiten.

$$Co_x + Co_y + Co_z \leq 1 \qquad (3.71)$$

Die Einhaltung des Neumann-Kriteriums stellt sicher, dass sich während eines Zeitschrittes Konzentrationsgradienten nicht allein aufgrund dispersiven Transportes umkehren können (KINZELBACH 1987).

$$\left(\frac{D_L}{\Delta x_E^2} + \frac{D_{Th}}{\Delta y_E^2} + \frac{D_{Tv}}{\Delta z_E^2} \right) \Delta t \leq 0{,}5 \ [\text{-}] \qquad (3.72)$$

Die Nicht-Einhaltung des Courant-Kriteriums oder des Neumann-Kriteriums führt nicht zwangsläufig zu Instabilitäten der Stofftransport-Simulationsergebnisse. Die beiden Kriterien bieten lediglich die Sicherheit, dass keine Instabilitäten auftreten. Unter günstigen Bedingungen, insbesondere bei geringen zeitlichen Änderungen des Stofftransportes, können größere Zeitschritte gewählt werden, ohne dass die Simulation instabil wird.

3.3.6 FEFLOW

Die Berechnung der Strömungs- und Stofftransportsimulationen im Grundwasserleiter erfolgte mit dem kommerziell verfügbaren Programm FEFLOW (DIERSCH 2005a), Version 5.3 (DIERSCH et al. 2006) und Version 5.4 (DIERSCH et al. 2009), des Unternehmens DHI-WASY (Abbildung 3-4). Es ermöglicht die Berechnung von Finite-Elemente-Modellen in den Bereichen Wasserströmung, Stofftransport und Wärmetransport in porösen Medien. Neben seinem Programmkern, der die Berechnung der Modelle durchführt, beinhaltet FEFLOW Module zur Erzeugung und Modifikation von Finite-Elemente-Problemen sowie zur Auswertung und Ausgabe der Ergebnisse. Weiterhin stellt FEFLOW eine große Auswahl von Werkzeugen und Methoden zur Diskretisierung des Modellgebiets, zur Interpolation der einzugebenden Daten, und zur Lösung der Gleichungssysteme zur Verfügung.

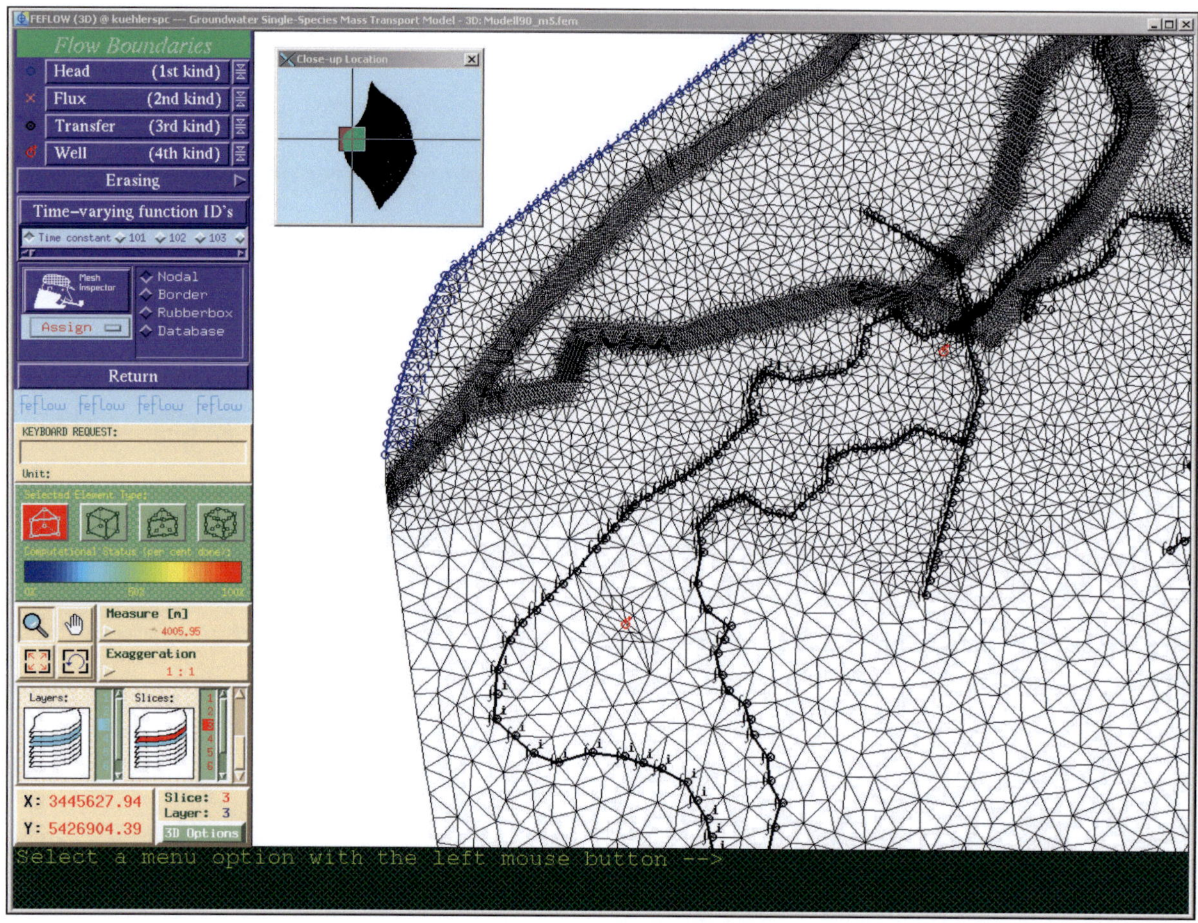

Abbildung 3-4: Grafische Benutzeroberfläche der Modellierungssoftware FEFLOW, Version 5.4 (Screenshot während der Bearbeitung von Randbedingungen der Grundwasserströmung)

FEFLOW bietet die Möglichkeit, dreidimensionale Modellgebiete mit Prismen mit dreieckiger oder rechteckiger Grundfläche zu diskretisieren. Bei den in den Kapiteln 4 und 5 vorgestellten Simulationen wurden Prismen mit dreieckiger Grundfläche gewählt, da sich damit die geohydrologisch relevanten Strukturen im Modellgebiet besser abbilden ließen. Die horizontale Diskretisierung des Modellgebiets erfolgt dabei mit Dreiecken, die vertikale Diskretisierung erfolgt mit Ebenen, in denen die Knoten liegen und Schichten zwischen den Ebenen, in denen die Elemente liegen. Die Ebenen und Schichten müssen sich in FEFLOW über die gesamte horizontale Ausdehnung des Modellgebiets erstrecken. Zweidimensionale Modellgebiete können mit dreieckigen oder rechteckigen Elementen diskretisiert werden, wobei für das in Kapitel 4.1 verwendete Modell dreieckige Elemente gewählt wurden.

Jedem Element können in FEFLOW die geltenden Materialparameter, beispielsweise ein Durchlässigkeitsbeiwert, eine entwässerbare Porosität und eine durchflusswirksame Porosität, und jedem Knoten eine Randbedingung, wie sie in den Kapiteln 3.1.8 und 3.2.8 beschrieben wurde, zugewiesen werden. Um die Bedienung komfortabler zu gestalten, stellt FEFLOW darüber hinaus weitere Möglichkeiten zur Verfügung, um einen Wasser- oder Stoffstrom in den oder aus dem Grundwasserkörper abzubilden. So kann beispielsweise die Grundwasserneubildung aus Niederschlägen elementweise als Volumen pro Fläche und Zeit [m^3/m^2·s] vorgegeben werden. Weiterhin besteht in FEFLOW die Möglichkeit, an Knoten Brunnen vorzugeben, die ein bestimmtes Wasservolumen pro Zeiteinheit [m³/s] entnehmen oder infiltrieren, und an denen eine definierte Masse eines Stoffes pro Zeiteinheit [kg/s] entnommen oder zugegeben werden kann.

Da die Cauchy-Randbedingung der Grundwasserströmung häufig zur Simulation von Fließgewässern eingesetzt wird, gibt FEFLOW die Möglichkeit, an den Knoten, an denen eine Cauchy-Randbedingung vorgegeben ist, zusätzlich eine Sohlhöhe des Fließgewässers als Nebenbedingung einzugeben. Sobald der Grundwasserstand unter die Gewässersohle fällt, zieht FEFLOW dann nicht mehr die Differenz zwischen dem Wasserstand im Gewässer und dem Grundwasserstand zur Berechnung des spezifischen Flusses in das Grundwasser (Gleichung (3.34)) heran, sondern die Differenz zwischen dem Wasserstand im Gewässer und der Höhe der Gewässersohle.

Alle Materialparameter und Randbedingungen können in FEFLOW zeitvariant vorgegeben werden, jedoch ist es nicht möglich, Randbedingungen zur Laufzeit der Simulation hinzuzufügen oder zu entfernen. Für die Randbedingungen zweiter Art und dritter Art stellt dies kein Problem dar, da der vorzugebende spezifische Fluss (Randbedingung zweiter Art) oder der Leakagekoeffizient (Randbedingung dritter Art) zeitweise auf Null gesetzt werden können, wodurch die Randbedingungen dann keine Wirkung mehr auf das Modell haben. Eine Randbedingung erster Art kann in FEFLOW jedoch nicht so einfach an- und abgeschaltet werden. Um in FEFLOW dennoch eine Randbedingung erster Art zur Laufzeit des Modells hinzuzufügen oder zu entfernen, muss statt der Randbedingung erster Art eine Randbedingung dritter Art gewählt werden. In Zeiten, in denen die Randbedingung aktiv sein soll, wird der Leakagekoeffizient der Randbedingung sehr groß gewählt, so dass die Randbedingung dritter Art näherungsweise die gleiche Wirkung wie eine Randbedingung erster Art hat (DIERSCH 2005a). In Zeiten, in denen die Randbedingung nicht aktiv sein soll, wird der Leakagekoeffizient auf Null gesetzt, so dass die Randbedingung keine Wirkung auf das Modell hat.

Um die Funktionalität der Software zu erweitern, bietet FEFLOW eine offene Schnittstelle („IFM", „Interface Manager") an, mit deren Hilfe ein Anwender eigene Algorithmen einfügen kann, die im Simulationsablauf dann an definierten Stellen ausgeführt werden.

3.4 Eindimensionale Berechnung stationärer Wasserspiegellagen in einem strömenden Gewässer

3.4.1 Die erweiterte Bernoullische Energiegleichung

Die im Wasser eines Fließgewässers gespeicherte Energie setzt sich wie beim Grundwasser zusammen aus seiner Lageenergie E_h [J], seiner als hydrostatischen Druck gespeicherten Energie E_p [J] und seiner kinetischen Energie E_k [J] (Gleichung (3.3)). Der Energieinhalt des Wassers kann als Energiehöhe H_e [m] beschrieben werden, indem die Energie durch die Masse m [kg] des Wassers und durch die Erdbeschleunigung g [m/s²] dividiert wird. Die Energiehöhe H_e setzt sich dann zusammen aus der Lagehöhe z [m], der Druckhöhe und der Geschwindigkeitshöhe. Die Lagehöhe z wird dabei auf eine willkürlich festzulegende, konstante Basishöhe bezogen.

$$H_e = z + \frac{P}{\rho \cdot g} + \frac{v^2}{2g} \qquad (3.73)$$

Es wird näherungsweise angenommen, dass der Atmosphärendruck entlang des gesamten Längsprofils gleich bleibt. Die Lagehöhe z und die Druckhöhe kann dann entsprechend der Gleichung (3.6) zur Piezometerhöhe h [m], die als Wasserspiegel des Gewässers gemessen werden kann, zusammengefasst werden. Die Energiehöhe H_e kann demzufolge als Summe der Piezometerhöhe und der Geschwindigkeitshöhe beschrieben werden.

$$H_e = h + \frac{v^2}{2g} \qquad (3.74)$$

Während des Fließens verliert das Wasser durch Reibungsverluste Energie. Die Energiehöhe an zwei Standorten des Fließgewässers kann unter Beachtung des Energieerhaltungsprinzips daher bilanziert werden, indem die zwischen zwei Standorten (vor allem durch Reibung als Wärme) abgegebene Energie als Verlusthöhe h_v [m] angegeben wird. Die Energiehöhe $H_{e,1}$ [m] an einem Standort ist dann gleich der Energiehöhe $H_{e,2}$ [m] an einem stromabwärts gelegenen Standort plus einer Verlusthöhe h_v. Die daraus resultierende Gleichung wird erweiterte Bernoullische Energiegleichung genannt (ZANKE 2002).

$$H_{e,1} = H_{e,2} + h_v \qquad (3.75)$$

3.4.2 Die allgemeine Fließformel

Grundlegend für die eindimensionale Berechnung von Wasserspiegellagen in einem Fließgewässer ist die allgemeine Fließformel zur Berechnung des Abflusses in einem offenen Gerinne für stationäre und gleichförmige Verhältnisse. Sie wurde von Brahms 1753 und von de Chezy 1755 unabhängig voneinander aufgestellt (BOLLRICH 1996).

Bei der eindimensionalen Betrachtung wird jedem Ort des Längsprofils des Fließgewässers genau ein repräsentativer Wert jeder relevanten Größe zugeordnet, beispielsweise eine einheitliche repräsentative Fließgeschwindigkeit. Die Voraussetzung der Gleichförmigkeit bedeutet, dass sich die Fließgeschwindigkeit und der Abfluss entlang des Längsprofils des Fließgewässers nicht ändern und dass Gewässersohle, Wasserspiegel und Energiehöhe das gleiche Gefälle aufweisen (LfU 2002a). Durch die Stationarität gibt es auch keine zeitliche Änderung der genannten Größen.

Zur Entwicklung der Fließformel wird davon ausgegangen, dass bei stationären und gleichförmigen Verhältnissen, bei denen keine Beschleunigungskräfte auftreten, die Hangabtriebskraft F_H [N] eines Wasservolumens im Fließgewässer gleich der Reibungskraft F_R [N] des Wasservolumens sein muss (MUNSON et al. 2002). Das betrachtete Wasservolumen erstreckt sich auf der Länge L [m] des Fließgewässers und hat die Querschnittsfläche A [m²]. Die vom Wasser benetzte Oberfläche des Gewässerbettes ist das Produkt aus seiner Länge L und dem benetzten Umfang U_B [m].

Bei Voraussetzung der Gleichförmigkeit kann die Hangabtriebskraft F_H berechnet werden durch die Gewichtskraft des Wassers F_G [N] und die auf der betrachteten Länge L des Gewässerabschnitts auftretende Verlusthöhe h_v [m].

$$F_H = F_G \cdot \sin\alpha_s = A \cdot L \cdot \rho \cdot g \cdot \sin\alpha_s = A \cdot L \cdot \rho \cdot g \cdot \frac{h_v}{L} = A \cdot \rho \cdot g \cdot h_v \qquad (3.76)$$

Beim Fließen des Wassers tritt an der benetzten Gerinnewandung eine Schubspannung τ [N/m²] auf, die aus der Dichte des Wassers, aus der mittleren Fließgeschwindigkeit v [m/s] und aus einem Rohrreibungs-Beiwert [-] berechnet werden kann (LfU 2002a).

$$\tau = \frac{\lambda_R}{8} \cdot \rho \cdot v^2 \qquad (3.77)$$

Die auftretende Reibungskraft F_R kann durch Multiplikation der Schubspannung τ mit der vom betrachteten Wasservolumen benetzten Oberfläche des Gewässerbettes berechnet werden.

$$F_R = \tau \cdot U_B \cdot L = \frac{\lambda_R}{8} \cdot \rho \cdot v^2 \cdot U_B \cdot L \qquad (3.78)$$

Durch Gleichsetzen der beiden Kräfte und Auflösen nach der Geschwindigkeit v erhält man

$$v = \sqrt{\frac{8 \cdot g}{\lambda_R}} \cdot \sqrt{\frac{A}{U_B}} \cdot \sqrt{\frac{h_v}{L}} \cdot \qquad (3.79)$$

Bei kleinem Sohlgefälle ist das Verhältnis von Verlusthöhe zur Länge des betrachteten Gewässerbettes (h_v/L) näherungsweise gleich dem Gradienten I_E [-] der Energiehöhen bzw. der Energielinie, der aufgrund der angenommenen Gleichförmigkeit wiederum gleich der Gradienten der Gewässersohle und der Wasserspiegellage ist. Das Verhältnis von Gewässerquerschnitt A zu benetztem Umfang U_B wird als hydraulischer Radius r_{hy} [m] bezeichnet. Zudem wird der erste Wurzelterm der Gleichung als Geschwindigkeitsbeiwert C [$m^{0,5}/s$] definiert. Dadurch erhält man für die Fließgeschwindigkeit des Wassers

$$v = C \cdot \sqrt{r_{hy}} \cdot \sqrt{I_E} \; . \tag{3.80}$$

3.4.3 Die empirische Fließformel nach Gauckler-Manning-Strickler

Zur Beschreibung des Geschwindigkeitsbeiwertes C [$m^{0,5}/s$] definierten Gauckler, Manning und Strickler unabhängig voneinander die nachfolgende Beziehung, die den empirisch zu bestimmenden Strickler-Beiwert k_{ST} [$m^{1/3}/s$], bzw. seinen Kehrwert, den Manning-Beiwert n_M [$s/m^{1/3}$] enthält (LfU 2002a).

$$C = k_{ST} \cdot r_{hy}^{1/6} = \frac{1}{n_M} \cdot r_{hy}^{1/6} \tag{3.81}$$

Der in der deutschen Literatur häufiger verwendete Strickler-Beiwert bzw. der in der englischen Literatur häufiger verwendete Manning-Beiwert ist ein hydraulisch äquivalentes Rauheitsmaß, das im Wesentlichen durch die Oberflächenstruktur, den Mäandrierungsgrad und die Häufigkeit der Änderungen des Querschnittes des Gerinnes bestimmt wird. Die Beiwerte können nicht durch eine direkte Messung erfasst werden, sondern müssen durch Eichung bestimmt werden, indem berechnete Wasserspiegellagen mit gemessenen Wasserspiegellagen verglichen werden. Aufgrund der vielfachen Verwendung des Strickler- bzw. Manning-Beiwertes gibt es mittlerweile Verfahren und Tabellen, mit denen der Beiwert für ein Gewässer abgeschätzt werden kann (LfU 2002a).

Durch Einsetzen der in Gleichung (3.81) beschriebenen Beziehung in die allgemeine Fließformel (3.80) erhält man die Fließformel nach Gauckler-Manning-Strickler.

$$v = k_{ST} \cdot r_{hy}^{2/3} \cdot \sqrt{I_E} \tag{3.82}$$

Die Verwendung dieser Fließformel hat gegenüber anderen Verfahren den Vorteil, dass sich der verwendete Strickler-Beiwert nicht mit dem Durchfluss bzw. der davon abhängigen Wassertiefe ändert (JIRKA & LANG 2005).

3.4.4 Näherungsweise Berechnung der Wasserspiegellage

Zur eindimensionalen Berechnung der Wasserspiegellage des Fließgewässers wird zunächst das Längsprofil des Fließgewässers diskretisiert, d.h. es werden Stützstellen entlang des Längsprofils definiert, an denen jeweils die Lage des Wasserspiegels berechnet wird. Da zwischen den Stützstellen linear interpoliert wird, ist die näherungsweise Berechnung der Wasserspiegellagen umso genauer, je näher die Stützstellen beieinander liegen. Zur Unterscheidung werden die Stützstellen in Strömungsrichtung aufsteigend nummeriert.

Im vorliegenden Fall wird von strömenden Verhältnissen ausgegangen, das bedeutet, die Fließgeschwindigkeit des Gewässers ist kleiner als die Ausbreitungsgeschwindigkeit von Wellen im Gewässer (HEINEMANN & FELDHAUS 2003). Dadurch ist eine Informationsübertragung entgegen der Strömungsrichtung möglich, wodurch der Wasserspiegel an einem Ort durch den Wasserspiegel unterstrom beeinflusst wird. Daher wird der Wasserspiegel h_i [m] an einer Stützstelle i basierend auf dem Wasserspiegel h_{i+1} [m] an der nächsten unterstrom gelegenen Stützstelle i+1 berechnet. Die Berechnung erfolgt demnach ausgehend von einer bekannten Wasserspiegellage am Ende des zu berechnenden Längsprofils entgegen der Strömungsrichtung.

Grundlage der Berechnung ist die erweiterte Bernoullische Energiegleichung (Gleichung (3.75)). Die Fließgeschwindigkeit v [m/s] wird durch den Quotienten des Durchflusses Q [m³/s] durch den Querschnitt A [m²] des Fließgewässers ersetzt.

$$h_i + \left(\frac{Q_i}{A_i}\right)^2 \cdot \frac{1}{2g} = h_{i+1} + \left(\frac{Q_{i+1}}{A_{i+1}}\right)^2 \cdot \frac{1}{2g} + h_v \qquad (3.83)$$

Die Verlusthöhe h_v [m] entspricht dem Gradienten I_E [-] der Energielinie mal dem Abstand der betrachteten Stützstellen $\Delta x = x_{i+1} - x_i$ [m]. Hierfür wird der Energieliniengradient I_E der beiden betrachteten Stützstellen i und i+1 gemittelt.

$$h_v = \Delta x \cdot I_E = \frac{\Delta x}{2}\left(I_{E,i} + I_{E,i+1}\right) \qquad (3.84)$$

Der Gradient I_E der Energielinie wiederum kann aus der Fließformel nach Gauckler-Manning-Strickler (Gleichung (3.82)) an den Stützstellen berechnet werden.

$$I_E = \left(\frac{Q}{A}\right)^2 \cdot \frac{1}{k_{ST}^2 \cdot r_{hy}^{4/3}} \qquad (3.85)$$

Durch Einsetzen der Gleichung (3.85) in Gleichung (3.84), anschließend Einsetzen der resultierenden Gleichung in Gleichung (3.83) und Auflösen nach der Lage des Wasserspiegels h_i an der Stützstelle i erhält man folgende Gleichung, mit der aus bekannten Abflüssen, Geometrien des Gewässerbettes und Strickler-Beiwerten an allen Stützstellen sowie der bekannten Wasserspiegellage am Ende des Gewässer-Längsprofils die Wasserspiegellagen an allen Stützstellen berechnet werden können (LfU 2002b).

$$h_i = h_{i+1} + \frac{1}{2g}\left(\frac{Q_{i+1}^2}{A_{i+1}^2} - \frac{Q_i^2}{A_i^2}\right)^2 + \frac{\Delta x}{2}\left(\frac{Q_i^2}{k_{ST,i}^2 \cdot r_{hy,i}^{4/3} \cdot A_i^2} + \frac{Q_{i+1}^2}{k_{ST,i+1}^2 \cdot r_{hy,i+1}^{4/3} \cdot A_{i+1}^2}\right) \tag{3.86}$$

Die in dieser Arbeit durchgeführten eindimensionalen, stationären Modellierungen der Wasserspiegellagen von Fließgewässern wurden entsprechend der oben dargestellten Methode mit der Software „Hydrologic Engineering Center's River Analysis System" (HEC-RAS) durchgeführt (Abbildung 3-5). Dieses kostenfrei verfügbare Programmpaket des U.S. Army Corps of Engineers (2006) erlaubt in der verwendeten Version 4.0 Beta die eindimensionale Berechnung stationärer und instationärer Wasserspiegellagen von Fließgewässern, sowie die Berechnung eines sich aufgrund von Transportprozessen verändernden Fließgewässerbettes. Es stellt weiterhin eine graphische Benutzeroberfläche zur Dateneingabe und zur Auswertung der Ergebnisse bereit.

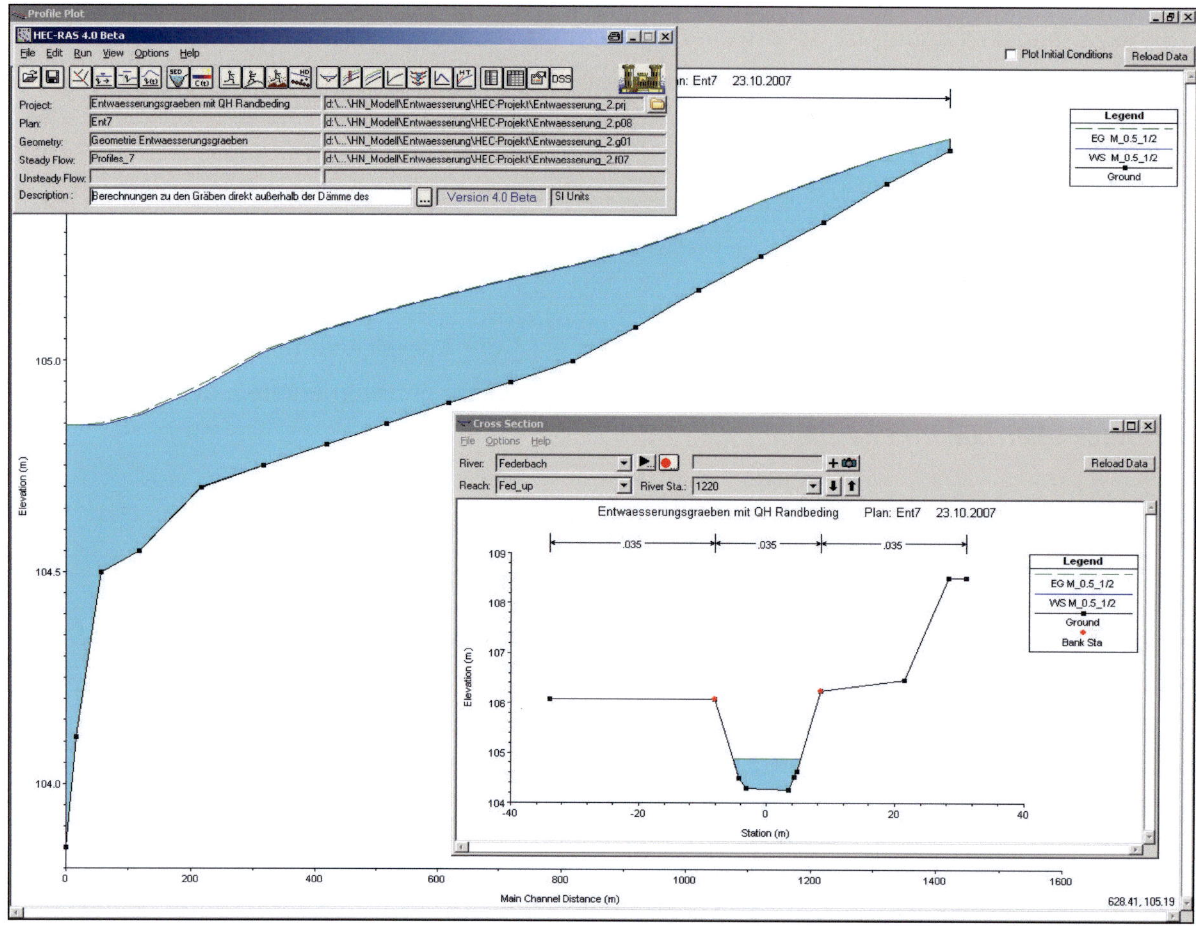

Abbildung 3-5: Grafische Benutzeroberfläche der Modellierungssoftware HEC-RAS, Version 4.0 Beta (Screenshot während der Auswertung der berechneten Wasserspiegellagen im Längs- und Querschnitt eines Fließgewässers)

3.5 Rückgekoppelte Verbindung zwischen Grundwassermodell und Fließgewässermodell

3.5.1 Konzept der Kopplung

Zur Erstellung eines Grundwasserströmungsmodells mittels einer geeigneten Differentialgleichung (z.B. Gleichungen (3.19), (3.24) oder (3.27)) müssen die relevanten Zuflüsse von Grundwasser in das Modell und Abflüsse aus dem Modell mittels Randbedingungen (Kapitel 3.1.8) vorgegeben werden. Fließgewässer im Modellgebiet können entweder mit ihren Austauschraten bezüglich des Grundwassers als Neumann-Randbedingung, oder mit ihrem Wasserstand als Dirichlet- oder Cauchy-Randbedingung im Grundwassermodell vorgegeben werden.

Die Austauschraten zwischen Fließgewässer und Grundwasser sind sowohl vom Wasserstand im Fließgewässer als auch vom Grundwasserstand an der Gewässersohle abhängig. Sowohl die Wasserstände im Fließgewässer als auch die Grundwasserstände sind wiederum von den Austauschraten zwischen Fließgewässer und Grundwasser abhängig. Wenn im Modellgebiet eines Grundwassermodells die simulierten Grundwasserstände eine signifikante Wirkung auf die Wasserstände eines darin liegenden Fließgewässers haben, und die Wasserstände im Fließgewässer wiederum eine signifikante Wirkung auf die umliegenden Grundwasserstände, dann muss eine rückgekoppelte Verbindung zwischen dem Grundwassermodell und einem Fließgewässermodell geschaffen werden, die diese gegenseitige Abhängigkeit abbildet (Kapitel 5.3.1).

Eine Rückkopplung zwischen Grundwassermodell und Fließgewässermodell wird üblicherweise realisiert, indem mit dem Grundwassermodell neben den Grundwasserständen auch die Austauschraten zwischen Grundwasser und Oberflächengewässer in Abhängigkeit der Grund- und Oberflächenwasserstände berechnet werden. Die Austauschraten werden dann an das Fließgewässermodell übergeben, das auf deren Basis die Fließgeschwindigkeiten und Wasserstände im Fließgewässer berechnet. Die berechneten Wasserstände werden vom Fließgewässermodell anschließend wieder an das Grundwassermodell übergeben, so dass ein neuer Zeitschritt im Grundwassermodell auf der Grundlage der aktualisierten Wasserstände des Fließgewässers berechnet werden kann (MONNINKHOFF & KADEN 2008).

Auch für die in dieser Arbeit für die Grundwassermodellierung verwendete Software FEFLOW (Kapitel 3.3.6) existiert ein kommerziell erhältliches Zusatzmodul, das die Integration eines Fließgewässermodells über eine solche rückgekoppelte Verbindung in das Grundwassermodell erlaubt. Diese Lösung hat jedoch die Nachteile, dass erstens selbst für ein verhältnismäßig einfach abzubildendes Fließgewässer das größte Programmpaket der Software MIKE 11 des Unternehmens DHI benötigt wird, was einen unverhältnismäßig hohen finanziellen Aufwand zur Folge hat, und dass sie zweitens die Laufzeit des Modells stark verlängern könnte, da voraussichtlich häufig pro Zeitschritt des Grundwassermodells mehrere Zeitschritte im Fließgewässermodell berechnet werden müssen.

Für die rückgekoppelte Verbindung des Grundwassermodells mit einem einfachen Fließgewässermodell wurde daher in dieser Arbeit eine neue Methode entwickelt, in der das Fließgewässer mit der frei verfügbaren Software HEC-RAS (Kapitel 3.4.4) simuliert wird, und die Einbindung der Daten des Fließgewässers in das Grundwassermodell über die offene Schnittstelle IFM der zur Grundwassermodellierung verwendeten Software programmiert wurde. Die neu entwickelte Methode folgt in ihren Grundzügen dem oben dargestellten Ablauf. Da die Simulation eines Fließgewässermodells mit HEC-RAS jedoch nicht durch einen externen Algorithmus parametriert, gestartet und nach der Simulation wieder ausgelesen werden kann, konnten die Wasserstände des Fließgewässers nicht wie üblich zur Laufzeit des Grundwassermodells berechnet werden. Stattdessen wird im Rahmen der zur Kopplung neu entwickelten Methode eine Vielzahl von Fließgewässerzuständen bereits vor Beginn des Rechenlaufs des Grundwassermodells berechnet und gespeichert.

Während der Berechnung des Grundwassermodells muss dann nur noch zu jedem Zeitschritt des Grundwassermodells aus den vorher berechneten Fließgewässerzuständen der zu den mit dem Grundwassermodell ermittelten Austauschraten jeweils passende Fließgewässerzustand ausgewählt, bzw. durch gegebenenfalls mehrstufige Interpolation erzeugt werden. Die so ermittelten Wasserstände des Fließgewässers werden in das Grundwassermodell eingegeben, so dass der nächste Zeitschritt des Grundwassermodells mit den zur Laufzeit des Modells aktualisierten Randbedingungen berechnet werden kann. Ein wesentlicher Vorteil dieser neuen Methode besteht darin, dass die benötigte Zeit zur Berechnung des Grundwassermodells kürzer gehalten werden kann, da auf die Berechnung der Wasserstände durch ein komplexes Fließgewässermodell während der Laufzeit des Grundwassermodells verzichtet wird.

Die größte Herausforderung der verwendeten, neu entwickelten Methode besteht darin, alle möglicherweise auftretenden Zustände des Fließgewässers vorab näherungsweise zu berechnen und strukturiert zur Verfügung zu stellen. Daher scheidet diese Methode für Fließgewässer, bei denen instationäre Vorgänge im Fließgewässer eine Rolle spielen, aus. Selbst unter stationären Bedingungen ist der Wasserstand an einer bestimmten Stelle jedoch nicht nur vom Gesamtabfluss oder vom Abfluss des Fließgewässers an der betreffenden Stelle abhängig, sondern auch von der Verteilung der zu- und abgehenden Wasserflüsse entlang der Fließstrecke. Bei dieser Verteilung spielt sowohl die In- und Exfiltration von Grundwasser eine Rolle, als auch die Einmündung oder Ausspeisung sekundärer Fließgewässer. Daher kann diese Methode nur bei einfach strukturierten Fließgewässern angewendet werden.

Für jedes Fließgewässer, das mit dieser Methode mit dem Grundwassermodell gekoppelt werden soll, wird der Verlauf des Wasserspiegels systematisch für unterschiedliche Gesamtabflüsse und unterschiedliche Verteilungen der Zu- und Abflüsse (vor allem In- und Exfiltration aus dem Grundwasserleiter) entlang des Fließgewässers berechnet. Bei 10 Gesamtabflüssen und 20 Verteilungen ergibt sich beispielsweise eine Matrix aus $10 \cdot 20 = 200$ zu berechnenden und abzuspeichernden Wasserspiegellagen. Abbildung 3-6 zeigt beispielhaft die Wasserspiegellagen in einem ausschließlich grundwassergespeisten Fließgewässer (z.B. ein Abzugsgraben außerhalb eines Retentionsraums) bei unterschiedlichen Gesamtabflüssen und einer konstanten, gleichverteilten Exfiltration in das Fließgewässer. Abbildung 3-7 zeigt beispielhaft die Wasserspiegellagen im selben Fließgewässer bei gleich bleibendem Gesamtabfluss, aber unterschiedlichen Verteilungen der Exfiltration in das Fließgewässer entlang seiner Fließstrecke.

44

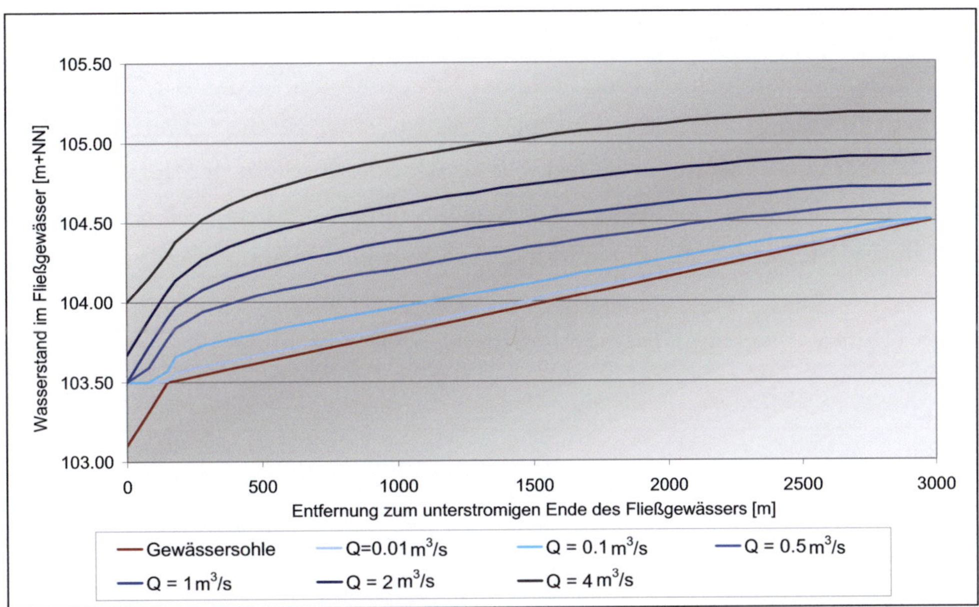

Abbildung 3-6: Beispielhafte Darstellung der Wasserspiegellagen im Längsprofil eines ausschließlich grundwassergespeisten Fließgewässers für unterschiedliche Gesamtabflüsse Q am unterstromigen Ende des Fließgewässers und einer konstanten, gleichverteilten Exfiltration in das Fließgewässer

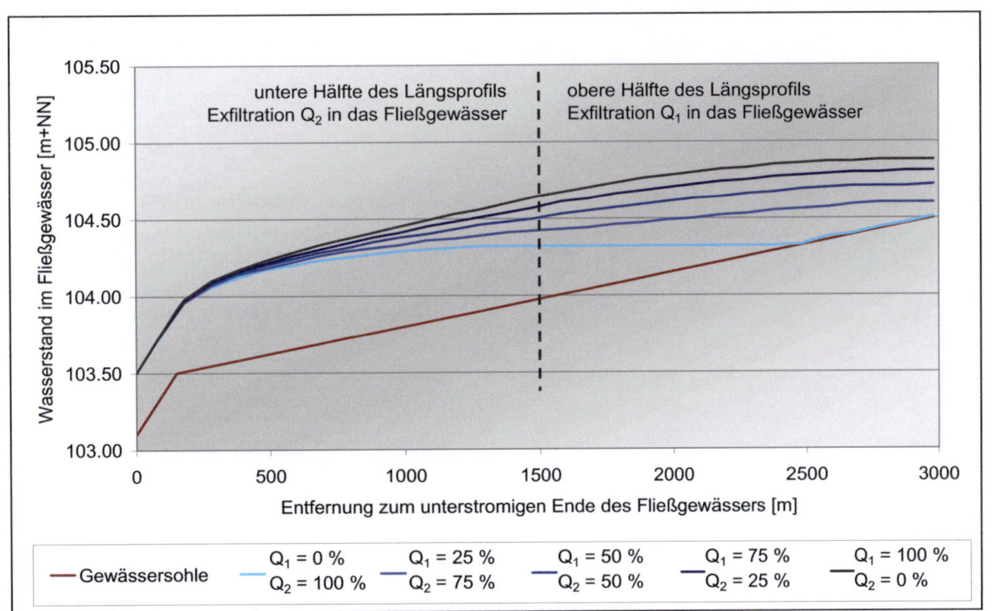

Abbildung 3-7: Beispielhafte Darstellung der Wasserspiegellagen im Längsprofil eines ausschließlich grundwassergespeisten Fließgewässers bei gleichem Gesamtabfluss am unterstromigen Ende des Fließgewässers (Q = 1 m³/s aus Abbildung 3-6) und unterschiedlichen Verteilungen der Exfiltration in das Fließgewässer

Die mit dieser Methode gekoppelten Fließgewässer werden im numerischen Grundwassermodell als Cauchy-Randbedingung (Kapitel 3.1.8) an den Knoten, die die Fließgewässer repräsentieren, vorgegeben. Nach jedem Zeitschritt des Grundwassermodells werden die an den betreffenden Knoten entsprechend der Cauchy-Randbedingung berechneten Werte der In- und Exfiltration ausgelesen. Danach werden die für den nächsten Zeitschritt des Grundwassermodells gültigen Wasserstände der Cauchy-Randbedingungen ermittelt und im Grundwassermodell vorgegeben.

3.5.2 Programmiertechnische Umsetzung der Kopplung

Zur Realisierung der neu entwickelten Methode der Kopplung wurde das zur Grundwassermodellierung verwendete Programm FEFLOW (Kapitel 3.3.6) an seiner offene Schnittstelle IFM („Interface Manager") mit einem neuen Modul erweitert. Dieses Modul wurde in der Sprache C++ geschrieben und ist in Anhang A mit seinem vollständigen Quelltext dokumentiert. Das neu entwickelte Modul bewirkt, dass an drei Stellen bei der Berechnung der Grundwassersimulation zusätzliche Anweisungen ausgeführt werden, erstens direkt vor einer Grundwassersimulation, zweitens direkt nach jedem Zeitschritt der Grundwassersimulation und drittens nach Abschluss der Grundwassersimulation (Abbildung 3-8).

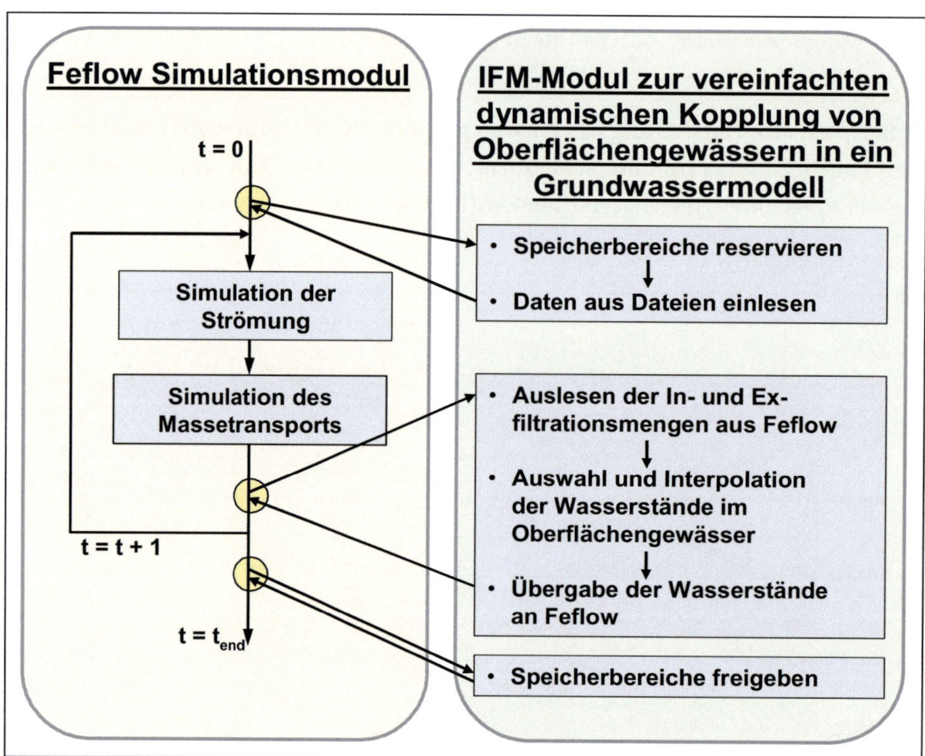

Abbildung 3-8: Ablaufschema des IFM-Moduls zur vereinfachten dynamischen Kopplung von Oberflächengewässern in ein Grundwassermodell

Direkt vor Beginn der Simulationsberechnung werden die mit HEC-RAS (Kapitel 3.4.4) vorab berechneten Wasserstände der betreffenden Fließgewässer aus einer vorbereiteten ASCII-Datei in den Speicherbereich der Software FEFLOW eingelesen. Weiterhin werden die im Grundwassermodell betroffenen Knoten mit ihrer jeweiligen FEFLOW-Kennnummer und ihrer jeweiligen Fließgewässer-Koordinate eingelesen.

Nach jedem Zeitschritt der Berechnung wird aus dem Grundwassermodell an jedem Knoten, der Bestandteil eines der gekoppelten Fließgewässer ist, die jeweilige In- oder Exfiltrationsrate des zuletzt berechneten Zeitschritts ausgelesen. Die Einzelwerte werden zum Gesamtabfluss des jeweiligen Fließgewässers aufsummiert und zur Berechnung der jeweiligen Verteilung der Exfiltration verwendet.

Mit diesen Informationen werden anschließend jeweils die vier zu den beiden ermittelten Parametern am besten passenden vorberechneten Wasserspiegellagen ausgewählt. Aus den vier ausgewählten Wasserspiegellagen wird durch bilineare Interpolation jeweils die optimal zu den beiden Parametern passende Wasserspiegellage berechnet. Durch eine lineare Interpolation wird anschließend jedem Knoten des Grundwassermodells, der Bestandteil eines der gekoppelten Fließgewässer ist, sein für den nächsten Zeitschritt geltender Wasserstand zugewiesen.

Nach Abschluss der Grundwassersimulation werden die zu Beginn reservierten Speicherbereiche wieder freigegeben.

4 Methode zur Abschätzung der Beeinflussung

Zunächst wurde eine Methode entwickelt, mit der für einen konkreten Standort schnell und einfach abgeschätzt werden kann, ob ein Hochwasserretentionsraum einen Einfluss auf den Anteil infiltrierten Flusswassers im Grundwasser an den Entnahmebrunnen eines nahen Wasserwerks hat. Um den Anforderungen der einfachen Mittel und des geringen Zeitbedarfs gerecht zu werden, kommt die Methode ohne den Einsatz komplexer numerischer Modelle aus.

Um eine entsprechende Methode zu entwickeln, muss das zugrunde liegende System verstanden werden. Daher wurde ein allgemeingültiges Prozessverständnis des instationären Systems der Grundwasserströmung und des zugehörigen Stofftransports zwischen einem Retentionsraum und einem Wasserwerk entwickelt. Weiterhin ist es zur Abschätzung der entsprechenden Beeinflussung notwendig, Methoden bereitzustellen, die die Größe und Lage des Einzugsgebiets eines Wasserwerks und die Reichweite von Uferfiltrat im Grundwasserleiter während eines Hochwassers beschreiben.

4.1 Größe und Lage des Einzugsgebiets eines Wasserwerks

4.1.1 Einzugsgebiet eines Einzelbrunnens

In Abbildung 4-1 ist das Einzugsgebiet eines Entnahmebrunnens in einem homogenen und isotropen Grundwasserleiter mit einer stationären, homogenen und gleichförmigen Grundwasserströmung dargestellt. Wesentliche Größen des Einzugsgebiets sind die Breite des Einzugsgebiets und die maximale Entfernung des Einzugsgebiets vom Entnahmebrunnen in Abstromrichtung. An der Stelle der maximalen Entfernung des Einzugsgebiets vom Entnahmebrunnen in Abstromrichtung befindet sich der untere Kulminationspunkt, an dem keine Grundwasserströmung stattfindet.

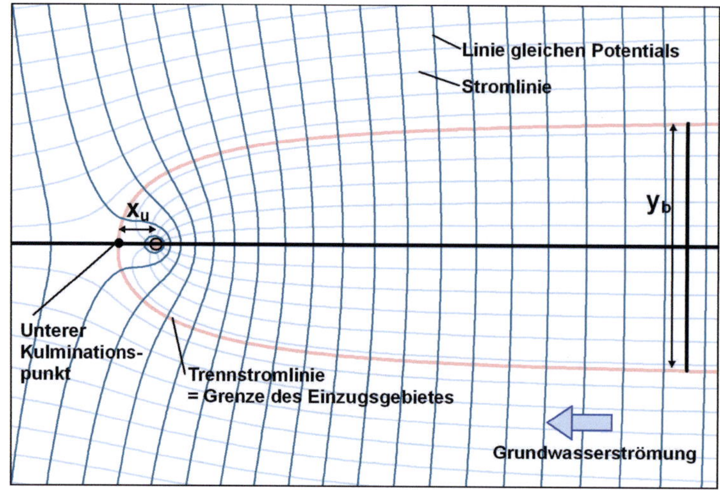

Abbildung 4-1: Einzugsgebiet eines Einzelbrunnens in einer homogenen und gleichförmigen Grundwasserströmung

Die in der Breite des Einzugsgebiets y_b [m] entsprechend dem Darcy-Gesetz (Gleichung (3.7)) fließende Grundwasserströmung Q [m³/s] muss entsprechend des Gesetzes des Massenerhalts bzw. der Kontinuität (Kapitel 3.1.4) gleich der Entnahmerate am Entnahmebrunnen Q_E [m³/s] sein. Dadurch ergibt sich für homogene und isotrope Verhältnisse aus der Entnahmerate Q_E, der Durchlässigkeit k_f [m/s] und Mächtigkeit M_{GW} [m] des Grundwasserleiters sowie dem Gradienten I [-] des Grundwasserspiegels für Breite des Einzugsgebiets y_b (KASENOW 2001):

$$y_b = \frac{Q_E}{k_f \cdot M_{GW} \cdot I} \tag{4.1}$$

Am unteren Kulminationspunkt hat der vom Brunnen erzeugte spezifische Fluss zum Brunnen den gleichen Betrag wie der spezifische Fluss der ungestörten Grundwasserströmung und ist diesem exakt entgegengesetzt, so dass dort keine Grundwasserströmung stattfindet. Durch diese Beziehung kann die maximale Entfernung des Einzugsgebiets vom Entnahmebrunnen in Abstromrichtung x_u [m] mit der Gleichung (4.2) berechnet werden (KASENOW 2001).

$$x_u = \frac{Q_E}{2 \cdot \pi \cdot k_f \cdot M_{GW} \cdot I} = \frac{y_b}{2 \cdot \pi} \tag{4.2}$$

Die Trennstromlinie, die das Einzugsgebiet eines einzelnen Brunnens in einer stationären, homogenen und gleichförmigen Grundwasserströmung begrenzt, kann insgesamt mit Gleichung (4.3) beschrieben werden (UMBW 1985).

$$\frac{x}{y} \cdot \sin\left(y \cdot \frac{2 \cdot \pi \cdot k_f \cdot M_{GW} \cdot I}{Q_E} \right) + \cos\left(y \cdot \frac{2 \cdot \pi \cdot k_f \cdot M_{GW} \cdot I}{Q_E} \right) = 0 \tag{4.3}$$

Die x-Achse verläuft dabei genau entgegen der vom Brunnen ungestörten Grundwasserströmung und die y-Achse orthogonal dazu. Der Nullpunkt des Koordinatensystems befindet sich am Standort des Entnahmebrunnens. Mit Gleichung (4.3) kann berechnet werden, dass die Breite y_{b0} des Einzugsgebiets auf Höhe des Entnahmebrunnens, also bei der x-Koordinate Null,

$$y_{b0} = \frac{Q_E}{2 \cdot k_f \cdot M_{GW} \cdot I} = \frac{y_b}{2} \qquad (4.4)$$

beträgt.

Die Gleichungen (4.1) bis (4.4) basieren auf den DUPUIT-Annahmen und auf der Näherung, dass die durchströmte Mächtigkeit M_{GW} im Untersuchungsgebiet konstant ist, so dass die Wirkungen der verschiedenen Randbedingungen (Entnahme am Brunnen und homogene Grundwasserströmung) addiert werden dürfen (Kapitel 3.1.7).

Die beiden Größen y_b und x_u können jeweils als charakteristische Größe des betrachteten Systems angesehen werden, da sie jeweils alle das System bestimmenden Parameter, die Entnahmerate des Brunnens, die Durchlässigkeit und Mächtigkeit des Grundwasserleiters sowie den Gradienten der Piezometerhöhen der von der Entnahme unbeeinflussten Grundwasserströmung, beinhalten.

4.1.2 Einzugsgebiet einer Brunnenlinie mit zwei Brunnen

4.1.2.1 Grundlagen

Häufig haben Wasserwerke zwei oder mehr Entnahmebrunnen, die entlang einer Linie orthogonal zur Grundwasserströmung positioniert sind. Solange die Entnahmebrunnen ein gemeinsames, zusammenhängendes Einzugsgebiet besitzen, kann die Breite des Einzugsgebiets y_b [m] mit Gleichung (4.1) berechnet werden. Die maximale Entfernung des Einzugsgebiets von der Brunnenlinie in Abstromrichtung kann aber durch die auf mehrere Brunnen verteilte Entnahme erheblich von der eines Einzelbrunnens abweichen.

Bei den folgenden Betrachtungen wird wie bei der Betrachtung des Einzelbrunnens von einem unendlich ausgedehnten, homogenen und isotropen Grundwasserleiter sowie von einer homogenen, gleichförmigen Grundwasserströmung ausgegangen. Zudem werden die DUPUIT-Annahmen und die Annahme, dass sich die durchströmte Mächtigkeit des Grundwasserleiters nicht wesentlich ändert, angewendet (Kapitel 3.1.7). Dadurch können die Wirkungen der vorhandenen Randbedingungen, beispielsweise die durch Entnahmebrunnen jeweils verursachten Fließgeschwindigkeiten, addiert werden. Weiterhin wird davon ausgegangen, dass die Entnahmebrunnen auf einer geraden Linie orthogonal zur unbeeinflussten Grundwasserströmung liegen und an jedem Brunnen die gleiche Entnahmerate vorliegt.

Um das Einzugsgebiet von zwei Einzelbrunnen zu beschreiben, wird neben Breite y_b [m] des Einzugsgebiets die unterstromige Ausdehnung des Einzugsgebiets, d.h. der Abstand $x_{m,2}$ [m] des in Richtung der ungestörten Strömung am weitesten entfernten Punkts des Einzugsgebiets von der Strecke zwischen den beiden Entnahmebrunnen sowie die Lage des unteren Kulminationspunkts bzw. der unteren Kulminationspunkte berechnet.

Die durch einen Einzelbrunnen im Grundwasser verursachten Geschwindigkeitskomponenten in x-Richtung v_x [m/s] und in y-Richtung v_y [m/s] an einer beliebigen Position P (Abbildung 4-2) können durch die Polarkoordinaten (Gleichungen (4.5) und (4.6)) oder durch die kartesischen Koordinaten (Gleichungen (4.7) und (4.8)), jeweils bezogen auf den Entnahmebrunnen als Ursprung des Koordinatensystems, beschrieben werden.

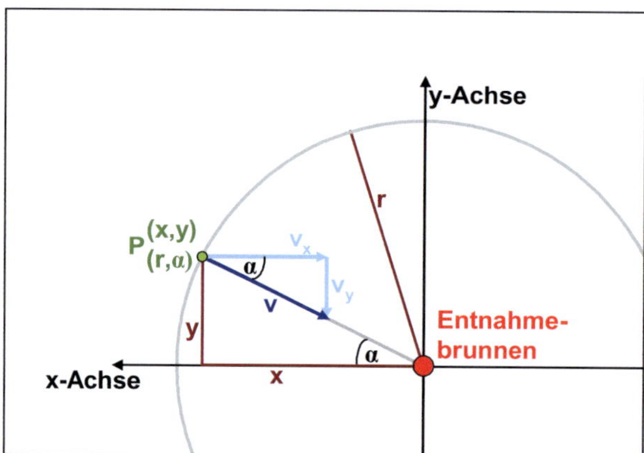

Abbildung 4-2: Skizze zur Berechnung der durch einen Entnahmebrunnen im Grundwasser verursachten Geschwindigkeitskomponenten

$$v_x = v \cdot \cos\alpha = -\frac{Q_E}{2 \cdot \pi \cdot r \cdot M_{GW}} \cdot \cos\alpha \qquad (4.5)$$

$$v_y = v \cdot \sin\alpha = -\frac{Q_E}{2 \cdot \pi \cdot r \cdot M_{GW}} \cdot \sin\alpha \qquad (4.6)$$

$$v_x = -\frac{Q_E}{2 \cdot \pi \cdot r \cdot M_{GW}} \cdot \frac{x}{r} = -\frac{Q_E}{2 \cdot \pi \cdot M_{GW}} \cdot \frac{x}{r^2} = -\frac{Q_E}{2 \cdot \pi \cdot M_{GW}} \cdot \frac{x}{x^2 + y^2} \qquad (4.7)$$

$$v_y = -\frac{Q_E}{2 \cdot \pi \cdot r \cdot M_{GW}} \cdot \frac{y}{r} = -\frac{Q_E}{2 \cdot \pi \cdot M_{GW}} \cdot \frac{y}{r^2} = -\frac{Q_E}{2 \cdot \pi \cdot M_{GW}} \cdot \frac{y}{x^2 + y^2} \qquad (4.8)$$

4.1.2.2 Berechnung der Lage der unteren Kulminationspunkte des Einzugsgebiets

Analog zur Betrachtung des Einzugsgebiets eines Einzelbrunnens wird zunächst die Lage des unteren Kulminationspunkts P_u bzw. der unteren Kulminationspunkte P_{u1} und P_{u2} bestimmt. An der Stelle des unteren Kulminationspunkts ist sowohl die Geschwindigkeitskomponente des Grundwassers in x-Richtung $v_{x,ges}$ [m/s] als auch die Geschwindigkeitskomponente in y-Richtung $v_{y,ges}$ [m/s] gleich Null.

Das für die Berechnungen verwendete Koordinatensystem ist so definiert, dass der Ursprung genau zwischen den beiden Entnahmebrunnen liegt (Abbildung 4-3). Die Entnahmebrunnen liegen beide auf der y-Achse und haben zueinander den Abstand a_{BR} [m]. Die x-Achse verläuft in Richtung der angenommenen homogenen, gleichförmigen Grundwasserströmung. Der untere Kulminationspunkt P_u bzw. die unteren Kulminationspunkte P_{u1} und P_{u2} liegen nicht mehr zwangsläufig auf der x-Achse, sondern können einen Abstand y_u [m] von der x-Achse haben. Der Abstand der unteren Kulminationspunkte P_u von der y-Achse wird $x_{u,2}$ [m] genannt.

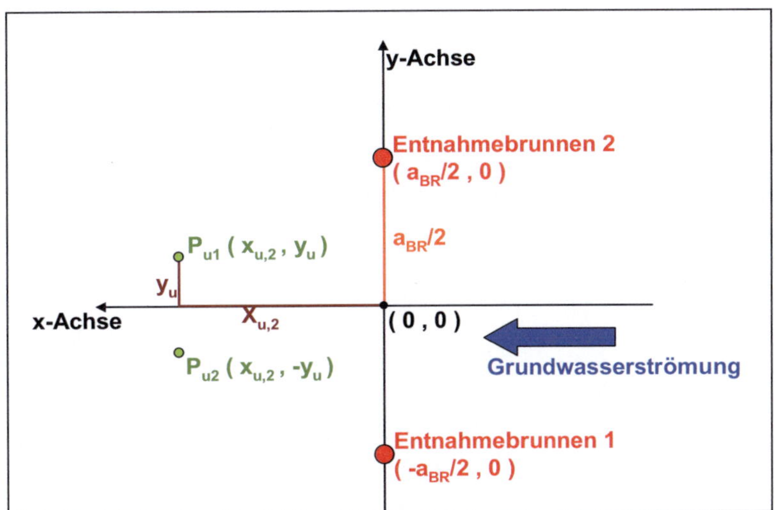

Abbildung 4-3: Skizze zur Lage der unteren Kulminationspunkte P_{u1} und P_{u2} bei zwei Entnahmebrunnen in einer homogenen und gleichförmigen Grundwasserströmung

Die Geschwindigkeitskomponente des Grundwassers in x-Richtung $v_{x,ges}$ ist die Summe der Komponenten beider Brunnen $v_{x,1}$ [m/s] und $v_{x,2}$ [m/s] sowie der angenommenen homogenen, gleichförmigen Grundwasserströmung $v_{x,h}$ [m/s].

$$v_{x,ges} = v_{x,1} + v_{x,2} + v_{x,h} = 0 \tag{4.9}$$

Die Beschreibung der Geschwindigkeitskomponenten $v_{x,1}$ und $v_{x,2}$ am Punkt P_u erfolgt auf der Grundlage der Gleichung (4.7) im in Abbildung 4-3 dargestellten Koordinatensystem. Es wird von einer gleichverteilten Entnahme ausgegangen, so dass die Entnahme an den Einzelbrunnen jeweils der halben Gesamtentnahme Q_E [m³/s] entspricht.

$$v_{x,1} = -\frac{\frac{Q_E}{2}}{2 \cdot \pi \cdot M_{GW}} \cdot \frac{x_{u,2}}{x_{u,2}^{\,2} + \left(y_u + \frac{a_{BR}}{2}\right)^2} \quad , \quad v_{x,2} = -\frac{\frac{Q_E}{2}}{2 \cdot \pi \cdot M_{GW}} \cdot \frac{x_{u,2}}{x_{u,2}^{\,2} + \left(y_u - \frac{a_{BR}}{2}\right)^2} \tag{4.10}$$

Für Gleichung (4.9) ergibt sich damit

$$-\frac{Q_E}{4 \cdot \pi \cdot M_{GW}} \cdot \frac{x_{u,2}}{x_{u,2}^{\,2} + \left(y_u + \frac{a_{BR}}{2}\right)^2} - \frac{Q_E}{4 \cdot \pi \cdot M_{GW}} \cdot \frac{x_{u,2}}{x_{u,2}^{\,2} + \left(y_u - \frac{a_{BR}}{2}\right)^2} + k_f \cdot I = 0 \quad , \text{bzw.} \tag{4.11}$$

$$x_{u,2}^{\,4} - \frac{Q_E}{2 \cdot \pi \cdot k_f \cdot M_{GW} \cdot I} \cdot x_{u,2}^{\,3} + \left[\left(y_u + \frac{a_{BR}}{2}\right)^2 + \left(y_u - \frac{a_{BR}}{2}\right)^2\right] \cdot x_{u,2}^{\,2}$$
$$- \frac{Q_E}{4 \cdot \pi \cdot k_f \cdot M_{GW} \cdot I} \cdot \left[\left(y_u + \frac{a_{BR}}{2}\right)^2 + \left(y_u - \frac{a_{BR}}{2}\right)^2\right] \cdot x_{u,2} + \left(y_u + \frac{a_{BR}}{2}\right)^2 \cdot \left(y_u - \frac{a_{BR}}{2}\right)^2 = 0 \tag{4.12}$$

Unter Verwendung des Abstands x_u [m] eines Einzelbrunnens mit der gleichen Gesamtentnahme zu seinem unteren Kulminationspunkt (Gleichung (4.2)), der in Kapitel 4.1.1 als charakteristische Größe des Systems identifiziert wurde, und weiteren Vereinfachungen des Ausdrucks kann die Gleichung (4.12) folgendermaßen beschrieben werden:

$$x_{u,2}^{\,4} - x_u \cdot x_{u,2}^{\,3} + \left[2 \cdot \left(\frac{a_{BR}}{2}\right)^2 + 2 \cdot y_u^{\,2}\right] \cdot x_{u,2}^{\,2}$$
$$- \frac{x_u}{2} \cdot \left[2 \cdot \left(\frac{a_{BR}}{2}\right)^2 + 2 \cdot y_u^{\,2}\right] \cdot x_{u,2} + \left[\left(\frac{a_{BR}}{2}\right)^2 - y_u^{\,2}\right]^2 = 0 \tag{4.13}$$

Die Geschwindigkeitskomponente der Grundwasserströmung in y-Richtung $v_{y,ges}$ setzt sich aus den beiden Geschwindigkeitskomponenten in y-Richtung $v_{y,1}$ [m/s] und $v_{y,2}$ [m/s] der beiden Brunnen zusammen.

$$v_{y,ges} = v_{y,1} + v_{y,2} = 0 \tag{4.14}$$

Die Beschreibung der Geschwindigkeitskomponenten $v_{y,1}$ und $v_{y,2}$ am unteren Kulminationspunkt P_u erfolgt auf der Grundlage der Gleichung (4.8) im in Abbildung 4-3 dargestellten Koordinatensystem.

$$v_{y,1} = -\frac{\frac{Q_E}{2}}{2 \cdot \pi \cdot M_{GW}} \cdot \frac{y_u + \frac{a_{BR}}{2}}{x_{u,2}^{\,2} + \left(y_u + \frac{a_{BR}}{2}\right)^2} \quad , \quad v_{y,2} = -\frac{\frac{Q_E}{2}}{2 \cdot \pi \cdot M_{GW}} \cdot \frac{y_u - \frac{a_{BR}}{2}}{x_{u,2}^{\,2} + \left(y_u - \frac{a_{BR}}{2}\right)^2} \tag{4.15}$$

Für die Gleichung (4.14) ergibt sich damit

$$\frac{\dfrac{Q_E}{2}}{2\cdot\pi\cdot M_{GW}}\cdot\frac{y_u+\dfrac{a_{BR}}{2}}{x_{u,2}^{\,2}+\left(y_u+\dfrac{a_{BR}}{2}\right)^2}+\frac{\dfrac{Q_E}{2}}{2\cdot\pi\cdot M_{GW}}\cdot\frac{y_u-\dfrac{a_{BR}}{2}}{x_{u,2}^{\,2}+\left(y_u-\dfrac{a_{BR}}{2}\right)^2}=0\quad,\text{bzw.} \tag{4.16}$$

$$y_u^{\,3}+\left[x_{u,2}^{\,2}-\left(\frac{a_{BR}}{2}\right)^2\right]\cdot y_u=0\quad. \tag{4.17}$$

Mit der Voraussetzung $y_u \geq 0$ ergeben sich aus Gleichung (4.17) für y_u folgende zwei Lösungen:

$$1)\qquad y_u=0 \tag{4.18}$$

$$2)\qquad y_u=\sqrt{\left(\frac{a_{BR}}{2}\right)^2-x_{u,2}^{\,2}}\quad,\text{ wenn }\ a_{BR}\geq 2\cdot x_{u,2} \tag{4.19}$$

Auf der Mittelachse zwischen den beiden Brunnen ist die Geschwindigkeit des Grundwassers in y-Richtung folglich immer gleich Null. Wenn der Abstand zur Strecke zwischen den beiden Brunnen kleiner als der halbe Abstand zwischen den beiden Brunnen wird, dann existieren weitere Punkte neben der Mittelachse, an denen die Geschwindigkeitskomponente des Grundwassers in y-Richtung ebenfalls Null ist.

Durch Einsetzen der Gleichung (4.18) in Gleichung (4.13) ergeben sich für $x_{u,2}$ die Lösungen

$$x_{u,2}^{\,*}=\frac{x_u}{2}-\sqrt{\left(\frac{x_u}{2}\right)^2-\left(\frac{a_{BR}}{2}\right)^2}\quad,\text{ wenn }\ a_{BR}\leq x_u\,,\ x_u\text{ aus Gleichung (4.2), und} \tag{4.20}$$

$$x_{u,2}=\frac{x_u}{2}+\sqrt{\left(\frac{x_u}{2}\right)^2-\left(\frac{a_{BR}}{2}\right)^2}\quad,\text{ wenn }\ a_{BR}\leq x_u\,,\ x_u\text{ aus Gleichung (4.2).} \tag{4.21}$$

Die Gleichung (4.21) beschreibt unter Berücksichtigung der Gleichung (4.2) zur Berechung von x_u den Abstand der Strecke zwischen den beiden Brunnen zum unteren Kulminationspunkt auf der Mittelachse zwischen den Brunnen, während die Gleichung (4.20) den Abstand zu einem weiteren Kulminationspunkt auf der Mittelachse zwischen den Brunnen beschreibt, der jedoch näher bei den Brunnen liegt (Abbildung 4-4). Die Bedingungen der Gleichungen (4.20) und (4.21) besagen, dass Kulminationspunkte nur auf der Mittelachse zwischen den Brunnen liegen, solange der Abstand zwischen den beiden Brunnen nicht größer als x_u ist.

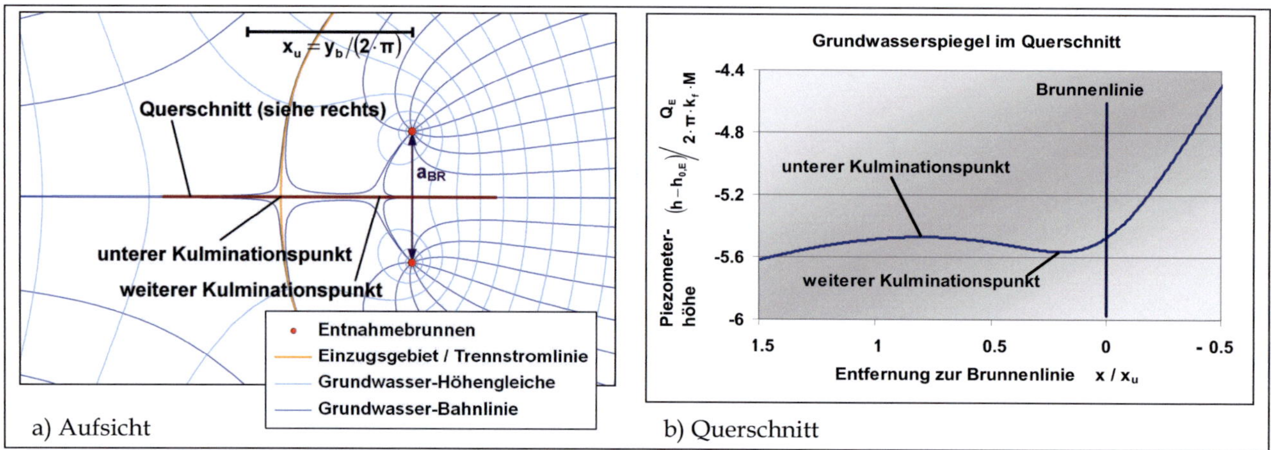

Abbildung 4-4: Lage der Kulminationspunkte auf der Mittelachse bei zwei Entnahmebrunnen mit dem Abstand $a_{BR} = 0{,}8 \cdot x_u$

Das Einsetzen der Gleichung (4.19) in Gleichung (4.13) ergibt für $x_{u,2}$ die Lösung

$$x_{u,2} = \frac{x_u}{2} \text{ , mit } x_u \text{ aus Gleichung (4.2).} \tag{4.22}$$

Die unteren Kulminationspunkte haben somit in diesem Fall den gleichen Abstand von der Brunnenlinie wie wenn nur einer der beiden Brunnen ohne Einfluss des anderen Brunnens vorliegen würde. Die mit Gleichung (4.22) beschriebene Lösung darf nur verwendet werden, wenn die Bedingung der Gleichung (4.19) erfüllt ist, d.h. wenn der Abstand zwischen den beiden Brunnen mindestens so groß wie x_u ist. Wenn der Abstand zwischen den beiden Brunnen gleich x_u ist, so wird mit beiden Gleichungen (4.21) und (4.22) derselbe Wert berechnet.

Gleichung (4.22) eingesetzt in Gleichung (4.19) ergibt für den Abstand des unteren Kulminationspunktes von der Mittelachse zwischen den beiden Brunnen

$$y_u = \sqrt{\left(\frac{a_{BR}}{2}\right)^2 - \left(\frac{x_u}{2}\right)^2} \text{ , mit } a_{BR} \geq x_u \text{ .} \tag{4.23}$$

Bei sehr großen Abständen a_{BR} der Brunnen zueinander nähert sich der Abstand des unteren Kulminationspunkts zur Mittelachse zwischen den Brunnen dem Wert $y_u = a_{BR}/2$ an, so dass der Punkt dann fast wieder genau in Richtung der ungestörten Grundwasserfließrichtung abstromig des zugehörigen Brunnens sitzt.

4.1.2.3 Berechnung der unterstromigen Ausdehnung des Einzugsgebiets

Es zeigt sich, dass beim Einzugsgebiet von zwei Entnahmebrunnen auf einer Linie orthogonal zur Grundwasserströmung die unteren Kulminationspunkte P_u nicht zwingend an der Stelle P_m der maximalen Entfernung des Einzugsgebiets von der Brunnenlinie in Abstromrichtung liegen (Abbildung 4-5). An der Stelle P_m der maximalen unterstromigen Ausdehnung des Einzugsgebiets gilt wie beim unteren Kulminationspunkt P_u die Bedingung, dass die Fließgeschwindigkeit in x-Richtung $v_{x,ges}$ [m/s] als Summe der Komponenten beider Brunnen $v_{x,1}$ [m/s] und $v_{x,2}$ [m/s] sowie der angenommenen homogenen, gleichförmigen Grundwasserströmung $v_{x,h}$ [m/s] gleich Null sein muss (Gleichung (4.9)). Allerdings kann die Fließgeschwindigkeit in y-Richtung $v_{y,ges}$ [m/s] an der Stelle P_m einen Betrag ungleich Null aufweisen.

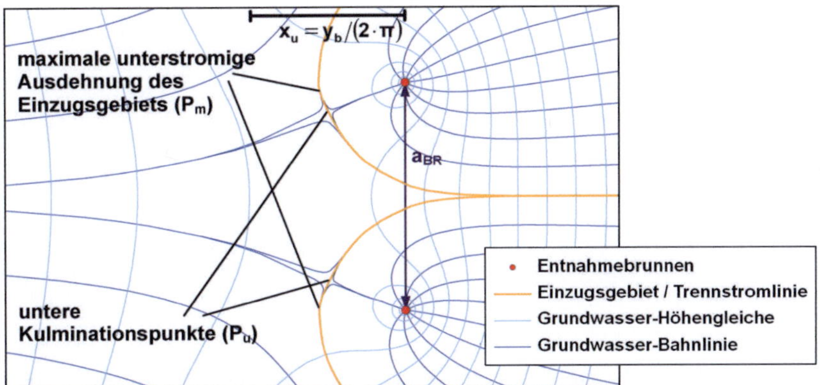

Abbildung 4-5: Maximale unterstromige Ausdehnung des Einzugsgebiets und Lage der Kulminationspunkte bei zwei Entnahmebrunnen mit dem Abstand $a_{BR} = 1{,}5 \cdot x_u$

Für die Berechnungen wird das gleiche Koordinatensystem wie im vorangegangenen Kapitel 4.1.2.2 definiert und in Abbildung 4-3 dargestellt verwendet. Die zu berechnenden Stellen P_m bzw. P_{m1} und P_{m2} der maximalen Entfernung des Einzugsgebiets von der Brunnenlinie in Abstromrichtung haben die x-Koordinate $x_{m,2}$ [m] und die y-Koordinate y_m [m] bzw. bei zwei getrennten Punkten y_m und $-y_m$.

Da die am weitesten von der Brunnenlinie entfernte Stelle P_m gesucht wird, an der die von den beiden Brunnen bewirkte Fließgeschwindigkeit in x-Richtung $v_{x,B}$ [m/s] genau den gleichen Betrag hat wie die Fließgeschwindigkeit der angenommenen homogenen, gleichförmigen Grundwasserströmung, muss zur Ermittlung dieser Stelle die y-Koordinate y_m so gewählt werden, dass der Betrag der von den beiden Brunnen bewirkten Fließgeschwindigkeit in x-Richtung $v_{x,B}$ bei gegebener x-Koordinate $x_{m,2}$ maximal ist. Da die von den Brunnen bewirkte Grundwasserströmung im Abstrom der Brunnen entgegen der x-Achse gerichtet ist, hat die entsprechende Geschwindigkeitskomponente in x-Richtung ein negatives Vorzeichen und muss daher minimal werden.

$$v_{x,B}(y_m) = v_{x,1} + v_{x,2} = \text{minimal} \tag{4.24}$$

Die Beschreibung der Geschwindigkeitskomponenten $v_{x,1}$ und $v_{x,2}$ am Punkt P_m erfolgt entsprechend Gleichung (4.10). Eingesetzt in Gleichung (4.24) ergibt für die Summe der durch die beiden Brunnen bewirkte Geschwindigkeit in x-Richtung

$$v_{x,B}(y_m) = -\frac{Q_E}{4 \cdot \pi \cdot M_{GW}} \cdot \frac{x_{m,2}}{x_{m,2}^{\,2} + \left(y_m + \frac{a_{BR}}{2}\right)^2} - \frac{Q_E}{4 \cdot \pi \cdot M_{GW}} \cdot \frac{x_{m,2}}{x_{m,2}^{\,2} + \left(y_m - \frac{a_{BR}}{2}\right)^2} \cdot \tag{4.25}$$

Da der Wert y_m gesucht wird, bei dem $v_{x,B}$ minimal wird, wird die für $v_{x,B}$ in Gleichung (4.25) definierte Funktion nach y_m abgeleitet und gleich Null gesetzt.

$$v_{x,B}'(y_m) = \frac{Q_E}{4 \cdot \pi \cdot M_{GW}} \cdot \frac{x_{m,2} \cdot (2 \cdot y_m + a_{BR})}{\left[x_{m,2}^{\,2} + \left(y_m + \frac{a_{BR}}{2}\right)^2\right]^2} + \frac{Q_E}{4 \cdot \pi \cdot M_{GW}} \cdot \frac{x_{m,2} \cdot (2 \cdot y_m - a_{BR})}{\left[x_{m,2}^{\,2} + \left(y_m - \frac{a_{BR}}{2}\right)^2\right]^2} = 0 \tag{4.26}$$

Durch Umformen und vereinfachen ergibt sich daraus

$$y_m^{\,5} + \left(2 \cdot x_{m,2}^{\,2} + \frac{a_{BR}^{\,2}}{2}\right) \cdot y_m^{\,3} + \left(x_{m,2}^{\,2} - \frac{a_{BR}^{\,2} \cdot x_{m,2}^{\,2}}{2} - \frac{3 \cdot a_{BR}^{\,4}}{16}\right) \cdot y_m = 0 \; . \tag{4.27}$$

Mit den Voraussetzungen $y_m \geq 0$, $x_{m,2} \geq 0$ und $a_{BR} > 0$ ergeben sich aus Gleichung (4.26) für y_m folgende zwei Lösungen:

1) $\quad y_m = 0$ $\hfill$ (4.28)

2) $\quad y_m = \sqrt{-\left(\frac{a_{BR}}{2}\right)^2 - x_{m,2}^{\,2} + \sqrt{4 \cdot \left(\frac{a_{BR}}{2}\right)^4 + 4 \cdot \left(\frac{a_{BR}}{2}\right)^2 \cdot x_{m,2}^{\,2}}}$, wenn $a_{BR} \geq \frac{2}{\sqrt{3}} \cdot x_{m,2}$ $\hfill$ (4.29)

Bei kleinen Abständen der Brunnen zueinander im Verhältnis zum betrachteten Abstand zur Strecke zwischen den Brunnen befindet sich das Minimum der von den Brunnen erzeugten Fließgeschwindigkeiten in x-Richtung auf der Mittelachse zwischen den Brunnen. Bei größeren Abständen der Brunnen zueinander liegen die Stellen des Minimums bzw. des größten Betrags der Fließgeschwindigkeiten in x-Richtung auf beiden Seiten der Mittelachse, während auf der Mittelachse ein lokales Maximum der Fließgeschwindigkeit in x-Richtung entsteht (Abbildung 4-6).

Solange die Bedingung der Gleichung (4.29) nicht erfüllt ist, liegt der Punkt P_m der maximalen unterstromigen Ausdehnung des Einzugsgebiets auf der Mittelachse und fällt aufgrund der gemeinsam verwendeten Bedingung (Gleichung (4.9)) mit dem unteren Kulminationspunkt zusammen (Gleichungen (4.21)).

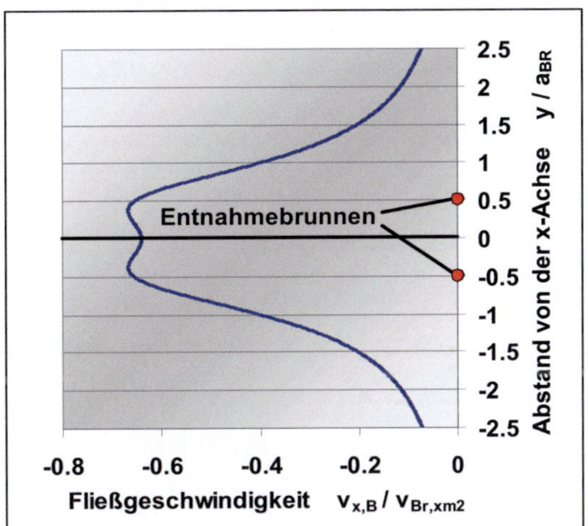

Abbildung 4-6: Summe der durch die beiden Brunnen bewirkte Fließgeschwindigkeit in x-Richtung $v_{x,B}$ (normiert auf die von einem Einzelbrunnen mit der Entnahmerate Q_E im Abstand $x_{m,2}$ verursachte Fließgeschwindigkeit $v_{BR,xm2}$) im Abstand $x_{m,2}$ zur Brunnenlinie und mit $a_{BR} = 1{,}5{\cdot}x_{m,2}$

Ab einem Abstand a_{BR} der Entnahmebrunnen zueinander, bei dem die Bedingung der Gleichung (4.29) erfüllt ist, fällt der Punkt P_m der maximalen unterstromigen Ausdehnung des Einzugsgebiets nicht mehr mit dem unteren Kulminationspunkt zusammen. Die Punkte P_{m1} und P_{m2} der maximalen unterstromigen Ausdehnung des Einzugsgebiets liegen dann auf beiden Seiten der Mittelachse. Gleichung (4.29) eingesetzt in Gleichung (4.9) und aufgelöst nach $x_{m,2}$ bei analoger Vorgehensweise wie in Kapitel 4.1.2.2 (siehe Gleichungen (4.11), (4.12) und (4.13)) ergibt

$$x_{m,2} = \frac{a_{BR}^{\ 2} \cdot \frac{x_u}{2}}{a_{BR}^{\ 2} - \left(\frac{x_u}{2}\right)^2} \quad , \text{ wenn } \quad a_{BR} > \frac{x_u}{2} \quad , \text{ mit } x_u \text{ aus Gleichung (4.2).} \tag{4.30}$$

Bei sehr großen Abständen a_{BR} der Brunnen zueinander nähert sich die unterstromige Ausdehnung des Einzugsgebiets dem Wert $x_{m,2} = x_u/2$ an, der entsprechend Gleichung (4.2) (die Entnahme des Einzelbrunnens ist hier mit $Q_E/2$ definiert) der unterstromigen Ausdehnung des einzelnen Brunnens ohne Beeinflussung durch den zweiten Brunnen entspräche.

Durch Einsetzen der Gleichung (4.30) in Gleichung (4.29) kann berechnet werden, in welchem Abstand y_m von der Mittelachse zwischen den Brunnen sich die Punkte P_{m1} und P_{m2} der maximalen unterstromigen Ausdehnung des Einzugsgebiets befinden.

$$y_m = \sqrt{-\left(\frac{a_{BR}}{2}\right)^2 - \left(\frac{a_{BR}^{\ 2} \cdot \frac{x_u}{2}}{a_{BR}^{\ 2} - \left(\frac{x_u}{2}\right)^2}\right)^2} + \sqrt{4 \cdot \left(\frac{a_{BR}}{2}\right)^4 + 4 \cdot \left(\frac{a_{BR}}{2}\right)^2 \cdot \left(\frac{a_{BR}^{\ 2} \cdot \frac{x_u}{2}}{a_{BR}^{\ 2} - \left(\frac{x_u}{2}\right)^2}\right)^2} \tag{4.31}$$

Bei sehr großen Abständen a_{BR} der Brunnen zueinander nähert sich der Abstand y_m der Punkte P_{m1} und P_{m2} zur Mittelachse zwischen den Brunnen dem Wert $y_m = a_{BR}/2$ an, so dass die Punkte dann wieder fast genau in Richtung der ungestörten Grundwasserfließrichtung abstromig des zugehörigen Brunnens sitzen.

Aus der Bedingung der Gleichung (4.29) folgt, dass bei Vorliegen des Verhältnisses

$$a_{BR} = \frac{2}{\sqrt{3}} \cdot x_{m,2} \tag{4.32}$$

die unterstromige Ausdehnung des Einzugsgebiets der beiden Brunnen sowohl mit Gleichung (4.21) (mit $x_{m,2}$ statt $x_{u,2}$) als auch mit Gleichung (4.30) berechnet werden kann. Das Einsetzen von Gleichung (4.32) in die Gleichungen (4.21) und (4.30) ergibt in beiden Fällen

$$a_{BR} = \frac{\sqrt{3}}{2} \cdot x_u \tag{4.33}$$

und

$$x_{m,2} = \frac{3}{4} \cdot x_u \text{ , mit } x_u \text{ aus Gleichung (4.2).} \tag{4.34}$$

Da Gleichung (4.30) zur Berechnung von $x_{m,2}$ nur verwendet werden darf, wenn die Bedingung aus Gleichung (4.29) erfüllt ist, folgt in Verbindung mit Gleichung (4.33) daraus, dass die Bedingung der Gleichung (4.30) dann ebenfalls erfüllt ist. Ebenso ist aufgrund Gleichung (4.33) die Bedingung der Gleichung (4.21) zur Berechnung von $x_{m,2}$ erfüllt, da die Gleichung (4.21) zur Berechnung von $x_{m,2}$ nur verwendet wird, wenn die Bedingung aus Gleichung (4.29) nicht erfüllt ist.

Wenn der Abstand a_{BR} zwischen den beiden Brunnen kleiner oder gleich wie in Gleichung (4.33) angegeben ist, dann liegt der Punkt P_m der maximalen unterstromigen Ausdehnung des Einzugsgebiets auf der Mittelachse zwischen den Brunnen, lässt sich mit der Gleichung (4.21) (mit $x_{m,2}$ statt $x_{u,2}$) berechnen und ist größer oder gleich wie in Gleichung (4.34) beschrieben. Wenn der Abstand a_{BR} größer ist, dann liegen die Punkte P_{m1} und P_{m2} der maximalen unterstromigen Ausdehnung des Einzugsgebiets auf beiden Seiten der Mittelachse (Abstand y_m zur Mittelachse aus Gleichung (4.31)), wobei die unterstromige Ausdehnung des Einzugsgebiets dann kleiner ist als in Gleichung (4.34) beschrieben und mit der Gleichung (4.30) berechnet werden kann.

4.1.2.4 Zusammenfassende Beschreibung des Einzugsgebiets

Solange zwei Entnahmebrunnen, die sich auf einer Linie orthogonal zu einer gegebenen, homogenen und gleichförmigen Grundwasserströmung befinden, einen – im Verhältnis zu ihrer Grundwasserentnahme – geringen Abstand voneinander haben, liegt der untere Kulminationspunkt des gemeinsamen Einzugsgebiets, der mit dem Punkt der maximalen unterstromigen Ausdehnung des Einzugsgebiets zusammenfällt, auf der Mittelachse zwischen den Brunnen (Abbildung 4-7). Seine Lage lässt sich mit der Gleichung (4.21) berechnen. Dies gilt bis zu einem Abstand $a_{BR} = \sqrt{3}/2 \cdot x_u$ (Gleichung (4.33)) der Brunnen zueinander, bei dem der Abstand der Brunnenlinie zum unteren Kulminationspunkt $x_{m,2} = x_{u,2} = \frac{3}{4} \cdot x_u$ (Gleichung (4.34)) beträgt.

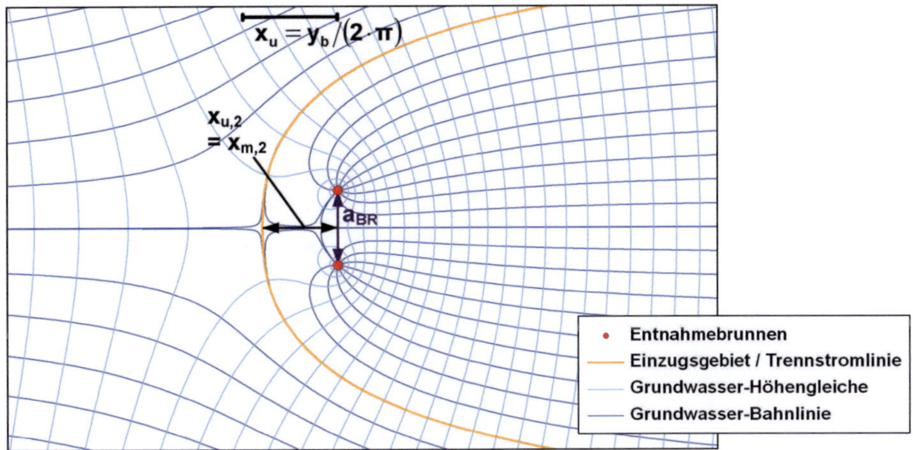

Abbildung 4-7: Einzugsgebiet von zwei Brunnen mit dem Abstand $a_{BR} = 0{,}8 \cdot x_u$

Bei einem größeren Abstand der Brunnen zueinander liegen die Punkte der maximalen unterstromigen Ausdehnung des Einzugsgebiets auf beiden Seiten der Mittelachse, wobei die unterstromige Ausdehnung des Einzugsgebiets mit der Gleichung (4.30) berechnet werden kann, und der Abstand der Punkte, an denen die maximale unterstromige Ausdehnung des Einzugsgebiets vorliegt, von der Mittelachse mit Gleichung (4.31) berechnet werden kann. Bis zu einem Abstand der Brunnen zueinander von $a_{BR} = x_u$ liegt der untere Kulminationspunkt immer noch auf der Mittelachse, so dass seine Lage immer noch mit Gleichung (4.21) berechnet werden kann (Abbildung 4-8).

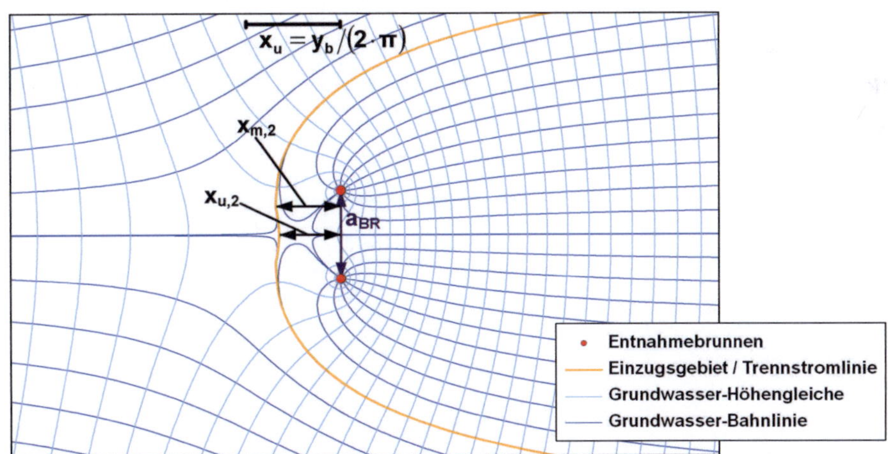

Abbildung 4-8: Einzugsgebiet von zwei Brunnen mit dem Abstand $a_{BR} = 0{,}95 \cdot x_u$

Wenn der Abstand a_{BR} der Brunnen zueinander größer ist als x_u, dann liegen auch die unteren Kulminationspunkte des Einzugsgebiets auf beiden Seiten der Mittelachse der beiden Brunnen (Abbildung 4-9), wobei ihr Abstand zur Brunnenlinie dann $x_u/2$ beträgt (Gleichung (4.22)). Er ist damit unabhängig vom Abstand der beiden Entnahmebrunnen zueinander und genau so groß, als wenn die Brunnen jeweils unabhängig vom anderen Brunnen betrachtet werden würden. Der Abstand der unteren Kulminationspunkte von der Mittelachse der Brunnen lässt sich dann mit Gleichung (4.23) berechnen.

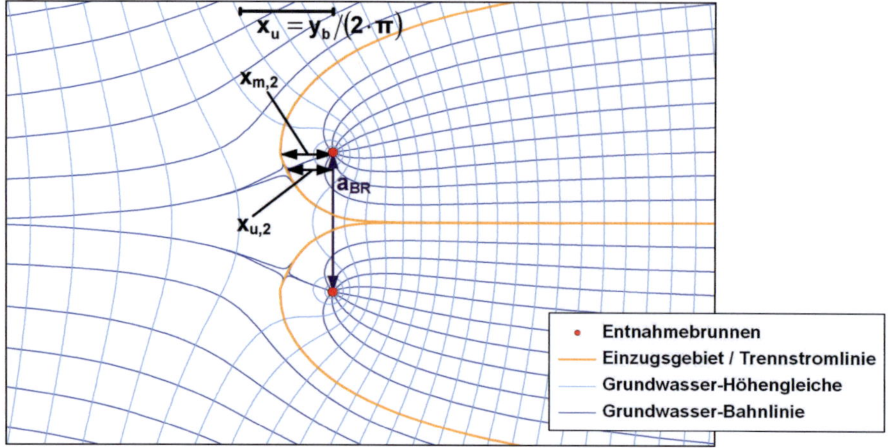

Abbildung 4-9: Einzugsgebiet von zwei Brunnen mit dem Abstand $a_{BR} = 1{,}5\cdot x_u$

Wenn der Abstand a_{BR} der Brunnen zueinander größer ist als y_b bzw. als $2\cdot\pi\cdot x_u$, dann sind die Einzugsgebiete der beiden Brunnen vollständig voneinander getrennt, die Gleichungen (4.30), (4.31), (4.22) und (4.23) behalten jedoch ihre Gültigkeit. Sowohl die Punkte der maximalen unterstromigen Ausdehnung der Einzugsgebiete als auch die unteren Kulminationspunkte sitzen dann wieder fast genau abstromig der Entnahmebrunnen.

Die beschriebenen Beziehungen sind in der nachfolgenden Tabelle 4-1 nochmals übersichtlich aufgelistet.

Tabelle 4-1: Formeln zur Berechnung der Koordinaten der unteren Kulminationspunkte und der Punkte der maximalen unterstromigen Ausdehnung des Einzugsgebiets von zwei Entnahmebrunnen

Abstand a_{BR} der Brunnen zueinander	$a_{BR} \le \dfrac{\sqrt{3}}{2}\cdot x_u$	$\dfrac{\sqrt{3}}{2}\cdot x_u \le a_{BR} \le x_u$	$a_{BR} \ge x_u$
Abstand $x_{u,2}$ des unteren Kulminationspunkts von der Brunnenlinie	$x_{u,2} = \dfrac{x_u}{2} + \sqrt{\left(\dfrac{x_u}{2}\right)^2 - \left(\dfrac{a_{BR}}{2}\right)^2}$		$x_{u,2} = \dfrac{x_u}{2}$
Abstand $y_{u,2}$ des unteren Kulminationspunkts von der Mittelachse der Brunnen	$y_u = 0$		$y_u = \sqrt{\left(\dfrac{a_{BR}}{2}\right)^2 - \left(\dfrac{x_u}{2}\right)^2}$
Abstand $x_{m,2}$ des Punkts der maximalen unterstromigen Ausdehnung des Einzugsgebiets von der Brunnenlinie	$x_{m,2} = \dfrac{x_u}{2} + \sqrt{\left(\dfrac{x_u}{2}\right)^2 - \left(\dfrac{a_{BR}}{2}\right)^2}$		$x_{m,2} = \dfrac{a_{BR}^{\,2}\cdot\dfrac{x_u}{2}}{a_{BR}^{\,2} - \left(\dfrac{x_u}{2}\right)^2}$
Abstand y_m des Punkts der maximalen unterstromigen Ausdehnung des Einzugsgebiets von der Mittelachse der Brunnen	$y_m = 0$		Gleichung (4.31) auf Seite 59

4.1.3 Einzugsgebiet einer Brunnenlinie mit mehr als zwei Brunnen

Für die Entwicklung einer Methode zur einfachen, näherungsweisen Berechnung der unterstromigen Ausdehnung des Einzugsgebiets einer Brunnenlinie mit mehr als zwei Brunnen ist ein analytischer Ansatz wie in den beiden voran gegangenen Kapiteln 4.1.1 und 4.1.2 nicht mehr zielführend, da mit Zunahme der Entnahmebrunnen die Ordnung der zugehörigen Polynome ansteigt, und die Beschreibung der jeweiligen Lösung sehr umfangreich wird. Stattdessen werden zur Bestimmung der unterstromigen Ausdehnung einer Brunnenlinie im Folgenden Versuche mit einem Prinzipmodell durchgeführt.

4.1.3.1 Aufbau eines numerischen Prinzipmodells

Die Entnahme an der Brunnenlinie wurde im ersten Schritt zu einer Linienentnahme abstrahiert. Dafür wurde angenommen, dass die Entnahme an unendlich vielen Brunnen entlang der Linie erfolgt, so dass das Integral der angenommenen Punktentnahmen die Gesamtentnahme der Linie ergibt. Ein vergleichbarer Ansatz wird in der Analytic-Elements-Methode (AEM) zur Simulation von Fließgewässern verwendet (BAKKER 2008). Um die Entnahme an gegebenen, definierten Brunnen durch eine Linienentnahme anzunähern, müssen die Brunnen mit ihren repräsentativen Längen eingehen, die den Abständen zu den Nachbarbrunnen entsprechen. Beispielsweise bilden 5 Brunnen mit einem Abstand von jeweils 100 m vom ersten bis zum letzten Brunnen eine Linie von 400 m. Da aber jeder der Brunnen eine Länge von 100 m repräsentiert, hat die entsprechende Linienentnahme eine Länge von 500 m Länge, reicht also an beiden Enden 50 m über die Brunnen hinaus. 20 Brunnen mit einem Abstand von jeweils 50 m werden dementsprechend von einer Linienentnahme der Länge 1000 m repräsentiert. Die Gesamtentnahme bleibt unverändert, so dass die ermittelte Linie die Summe der Einzelentnahmen der Brunnen erhält.

Um zu untersuchen, wie sich der Abstand $x_{u,l}$ der Brunnenlinie zur maximalen unterstromigen Ausdehnung des Einzugsgebiets in Abhängigkeit zur Länge der Linienentnahme bzw. Brunnenlinie verhält, wurde mit FEFLOW (Kapitel 3.3.6) ein stationäres zweidimensional-horizontales numerisches Prinzipmodell aufgebaut, in dessen Mitte die simulierten Linienentnahmen senkrecht zur Grundwasserströmung angeordnet wurden. Das Modellgebiet wurde quadratisch mit einer Seitenlänge von 200 km gestaltet, um Randeinflüsse gering zu halten. Der Grundwasserleiter wurde gespannt mit einer Transmissivität von $1 \cdot 10^{-2}$ m²/s modelliert. Der Gradient der Grundwasserströmung wurde mit Festpotentialrandbedingungen am linken und rechten Modellrand auf 1 ‰ eingestellt. In den Außenbereichen des Modells wurde eine Diskretisierung mit Kantenlängen der Elemente von etwa 4 km verwendet. Im Bereich der Linienentnahme und im Bereich der erwarteten Punkte der maximalen unterstromigen Ausdehnung des Einzugsgebiets wurde die Diskretisierung bis auf eine Kantenlänge der Elemente von etwa 1 m verfeinert, um eine genaue Bestimmung der Lage dieser Punkte zu ermöglichen. Das Prinzipmodell hatte in der Folge etwa 1,5 Mio. Elemente und etwa 750 000 Knoten.

Mit dem Prinzipmodell wurden verschiedene Szenarien berechnet, in denen eine gleich bleibende Entnahmerate als Punktentnahme und als Linienentnahmen verschiedener Längen vorgegeben wurde. Als Entnahmerate wurde 0,1 m³/s gewählt, so dass der Abstand eines Einzelbrunnens zum Kulminationspunkt als charakteristische Größe des Systems entsprechend Gleichung (4.2) $x_u = 1591{,}55$ m und die Breite des Einzugsgebiets entsprechend Gleichung (4.1) $y_b = 10$ km betrug.

4.1.3.2 Ergebnisse der Szenarienberechnungen mit dem numerischen Prinzipmodell

In Abbildung 4-10 sind die berechneten Einzugsgebiete bei verschiedenen ausgewählten Längen L_E [m] der Linienentnahme dargestellt.

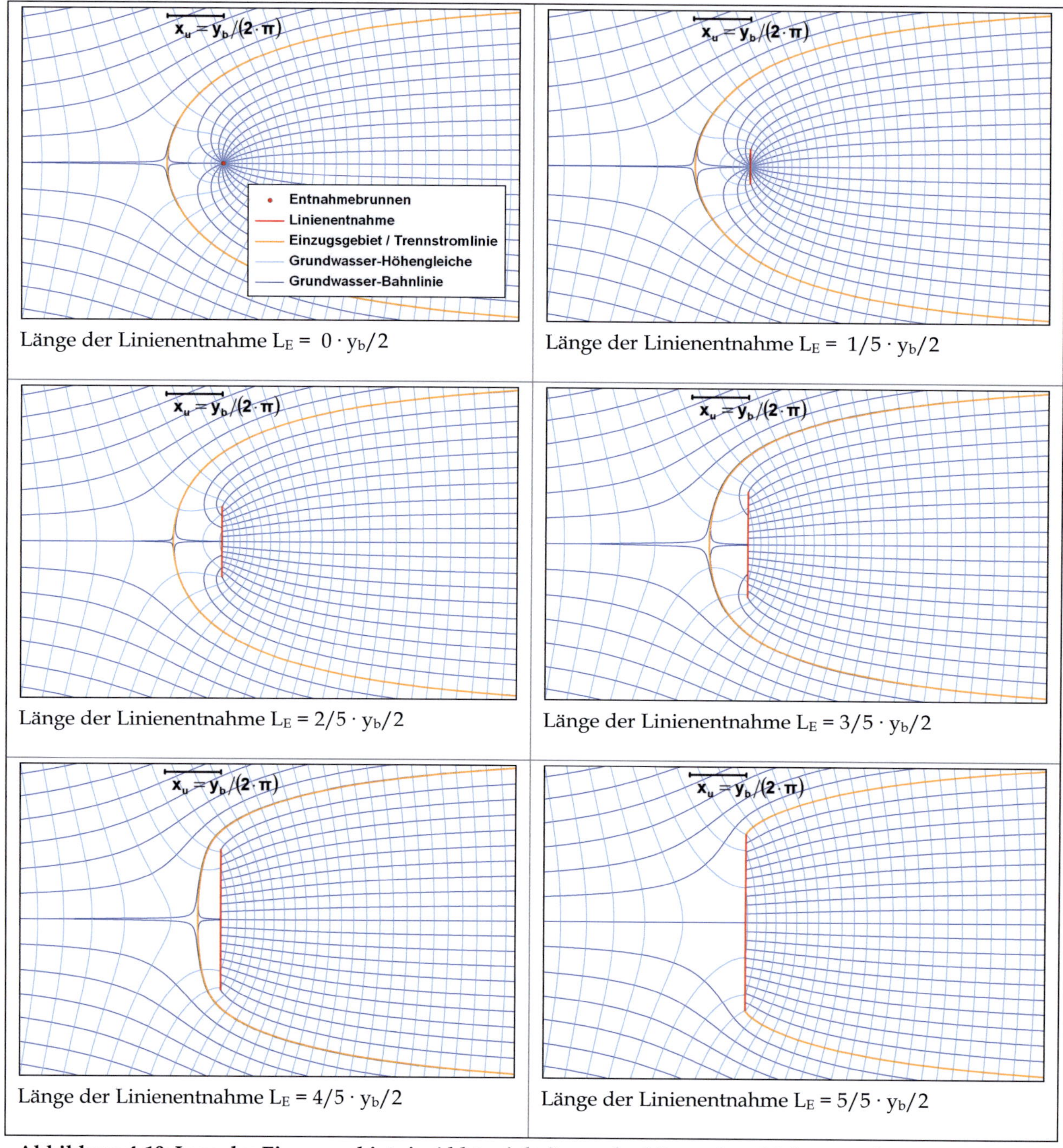

Abbildung 4-10: Lage des Einzugsgebiets in Abhängigkeit von der Länge einer Linienentnahme

Im Fall einer Linienentnahme orthogonal zur ungestörten Grundwasserströmung kann entsprechend den Simulationsergebnissen wie beim Einzelbrunnen davon ausgegangen werden, dass der Punkt der maximalen unterstromigen Ausdehnung des Einzugsgebiets mit dem unteren Kulminationspunkt zusammenfällt. In allen berechneten Szenarien wurde der untere Kulminationspunkt bestimmt, indem auf einer Linie parallel zur ungestörten Grundwasserströmung und mittig zur Linienentnahme die Lage des höchsten Grundwasserstands im Abstrom der Entnahme gesucht wurde. Abbildung 4-11 zeigt die berechneten Grundwasserstände entlang dieser Linie in einem Ausschnitt nahe der Brunnenlinie für ausgewählte Szenarien.

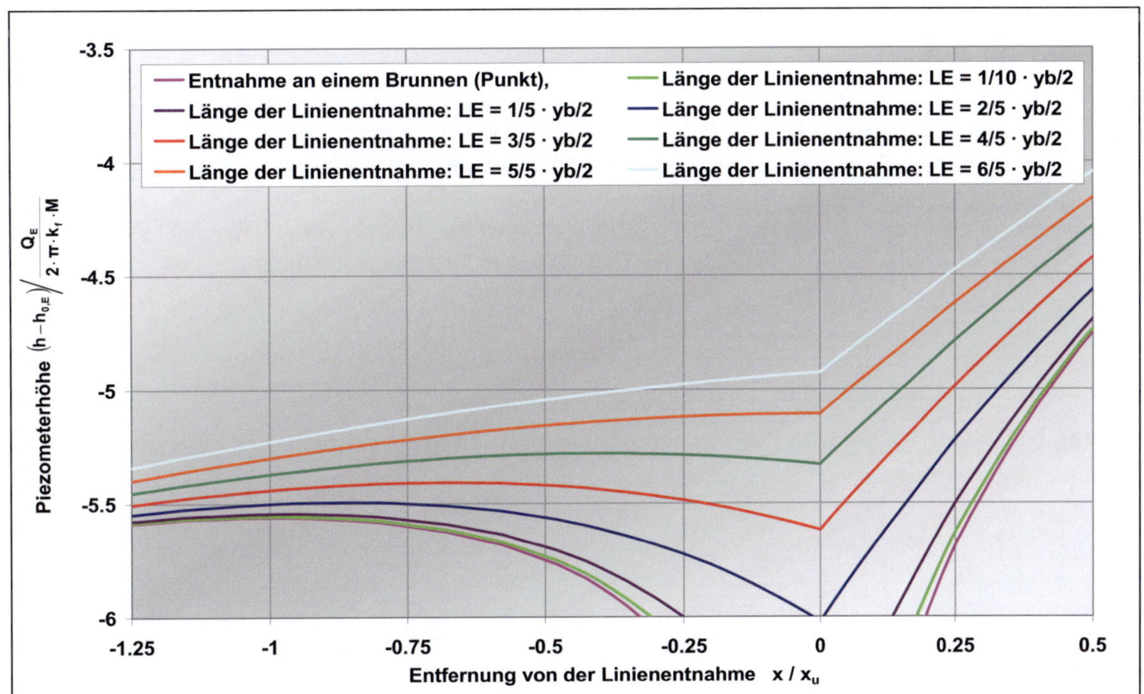

Abbildung 4-11: Berechnete Grundwasserstände in der Nähe und orthogonal zu einer Linienentnahme in Abhängigkeit von ihrer Länge

Ab einer Länge der Linienentnahme L_E von größer 5 km, also der Hälfte der Breite des Einzugsgebiets y_b, ist kein Kulminationspunkt mehr im Abstrom der Entnahme vorhanden. Die Länge der Linienentnahme kann folglich sinnvoll als Bruchteil der halben Einzugsgebietsbreite angegeben werden (Abbildung 4-10). Wenn die Länge der Linienentnahme zwischen $y_b/2$ und y_b liegt, so tritt zwar kein Punkt mehr auf, an dem der Grundwasserspiegel horizontal ist, das zur Brunnenlinie zuströmende Grundwasser wird jedoch trotzdem vollständig entnommen. Erst bei einer Länge der Linienentnahme größer als y_b wird das zur Linienentnahme strömende Grundwasser nicht mehr vollständig von der Linienentnahme entnommen, so dass die Linienentnahme dann vom Grundwasser durchströmt wird.

Abbildung 4-12 zeigt den Verlauf der Grenzen der Einzugsgebiete in der Nähe der Linienentnahme im Vergleich zueinander, wenn die Linienentnahme maximal eine Breite von $y_b/2$ aufweist. Es ist erkennbar, dass die Breite der Einzugsgebiete auf der Höhe der Entnahme dann unabhängig von der Länge der Linienentnahme immer gleich der Breite des Einzugsgebiets eines Einzelbrunnens dort ist (Gleichung (4.4)), und damit $y_b/2$ beträgt. Wenn die Linienentnahme breiter als $y_b/2$ ist, so ist die Breite des Einzugsgebiets auf Höhe der Linienentnahme gleich der Breite der Linienentnahme.

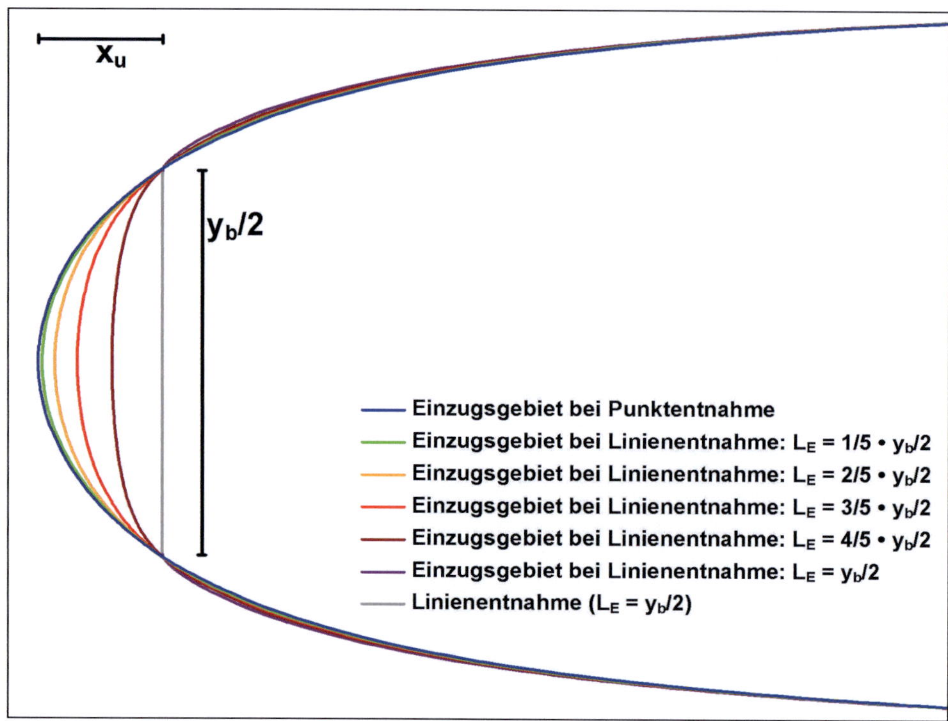

Abbildung 4-12: Vergleich der Lage der Einzugsgebiete (bzw. Trennstromlinien) in Abhängigkeit von der Länge einer Linienentnahme

4.1.3.3 Entwicklung einer Näherungslösung

Der Abstand $x_{u,l}$ [m] des unteren Kulminationspunktes zu einer Linienentnahme, der der unterstromigen Ausdehnung des Einzugsgebiets der Linienentnahme entspricht, liegt immer zwischen 0 und dem Abstand x_u [m] des Kulminationspunktes zu einem Einzelbrunnen mit der gleichen Entnahmerate als charakteristische Größe des betrachteten Systems (Kapitel 4.1.1). Daher kann $x_{u,l}$ sinnvoll als Bruchteil von x_u beschrieben werden. In Abbildung 4-13 sind die ausgelesenen Abstände der Kulminationspunkte von den Linienentnahmen gegen die Längen der Linienentnahmen aufgetragen. Die Position des Kulminationspunktes im numerischen Modell konnte auf etwa 20 m genau bestimmt werden. Begrenzend wirkte dabei, dass die Höhe des Grundwasserspiegels vom Modell mit einer Genauigkeit von 10^{-5} m ausgegeben wird. Auf einer Strecke von bis zu 20 m konnte im Modell im Bereich des unteren Kulminationspunktes kein Unterschied in der Lage des Grundwasserspiegels mehr festgestellt werden.

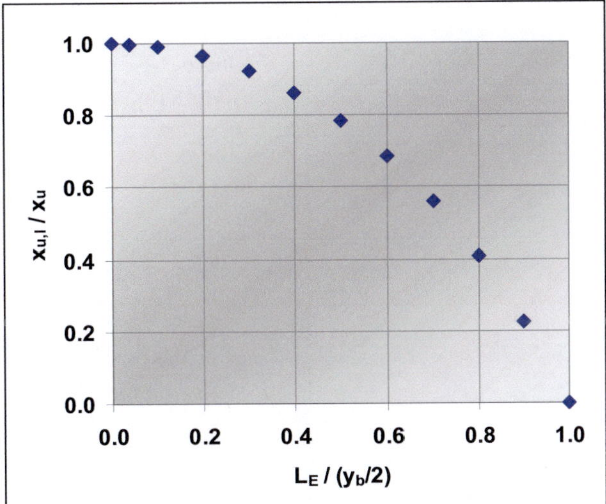

Abbildung 4-13: Abstand $x_{u,l}$ des unteren Kulminationspunkts zur Linienentnahme in Abhängigkeit der Länge L_E der Linienentnahme

Eine Funktion, mit der aus der Länge L_E der Linienentnahme der Abstand $x_{u,l}$ des Kulminationspunktes von der Entnahme berechnet werden kann, hat folglich die Koordinaten (0 / 1), bzw. (0 / x_u), und (1 / 0), bzw. ($y_b/2$ / 0), ist monoton fallend und mit monoton zunehmendem Gefälle (monoton abnehmender Steigung). Die in Abbildung 4-13 dargestellten Werte lassen sich näherungsweise mit der folgenden Funktion berechnen:

$$f(x) = 1 - \left(0{,}2 \cdot x^4 + 0{,}8 \cdot x^2 \right) \tag{4.35}$$

Für die Berechnung des Abstands $x_{u,l}$ des Kulminationspunktes von der Entnahme folgt daraus

$$x_{u,l} = x_u \cdot \left\{ 1 - \left[0{,}2 \cdot \left(\frac{2 \cdot L_E}{y_b} \right)^4 + 0{,}8 \cdot \left(\frac{2 \cdot L_E}{y_b} \right)^2 \right] \right\}, \tag{4.36}$$

bzw. bei Einsetzten der Gleichungen (4.1) und (4.2) in Gleichung (4.36)

$$x_{u,l} = \frac{Q_E}{2 \cdot \pi \cdot k_f \cdot M_{GW} \cdot I} \cdot \left\{ 1 - \left[0{,}2 \cdot \left(\frac{2 \cdot L_E \cdot k_f \cdot M_{GW} \cdot I}{Q_E} \right)^4 + 0{,}8 \cdot \left(\frac{2 \cdot L_E \cdot k_f \cdot M_{GW} \cdot I}{Q_E} \right)^2 \right] \right\}. \tag{4.37}$$

In Abbildung 4-14 sind die aus den Prinzipmodellen ausgelesenen Werte für den Abstand $x_{u,l}$ den mit der Gleichung (4.37) berechneten Werten gegenübergestellt.

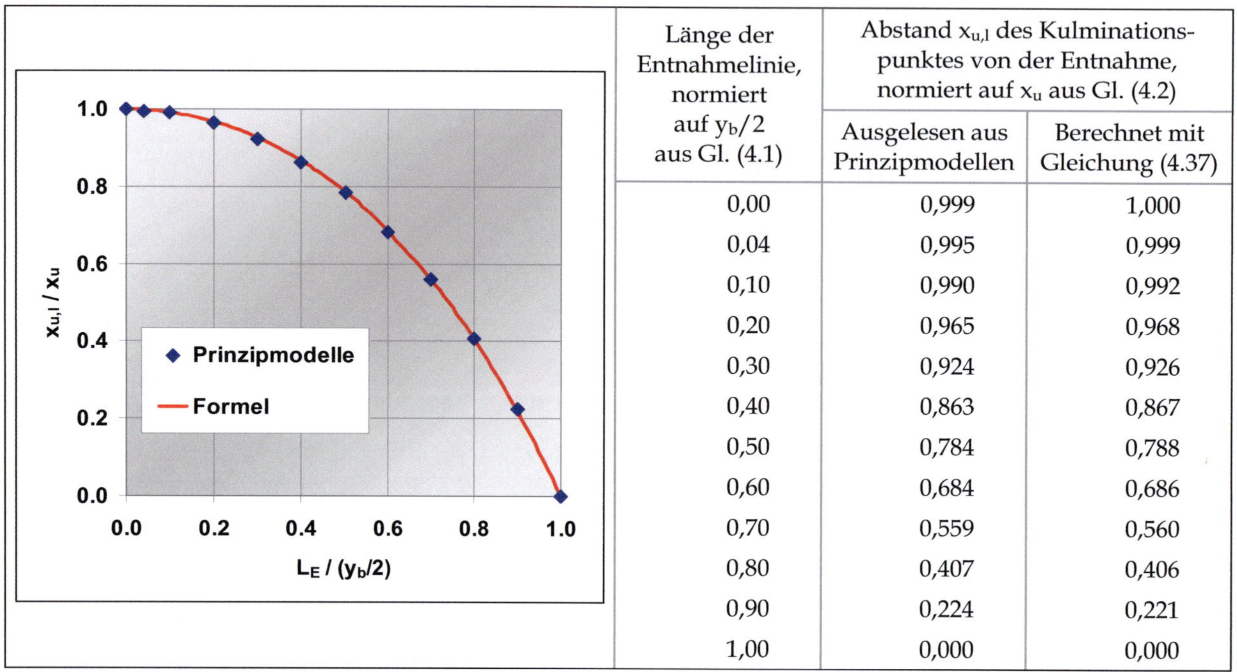

Länge der Entnahmelinie, normiert auf $y_b/2$ aus Gl. (4.1)	Abstand $x_{u,l}$ des Kulminationspunktes von der Entnahme, normiert auf x_u aus Gl. (4.2)	
	Ausgelesen aus Prinzipmodellen	Berechnet mit Gleichung (4.37)
0,00	0,999	1,000
0,04	0,995	0,999
0,10	0,990	0,992
0,20	0,965	0,968
0,30	0,924	0,926
0,40	0,863	0,867
0,50	0,784	0,788
0,60	0,684	0,686
0,70	0,559	0,560
0,80	0,407	0,406
0,90	0,224	0,221
1,00	0,000	0,000

Abbildung 4-14: Simulierte und berechnete Werte des Abstands $x_{u,l}$ des Kulminationspunktes von einer Linienentnahme in Abhängigkeit der Länge L_E der Linienentnahme

Abbildung 4-15 zeigt einen Vergleich der mit Gleichung (4.37) berechneten Näherungslösung mit der analytischen Lösung (Gleichungen (4.21) und (4.30)) für die unterstromige Ausdehnung des Einzugsgebiets von zwei Entnahmebrunnen, die auf einer Linie orthogonal zur Grundwasserströmung liegen. Beide Achsen sind auf die charakteristische Größe des betrachteten Systems x_u normiert, die der unterstromigen Ausdehnung des Einzugsgebiets eines Einzelbrunnens mit der gleichen Gesamtentnahmerate entspricht.

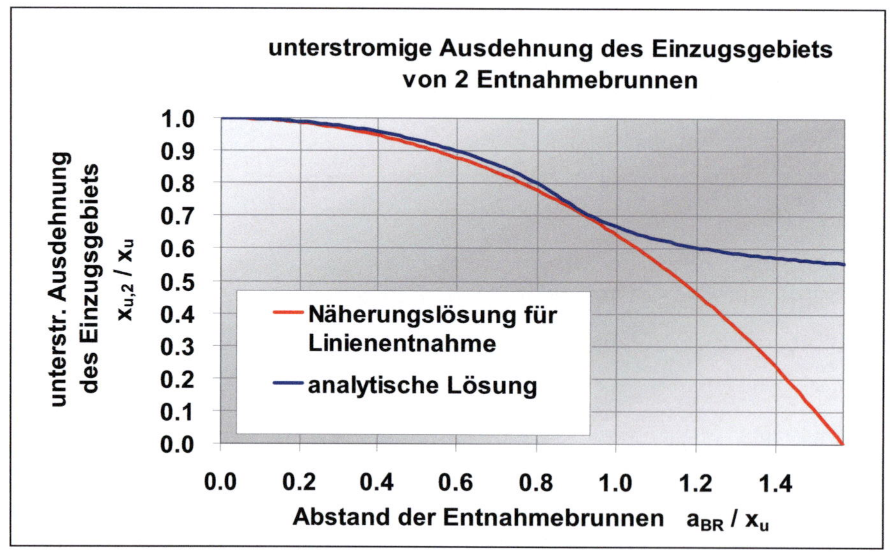

Abbildung 4-15: Vergleich der analytischen Lösung mit der Näherungslösung der Linienentnahme für die unterstromige Ausdehnung des Einzugsgebiets von zwei Entnahmebrunnen.

Bis zum Abstand a_{BR} [m] der Entnahmebrunnen zueinander von etwa x_u liegt die Näherungslösung verhältnismäßig nahe an der genauen, analytischen Lösung. Bei einem größeren Abstand liegt sie deutlich zu niedrig. Während bei einer Linienentnahme die unterstromige Ausdehnung des Einzugsgebiets bis auf Null zurückgehen kann, kann sie bei einer Brunnenlinie mit mehreren Brunnen nie kleiner werden als die unterstromige Ausdehnung des Einzugsgebiets eines einzelnen Brunnens der Brunnenlinie. Gleichung (4.37) darf daher nur angewendet werden, solange ein gemeinsamer Kulminationspunkt der Entnahmebrunnen existiert, was im Fall von zwei Entnahmebrunnen bis zu einem Abstand $a_{BR} = x_u$ der Fall ist.

Zur Bestimmung des Einzugsgebiets einer Brunnenlinie orthogonal zur Grundwasserströmung mit mehr als zwei Brunnen muss daher so vorgegangen werden, dass einerseits mit Gleichung (4.37) ein Wert für die unterstromige Ausdehnung des Einzugsgebiets der äquivalenten Linienentnahme bestimmt wird, und andererseits mit Gleichung (4.2) die unterstromige Ausdehnung jedes Einzelbrunnens der Brunnenlinie bestimmt wird. Der größte der ermittelten Werte ist als unterstromige Ausdehnung des Einzugsgebiets anzusetzen. Diese Näherungsmethode hat bei Anwendung auf eine Brunnenlinie mit zwei Brunnen gegenüber dem analytisch ermittelten Wert einen maximalen Fehler von 22 % bei einem Abstand der zwei Brunnen zueinander von $1{,}16 \cdot x_u$, wobei ein Fehler größer 10 % nur bei Abständen der zwei Brunnen zueinander zwischen $1{,}07 \cdot x_u$ und $1{,}65 \cdot x_u$ vorliegt. Da eine Linienentnahme eine Brunnenlinie um so besser beschreibt, je mehr Brunnen die Brunnenlinie hat, wird der maximale Fehler der beschriebenen Methode mit zunehmender Anzahl der Entnahmebrunnen der Brunnenlinie kleiner.

4.2 Reichweite von infiltriertem Oberflächenwasser im Aquifer während eines Hochwassers

Zur Abschätzung der Reichweite des Eindringens von Uferfiltrat während eines Hochwasserereignisses in einem Fluss in den angrenzenden Aquifer entwickelten GIEBEL & HOMMES (1994) eine Methode, bei der durch die statistische Auswertung langjähriger Zeitreihen von Grundwasserstandsmessungen nahe eines Fließgewässers zunächst das während eines Hochwassers im Aquifer zwischengespeicherte Wasservolumen (pro Länge des Fließgewässers) berechnet werden kann. Indem das berechnete Volumen durch die Aquifertiefe dividiert wird, kann eine minimale Reichweite des Eindringens von Uferfiltrat in Abhängigkeit vom Verlauf des Hochwasserereignisses abgeschätzt werden. Diese Methode wurde erfolgreich auf das Untersuchungsgebiet „Neuwieder Becken" am Rhein angewendet.

Diese Methode könnte prinzipiell auch zur Ermittlung der gesuchten Reichweite des aus einem Retentionsraum infiltrierenden Flusswassers im Aquifer eingesetzt werden. Da jedoch nicht davon ausgegangen werden kann, dass für einen zu betrachtenden Standort die notwendigen Grundwasserstandsmessungen in der erforderlichen Qualität vorliegen, wird im Folgenden eine Methode entwickelt, mit der die Reichweite des Uferfiltrats im Aquifer infolge eines Hochwasserereignisses allein aus den maßgeblichen Parametern abgeschätzt werden kann.

4.2.1 Advektiver Transport

Um die Reichweite von Uferfiltrat im Aquifer infolge eines Hochwasserereignisses näherungsweise berechnen zu können, muss zunächst das Hochwasserereignis in vereinfachter Form beschrieben werden. Hierfür wird davon ausgegangen, dass der Wasserstand im Fließgewässer augenblicklich um einen bestimmten Betrag H_H [m] steigt und während einer bestimmten Zeitspanne T_H [s] konstant auf dieser Höhe bleibt, bevor er am Ende des Hochwasserereignisses ebenfalls augenblicklich wieder auf den ursprünglichen Wasserstand sinkt (Abbildung 4-16). Es wird weiterhin davon ausgegangen, dass eine direkte hydraulische Verbindung zwischen Oberflächengewässer und Grundwasser besteht, so dass am Ort des Oberflächengewässers die Höhe des Grundwasserstands zu jeder Zeit gleich der Höhe des Wasserstands im Fließgewässer ist. Aus dieser Vereinfachung resultiert, dass während der Zeitspanne T_H des Hochwasserereignisses Oberflächenwasser in das Grundwasser infiltriert, und hinterher wieder Grundwasser (bzw. Uferfiltrat) zurück in das Fließgewässer exfiltriert. Der ungestörte Grundwasserstand h_0 [m] vor dem Hochwasserereignis wird näherungsweise als horizontal eben angenommen.

Bezogen auf das Eindringen von Flusswasser über einen Retentionsraum in den Aquifer wird demzufolge die Annahme getroffen, dass der Grundwasserspiegel am äußeren Rand des Retentionsraums, auf der Wasserseite des begrenzenden Deichs, aufgrund der Flutung und des damit infiltrierenden Wassers während der Zeitspanne T_H um den Betrag H_H ansteigt. Bei diesem Ansatz wird zunächst davon ausgegangen, dass außerhalb des Retentionsraums keine Abzugsgräben verlaufen, die die Höhe des Grundwasserstands beeinflussen.

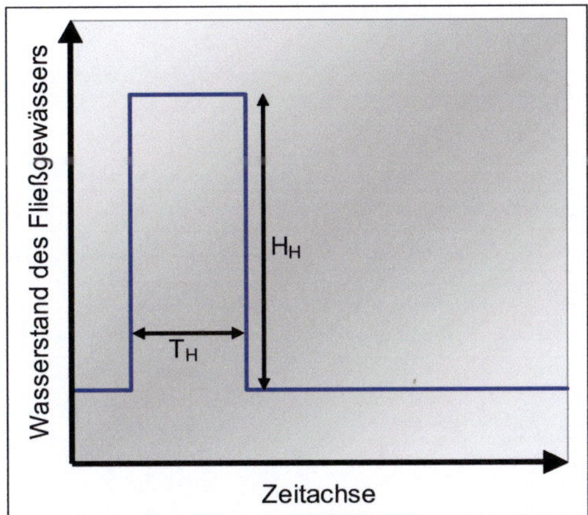

Abbildung 4-16: Abstrahiertes Hochwasserereignis zur Berechnung der Reichweite von Uferfiltrat im Grundwasserleiter während eines Hochwassers

Eine Formel zur Beschreibung des Grundwasserstands h [m] auf einem Transekt rechtwinklig zu einem Fließgewässer nach einer augenblicklichen Absenkung des Grundwasserstands an diesem Fließgewässer präsentiert BEAR (1972) auf er Grundlage einer von CARSLAW & JAEGER (1959) entwickelten Lösung der eindimensionalen, linearisierten Boussinesq-Gleichung (Gleichung (3.29)), die auf den DUPUIT-Annahmen und der Näherung einer konstanten Aquifermächtigkeit beruht. Diese Formel lässt sich ebenso zur Beschreibung des Grundwasserstands nach augenblicklicher Anhebung an einem Ort infolge eines Hochwasserereignisses verwenden:

$$h = h_0 + H_H \cdot \mathrm{erfc}\left(\sqrt{\frac{S \cdot x^2}{4 \cdot M_{GW} \cdot k_f \cdot t}}\right) \qquad (4.38)$$

Die Variable x [m] beschreibt in diesem Fall den Abstand zum Fließgewässer und die Variable t [s] die Zeit seit Beginn des Hochwasserereignisses. BEAR verwendet statt des Speicherkoeffizienten S [-] die entwässerbare Porosität n [-], was dazu führt, dass die bei BEAR angegebene Gleichung nur für ungespannte Verhältnisse verwendet werden darf. Die eindimensionale Betrachtungsweise impliziert die Annahme, dass der Fluss über die gesamte Mächtigkeit des Aquifers hydraulisch an den Aquifer angeschlossen ist.

Die komplementäre Gaußsche Fehlerfunktion erfc(z) kann mit

$$\mathrm{erfc}(z) = 1 - \mathrm{erf}(z) \quad [-] \qquad (4.39)$$

aus der Gaußschen Fehlerfunktion erf(z) berechnet werden, die wiederum aus dem Integral über die Gaußsche Normalverteilung abgeleitet werden kann (TRÄNKLER & FISCHERAUER 2008). Abbildung 4-17 zeigt die originäre und die komplementäre Gaußsche Fehlerfunktion.

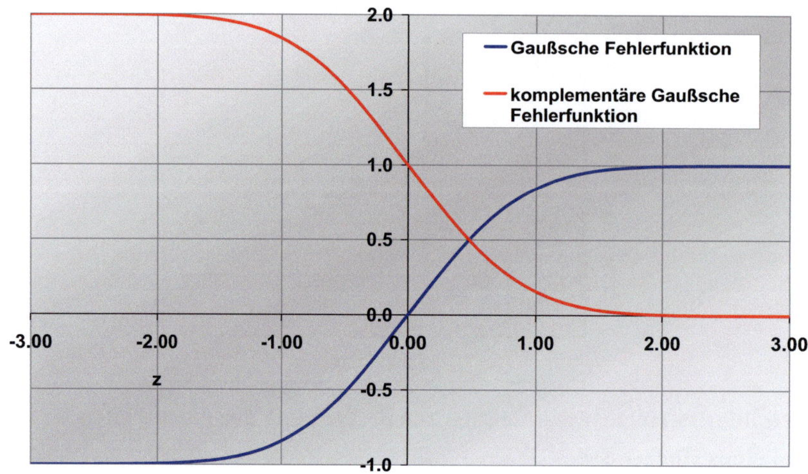

Abbildung 4-17: Originäre und komplementäre Gaußsche Fehlerfunktion

Die zugehörige Infiltrationsrate Q_I [m²/s] vom Fließgewässer in den Grundwasserleiter kann mit

$$Q_I = \frac{2 \cdot H_H \cdot k_f \cdot h_0}{\sqrt{\frac{4 \cdot \pi \cdot M_{GW} \cdot k_f \cdot t}{S}}}$$

(4.40)

berechnet werden (BEAR 1972).

Durch Integration der Gleichung (4.40) über die Zeitspanne T_H des Hochwasserereignisses kann das insgesamt während des Hochwasserereignisses in den Grundwasserleiter infiltrierte Volumen an Flusswasser (pro Meter Fließgewässer) V_V [m²] berechnet werden (BEAR 1972):

$$V_V = \sqrt{\frac{4}{\pi}} \cdot H_H \cdot \sqrt{S \cdot M_{GW} \cdot k_f \cdot T_H}$$

(4.41)

Unter Beibehaltung des eindimensionalen Ansatzes kann die Reichweite R_U [m] des advektiv im Grundwasserleiter transportierten infiltrierten Flusswassers (Uferfiltrats) berechnet werden, indem das infiltrierte Volumen V_V durch die Mächtigkeit M_{GW} [m] des Grundwasserleiters und durch die zum advektiven Transport zur Verfügung stehende effektive Porosität n_e [-] geteilt wird:

$$R_U = \sqrt{\frac{4}{\pi}} \cdot H_H \cdot \sqrt{S \cdot k_f \cdot T_H} \cdot \frac{1}{n_e \cdot \sqrt{M_{GW}}}$$

(4.42)

Bei der Anwendung der Gleichung (4.42) auf einen konkreten Standort zur Abschätzung der Reichweite von infiltriertem Flusswasser in einem Aquifer landseitig eines Retentionsraums aufgrund der Flutung des Retentionsraums ist zu beachten, dass sie sich auf einen Verlauf des Grundwasserstands am Rand des Retentionsraums mit einem rechteckigen Verlauf (Abbildung 4-16) bezieht. Es ist folglich zunächst eine Abschätzung darüber durchzuführen, wie der Grundwasserstand auf der Wasserseite des begrenzenden Deichs des Retentionsraums während der Flutung des Retentionsraums näherungsweise mit einem Rechtecksverlauf beschrieben werden kann.

Weiterhin wurde bei der Entwicklung der Gleichung (4.42) eine eindimensionale Betrachtung angesetzt, das heißt, es wurde von einer vollständigen Verdrängung des im Aquifer befindlichen Grundwassers über die gesamte Mächtigkeit des Grundwasserleiters ausgegangen. Bei Grundwasserleitern mit größerer Mächtigkeit ist aber in der Regel davon nicht mehr auszugehen, insbesondere da oft die vertikale Durchlässigkeit des Grundwasserleiters signifikant geringer ist als seine horizontale Durchlässigkeit (HGK Karlsruhe-Speyer 1988). Infolgedessen muss zur korrekten Anwendung der Gleichung (4.42) die Mächtigkeit des Grundwasserleiters zum Teil deutlich geringer als real gemessen angesetzt werden.

4.2.2 Berücksichtigung des dispersiven Transports

Der dispersive Transport (Kapitel 3.2.4) führt dazu, dass eine sich im Grundwasserleiter advektiv bewegende, anfangs scharfe Konzentrationsfront mit fortschreitender Zeit immer unschärfer wird, also der Abstand zwischen einer definierten kleinen Konzentration und einer definierten großen Konzentration immer größer wird. Ursache dafür ist, dass das Grundwasser sich nicht mit einer einheitlichen Geschwindigkeit, sondern zum Teil schneller und zum Teil langsamer als im Durchschnitt bewegt.

Für die Berechnung des dispersiven Transports von infiltriertem Flusswasser bei eindimensionaler Betrachtungsweise ist von einer kontinuierlichen Stoffzugabe über die gesamte Querschnittsfläche des Grundwasserleiters senkrecht zur Grundwasserströmung mit einer Konzentration c_0 [kg/m³] (eines Stoffes im infiltrierten Flusswasser) auszugehen. Unter Berücksichtigung des advektiven und des dispersiven Transportes kann die resultierende Konzentration c [kg/m³] des Stoffes mit Hilfe der komplementären bzw. konjugierten Gaußschen Fehlerfunktion erfc(z) (Abbildung 4-17) beschrieben werden (OGATA & BANKS 1961, aus FREEZE & CHERRY 1979):

$$c = \frac{c_0}{2} \cdot \text{erfc}\left(\frac{x - u \cdot t}{2 \cdot \sqrt{D_L \cdot t}}\right) + \exp\left(\frac{u \cdot x}{D_L}\right) \cdot \text{erfc}\left(\frac{x + u \cdot t}{2 \cdot \sqrt{D_L \cdot t}}\right) \tag{4.43}$$

Die Variable x [m] beschreibt den Abstand zur Stoffzugabe (bzw. zum Fließgewässer) und die Variable t [s] die Zeit seit Beginn der Stoffzugabe (bzw. seit Beginn des Hochwasserereignisses). Häufig wird zur Beschreibung der Konzentration c eine vereinfachte Näherung der Gleichung (4.43) verwendet (SAUTY 1980, aus SCHULZ 1992), die nur nahe an der Quelle der Stoffzugabe nicht verwendet werden darf (FETTER 1999):

$$c = \frac{c_0}{2} \cdot \mathrm{erfc}\left(\frac{x - u \cdot t}{2 \cdot \sqrt{D_L \cdot t}} \right) \tag{4.44}$$

Die Ausprägung der Konzentrationsverteilung ist demnach vom Dispersionskoeffizienten D_L [m²/s] in Richtung der Grundwasserströmung, der Abstandsgeschwindigkeit u [m/s] und der seit Beginn des Transportvorgangs vergangenen Zeit t abhängig. Da der Dispersionskoeffizient D_L als Produkt aus einer Eigenschaft des Grundwasserleiters (Dispersivität α_L [m]) und der Abstandsgeschwindigkeit u des Grundwassers beschrieben werden kann (Gleichung (3.44)), kann die durch Dispersion entstehende Verteilung der Konzentration c (Gleichung (4.44)) auch in Abhängigkeit von der advektiv transportierten Strecke s_a [m]

$$s_a = u \cdot t \tag{4.45}$$

und der Dispersivität α_L formuliert werden:

$$c = \frac{c_0}{2} \cdot \mathrm{erfc}\left(\frac{x - s_a}{2 \cdot \sqrt{\alpha_L \cdot s_a}} \right) \tag{4.46}$$

Die advektiv transportierte Strecke s_a von Uferfiltrat im Grundwasserleiter während eines Hochwassers wurde im vorangegangenen Kapitel 4.2.1 mit der dort entwickelten Gleichung (4.42) als Reichweite R_U [m] des Uferfiltrats berechnet. In Verbindung mit Gleichung (4.42) kann folglich die Reichweite von Uferfiltrat (x in Gleichung (4.46)) für den als relevant angenommenen Anteil von Uferfiltrat (c als Anteil von c_0 in Gleichung (4.46)) im Grundwasser berechnet werden.

Die maximale Reichweite $R_{U,10}$ [m] des Uferfiltrats im Grundwasserleiter, in der Uferfiltrat mit einem Anteil von mindestens 10 % vorliegt, kann beispielsweise mit

$$R_{U,10} = 0{,}9062 \cdot 2 \cdot \sqrt{\alpha_L \cdot R_U} + R_U \; , \; R_U \text{ aus Gleichung (4.42),} \tag{4.47}$$

und die maximale Reichweite $R_{U,20}$ [m] des Uferfiltrats im Grundwasserleiter, in der Uferfiltrat mit einem Anteil von mindestens 20 % vorliegt, beispielsweise mit

$$R_{U,20} = 0{,}5951 \cdot 2 \cdot \sqrt{\alpha_L \cdot R_U} + R_U \; , \; R_U \text{ aus Gleichung (4.42),} \tag{4.48}$$

berechnet werden.

4.3 Grundwasserströmung zwischen Retentionsraum und Wasserwerk

Um die Grundwasserströmung und den damit verbundenen Stofftransport zwischen einem Retentionsraum und einem nahen Wasserwerk allgemeingültig zu analysieren und zu beschreiben, wurden Versuche mit einem numerischen Prinzipmodell durchgeführt. Da quantitative Ergebnisse stark von den im Einzelfall vorliegenden Randbedingungen abhängen, konnten mit dem Prinzipmodell keine quantitativen Aussagen generiert werden. Stattdessen wurde anhand stark abstrahierter Beispiele das grundlegende Verhalten von Strömung und Transport zwischen Retentionsraum und Wasserwerk im Zusammenhang mit Hochwasser im Fließgewässer untersucht.

Mit den so gewonnenen Erkenntnissen kann unter Verwendung der Ergebnisse aus den Kapiteln 4.1 und 4.2 für einen konkreten Standort in einem ersten Schritt ermittelt werden, ob ein Einfluss des Retentionsraums auf den Anteil infiltrierten Flusswassers im Grundwasser an den Entnahmebrunnen eines Wasserwerks vorliegt. Weiterhin ergeben sich aus den gewonnenen Erkenntnissen wichtige Hinweise, wie ein detaillierter Aquifersimulator für einen konkreten Standort aufzubauen ist. Darüber hinaus sind die mit den Prinzipmodellen gewonnenen Erkenntnisse notwendig, um die quantitativen Prognosen der detaillierten Simulation interpretieren und plausibilisieren zu können.

4.3.1 Grundwasserströmung zwischen Fließgewässer und Wasserwerk

Bevor das instationäre Verhalten der Grundwasserströmung zwischen einem Retentionsraum und den Entnahmebrunnen eines Wasserwerks während und nach einem Hochwasserereignis untersucht wird, muss zunächst der einfachere Fall der Grundwasserströmung zwischen einem Fließgewässer und nahen Entnahmebrunnen verstanden werden. Diese Voruntersuchungen sind ausführlich in KÜHLERS & MAIER (2009) beschrieben. Nachfolgend werden die wichtigsten Erkenntnisse daraus zusammengefasst.

Wenn das Einzugsgebiet eines Wasserwerks das Fließgewässer unter mittleren hydrologischen Bedingungen nicht beinhaltet, und dadurch bei mittleren Bedingungen kein Uferfiltratanteil in den Entnahmebrunnen vorzufinden ist, dann muss auch infolge eines Hochwasserereignisses meist nicht mit Uferfiltrat in den Entnahmebrunnen gerechnet werden. Dies gilt in der Regel selbst dann, wenn während des Hochwasserereignisses Uferfiltrat bis in den Bereich eindringt, der für mittlere hydrologische Bedingungen als Einzugsgebiet des Wasserwerks ausgewiesen ist. In Einzelfällen, wenn während des Hochwasserereignisses Uferfiltrat bis tief in das Einzugsgebiet des Wasserwerks vordringen kann, können durch Dispersion im Grundwasserleiter geringe Uferfiltratanteile im Einzugsgebiet des Wasserwerks zurückbleiben, die dann über Jahre hinweg zu den Wasserwerksbrunnen transportiert werden und dort über lange Zeiträume in sehr geringen Konzentrationen auftreten können.

Wenn sich die Entnahmebrunnen des Wasserwerks sehr nahe am Fließgewässer befinden, so dass während des Hochwasserereignisses im Fließgewässer Uferfiltrat durch advektiven und dispersiven Transport die Brunnen erreicht (Kapitel 4.2), dann findet dementsprechend entgegen der oben gemachten Aussagen eine sehr starke Beeinflussung statt.

Falls das Einzugsgebiet des Wasserwerks einen Abschnitt des Fließgewässers beinhaltet, und dadurch schon bei mittleren hydrologischen Bedingungen Uferfiltrat in mindestens einem Entnahmebrunnen vorzufinden ist, so kann sich der Anteil des Uferfiltrats während eines Hochwassers kurzfristig stark erhöhen, da sich der Gradient des Grundwasserspiegels zwischen Fließgewässer und Entnahmebrunnen erhöht. Das während eines Hochwasserereignisses zusätzlich im Wasserwerk vorzufindende Uferfiltrat ist in der Regel nicht während des Hochwasserereignisses vom Fließgewässer in das Grundwasser infiltriert, sondern hat sich bereits kurz vor dem Hochwasserereignis in der Nähe der Entnahmebrunnen befunden.

4.3.2 Aufbau des numerischen Prinzipmodells

4.3.2.1 Modellkonzept

Bei der Entwicklung des Prinzipmodells war es das Ziel, die Modellparameter des numerischen Grundwassermodells so zu wählen, dass verlässliche Aussagen zur prinzipiellen Verhaltensweise der Grundwasserströmung gemacht werden können. Um von realistischen Randbedingungen auszugehen, wurde der Aufbau der numerischen Prinzipmodelle an die stark abstrahierten und vereinfachten Verhältnisse im Oberrheingraben bei Karlsruhe (Kapitel 5.1) angelehnt. Andererseits sollte das numerische Grundwassermodell möglichst klein und einfach gehalten werden, so dass durch verhältnismäßig kurze Rechenzeiten eines einzelnen Simulationslaufs in vertretbarem Zeitaufwand viele Rechenläufe mit einer großen Variation der Randbedingungen durchgeführt werden konnten.

Als Modellgebiet wurde ein idealisierter, rechtwinkliger Grundwasserkörper angenommen, der auf einer Länge von 10 km entlang eines geraden Fließgewässers lag und sich bis in eine Entfernung von 12 km vom Fließgewässer erstreckte (Abbildung 4-18). Es wurde ein dreidimensionaler Modellansatz gewählt, um den Retentionsraum im Prinzipmodell abbilden zu können (Kapitel 4.3.2.6). Auf der dem Fließgewässer gegenüberliegenden Seite wurde ein konstanter Grundwasserzustrom vorgegeben. Weiterhin wurde auf der gesamten Fläche des Modellgebiets eine homogene und konstante Grundwasserneubildung vorgegeben. Der Grundwasserspiegel wurde als frei ohne obere Begrenzung durch eine Deckschicht definiert.

Das beispielhaft für die Untersuchungen angenommene Wasserwerk befindet sich mit 8 Entnahmebrunnen in einer Entfernung von 2 km zum Fließgewässer mittig zwischen den Seitenrändern des Untersuchungsgebiets. Das angenommene Wasserwerk ist damit kein Uferfiltratwasserwerk, das fast ausschließlich infiltriertes Flusswasser fördert, ein Minderheitsanteil Uferfiltrat im geförderten Grundwasser ist je nach Randbedingungen aber nicht auszuschließen. Der Retentionsraum wurde direkt an das Fließgewässer am linken Modellrand angrenzend zwischen Wasserwerksbrunnen und Fließgewässer eingefügt. Er hat eine Länge von 5 km und eine Breite von 1,5 km.

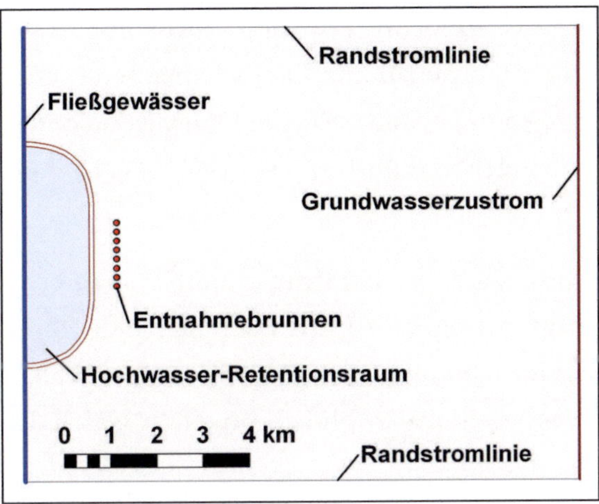

Abbildung 4-18: Elemente des Prinzipmodells in der Aufsicht

Das Prinzipmodell wurde als Finite-Elemente-Modell (Kapitel 3.3) realisiert. Der Modellaufbau, die Berechnung des Modells und die Auswertung der Berechnungen erfolgte mit dem Programmpaket FEFLOW (Kapitel 3.3.6) von DHI-WASY.

Um die Vorgänge während und nach einem Hochwasserereignis simulieren zu können, wurde ein instationärer Modellansatz gewählt, in dem sowohl die Grundwasserstände als auch die Massenkonzentrationen im Grundwasser zeitlich variabel sind. Die Wahl der Größe der Zeitschritte erfolgte automatisch während der Simulation mittels des pedictor-corrector Adams-Bashforth/trapezoid (AB/TR) Schemas (DIERSCH et al. 2006). Zur Berechnung der Zeitschritte wurde das streamline-upwind-Verfahren (DIERSCH et al. 2009) gewählt, das zwar die numerische Dispersion erhöht, gleichzeitig aber die numerische Stabilität des Modells steigert, indem es Oszillationen der berechneten Stoffkonzentrationen unterdrückt.

4.3.2.2   Vertikale Diskretisierung und Beschreibung des Aquifers

Da trotz des verwendeten dreidimensionalen Ansatzes im Wesentlichen die horizontale Strömung bzw. der horizontale Stofftransport zwischen Retentionsraum und Wasserwerksbrunnen untersucht werden soll, nicht die genaue vertikale Verlagerung des infiltrierten Oberflächenwassers im Grundwasserleiter, wurde eine verhältnismäßig grobe vertikale Diskretisierung mit nur 6 Knotenebenen und 5 dazwischen liegenden Elementschichten gewählt, wobei die Knotenabstände von oben nach unten zunehmen.

Für die Untersuchungen wurden Szenarienberechnungen mit zwei unterschiedlichen Grundwasserleitern durchgeführt. In drei Modellszenarien war der Grundwasserleiter etwa 39 m mächtig und hatte einheitliche Durchlässigkeitsbeiwerte von $1{\cdot}10^{-3}$ m/s in horizontaler und $2{\cdot}10^{-4}$ m/s in vertikaler Richtung. Die entwässerbare Porosität n [-] des Grundwasserleiters wurde entsprechend der Formel nach MAROTZ (1968, aus HÖLTING 1996)

$$n = 0{,}462 + 0{,}045 \cdot \ln\!\left(k_f\right) \tag{4.49}$$

mit 15 % angegeben. Die durchflusswirksame Porosität wurde mit 10 % etwas geringer angesetzt. Zur Berechnung des Massetransports wurde für die Längsdispersivität entsprechend der gegebenen Betrachtungsskala ein Wert von α_L=5 m gewählt, für die Querdispersivität mit α_T=0,5 m ein Zehntel davon. Die Aquiferparameter entsprechen damit in etwa den Gegebenheiten des Oberrheingrabens bei Karlsruhe (Kapitel 5.1).

Um höhere Abstandsgeschwindigkeiten in den Prinzipmodellen zu erzeugen, wurde in drei weiteren Modellszenarien ein etwa 14 m mächtiger Grundwasserleiter modelliert, der homogene Durchlässigkeitsbeiwerte von $3{\cdot}10^{-3}$ m/s in horizontaler und $6{\cdot}10^{-4}$ m/s in vertikaler Richtung aufwies. Die Transmissivität der beiden Grundwasserleiter war folglich ungefähr gleich. Die weiteren Aquiferparameter wurden unverändert belassen.

Der Verlauf aller Ebenen und Schichten, also auch die Basis des Grundwasserleiters und die Geländeoberkante, wurde parallel zum ungestörten Wasserspiegel der Prinzipmodelle (Abbildung 4-20, Abbildung 4-21a) gewählt, wobei der Verlauf mit einer einstufigen Iteration ermittelt wurde. Die oberste Knotenebene wurde 1 m unter die angenommene Geländeoberkante des Retentionsraums gesetzt. Die darunter liegende Elementschicht wurde 0,5 m mächtig gewählt, so dass die zweite Knotenebene 1,5 m unter Geländeoberkante lag. Die dritte Knotenschicht lag 2 m unter Geländeoberkante, also ebenfalls nur 0,5 m unter der darüber liegenden Knotenschicht. In dieser Höhe wurde der Wasserstand des Fließgewässers und des Grundwasserspiegels unter mittleren Bedingungen angenommen. Die nächste Knotenebene lag 3 m darunter bei 5 m unter Geländeoberkante, die nächste 5 m darunter bei 10 m unter Geländeoberkante und die unterste Knotenebene lag bei 40 m bzw. 15 m unter Geländeoberkante. Die nachfolgende Tabelle 4-2 gibt einen Überblick über die vertikale Diskretisierung. Eine Darstellung der vertikalen Diskretisierung des Grundwasserleiters A zeigt Abbildung 4-20.

Tabelle 4-2: Vertikale Diskretisierung der Prinzipmodelle, Lage der Knotenebenen

Nummer der Knotenebene	Tiefe unter der Geländeoberkante (im Retentionsraum) [m]		Bezeichnung
	Grundwasserleiter Variante A ($k_{f,horiz.} = 1{\cdot}10^{-3}$ m/s)	Grundwasserleiter Variante B ($k_{f,horiz.} = 3{\cdot}10^{-3}$ m/s)	
1	1	1	Unterkante Bodenzone, Oberkante Aquifer
2	1,5	1,5	0,5 m über Fließgewässer
3	2	2	Fließgewässer mittlerer Wasserstand
4	5	5	3 m unter Fließgewässer (Fließgewässersohle)
5	10	10	8 m unter Fließgewässer
6	40	15	Unterkante Aquifer

Die vertikale Diskretisierung genügte nicht dem Peclet-Kriterium (Gleichung (3.64), S. 31). Daher war mit einer signifikanten numerischen Dispersion in vertikaler Richtung zu rechnen, die schon nach relativ kurzen Fließstrecken zu einer vollständigen vertikalen Durchmischung der Stoffkonzentrationen im Modell führen konnte.

Während der Simulationsläufe wurde die beim Modellaufbau vorgegebene vertikale Diskretisierung automatisch durch die verwendete Software verändert, da die in FEFLOW verfügbare free-&-movable-Methode in Verbindung mit der BASD (Best-Adaption-to-stratigraphic-data)-Technik (DIERSCH 2005a, DIERSCH 2005b) gewählt wurde. Bei dieser Technik legt die verwendete Software FEFLOW die oberste Knotenebene immer genau auf die Höhe des Grundwasserspiegels. Indem dadurch teilgesättigte Elemente vermieden werden, wird die numerische Berechnung signifikant vereinfacht. Die ursprünglich gewählte Diskretisierung kann dadurch jedoch stark verzerrt werden.

Da der Grundwasserspiegel bei mittleren Bedingungen unter den oberen beiden Elementschichten lag, hatten diese bei mittleren Bedingungen infolgedessen nur sehr geringe Mächtigkeiten. Bei einem Anstieg des Grundwasserspiegels, z.B. während einer Überflutung des Retentionsraums, stiegen die Mächtigkeiten der oberen Elementschichten zunächst wieder auf ihr ursprünglich vorgegebenes Maß an, bei einem weiteren Anstieg des Grundwasserspiegels wurde die Mächtigkeit der obersten Elementschicht dann entsprechend vergrößert.

4.3.2.3 Horizontale Diskretisierung des Modellgebiets

Zur horizontalen Diskretisierung (Abbildung 4-19) wurde bis in eine Entfernung von 3 km zum linken Modellrand, also in dem Bereich, in dem Stofftransport stattfand, und für den hochwasserbedingt starke Gradientenänderungen des Grundwasserspiegels erwartet wurden, Knotenabstände von 40 m bis 60 m gewählt. In der Nähe der Entnahmebrunnen wurde die Diskretisierung auf Knotenabstände von etwa 20 m verfeinert. Am Rand des Retentionsraums, wo ebenfalls starke Gradientenänderungen zu erwarten waren, wurden die Knotenabstände ebenfalls auf etwa 20 m reduziert. Ab einer Entfernung von 3 km zum rechten Modellrand, wo weder starke Gradientenänderungen, noch Massenströme des Stofftransportes zu erwarten waren, wurde eine gröbere Diskretisierung mit Knotenabständen von etwa 150 m gewählt. Resultierend hatte das diskretisierte Modellgebiet insgesamt 133 686 Knoten (22 281 pro Ebene) und 275 795 Prismen mit dreieckiger Grundfläche (55 159 pro Schicht).

Zur Einhaltung des Peclet-Kriteriums (Gleichung (3.63), Seite 31) wären bei den gewählten Dispersivitäten Elementgrößen von maximal 10 m zulässig gewesen, bei Berücksichtigung der Querdispersion Elementgrößen von maximal 1,4 m. Es muss folglich davon ausgegangen werden, dass bei der Berechnung der Szenarien eine signifikante numerische Dispersion auftrat. Da mit den Prinzipmodellen keine quantitativen Aussagen generiert werden sollten, konnte eine numerische Dispersion aber toleriert werden, solange sie den berechneten Stofftransport nicht dominierte.

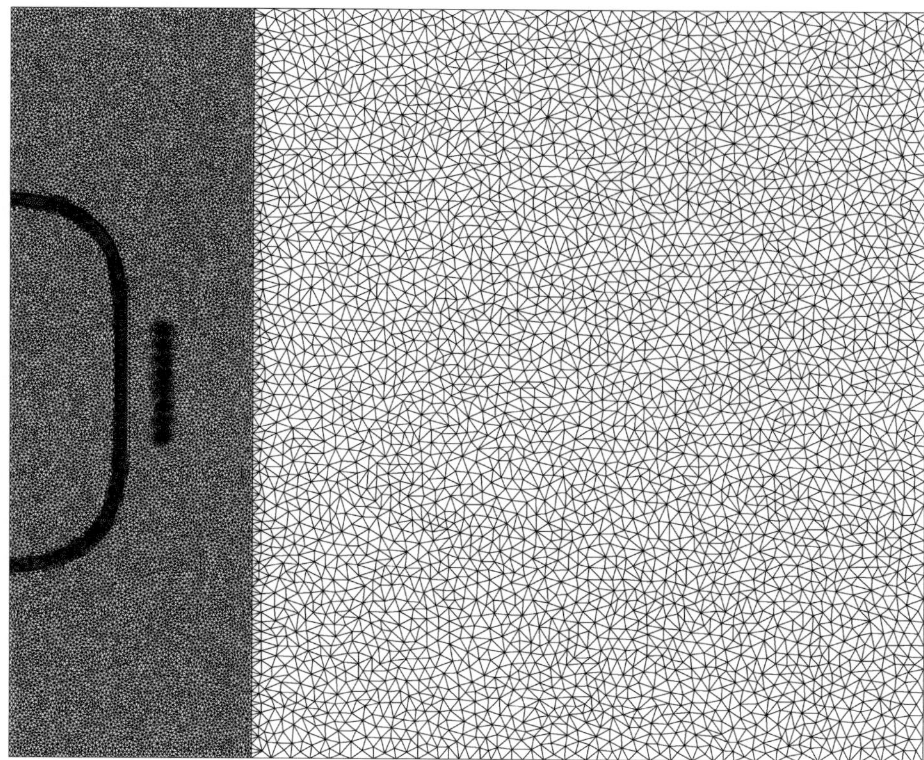

Abbildung 4-19: Horizontale Diskretisierung des Modellgebiets

4.3.2.4 Vorgegebene Randbedingungen

Das Fließgewässer am linken Rand des Modellgebiets wurde mit einem Gefälle von ca. 0,31 ‰ (vom unteren Modellrand zum oberen Modellrand), das dem Gefälle des Rheins bei Karlsruhe entspricht, als Dirichlet-Randbedingung (Kapitel 3.1.8) in den Knotenebenen 2 bis 4 vorgegeben. Der Grundwasserzustrom am rechten Modellrand wurde mit 10 l/(s·km) als Neumann-Randbedingung (Kapitel 3.1.8) in den Knotenebenen 5 und 6 in das Modell eingefügt. Dies entspricht in etwa dem durchschnittlichen Grundwasserzustrom aus dem Schwarzwald in den Oberrheingraben auf der Höhe von Karlsruhe (EINSELE et al. 1976). Für die rechtwinklig zum Fließgewässer verlaufenden Seitenränder des Modellbiets wurden Randstromlinien angenommen, über die kein Wasseraustausch stattfindet.

Die im Modell vorgegebene Grundwasserneubildung betrug 0,3 mm/Tag bzw. 110 mm/Jahr. Sie war damit im Modell deutlich geringer als die für den Oberrheingraben bei Karlsruhe angenommenen durchschnittlichen 278 mm/a (Kapitel 5.1.2). Es wurden keine weiteren Fließgewässer im Modellgebiet vorgegeben, die Grundwasser aus dem Modellgebiet abführen könnten, so dass der Gradient des ungestörten Grundwasserspiegels mit etwa 1 ‰ insgesamt ungefähr dem der Rheinaue südlich von Karlsruhe (östlich des Federbachs) entsprach (Kapitel 5.1.7). Die Filterstrecke der Entnahmebrunnen des Wasserwerks wurde nur in der untersten Elementebene des Modells, also zwischen 10 m unter GOK und der unteren Begrenzung des Aquifers, vorgegeben. Die Entnahmerate der Wasserwerksbrunnen wurde je nach berechnetem Szenario variiert (Kapitel 4.3.3.1).

Die beschriebenen Randbedingungen sind in Abbildung 4-18 in einer horizontalen Aufsicht dargstellt. Abbildung 4-20 zeigt sie im vertikalen Querschnitt.

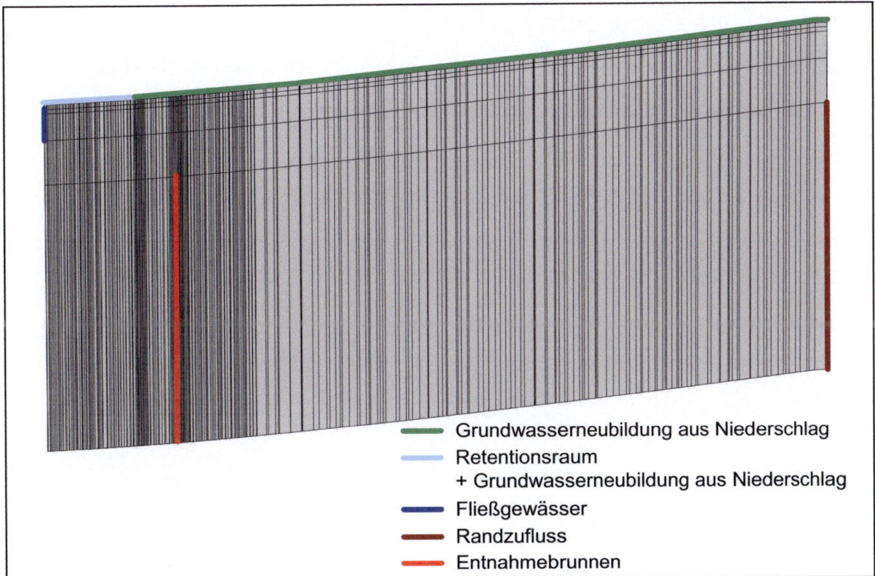

Abbildung 4-20: Randbedingungen des Prinzipmodells (Grundwasserleiter Variante A) im vertikalen Querschnitt, Darstellung vertikal 150fach überhöht

Das aus den beschriebenen Randbedingungen resultierende Strömungsbild im Modellgebiet mit und ohne Entnahme an den Wasserwerksbrunnen ist in Abbildung 4-21 dargestellt. Mit dunkelblauen Linien sind jeweils die Höhengleichen des Grundwasserspiegels im 0,5-m-Abstand dargestellt, mit hellblauen Linien die Stromlinien des Grundwassers. Es ist zu erkennen, dass die Randbedingungen insgesamt so gewählt wurden, dass sich insbesondere zwischen den Entnahmebrunnen und dem Fließgewässer, wo sich der simulierte Retentionsraum befindet, ein asymmetrisches Strömungsbild ergibt. Da in natürlichen Systemen im Allgemeinen nicht von symmetrischen Bedingungen auszugehen ist, müssen auch im verwendeten Prinzipmodell auf Symmetrien beruhende Effekte ausgeschlossen werden.

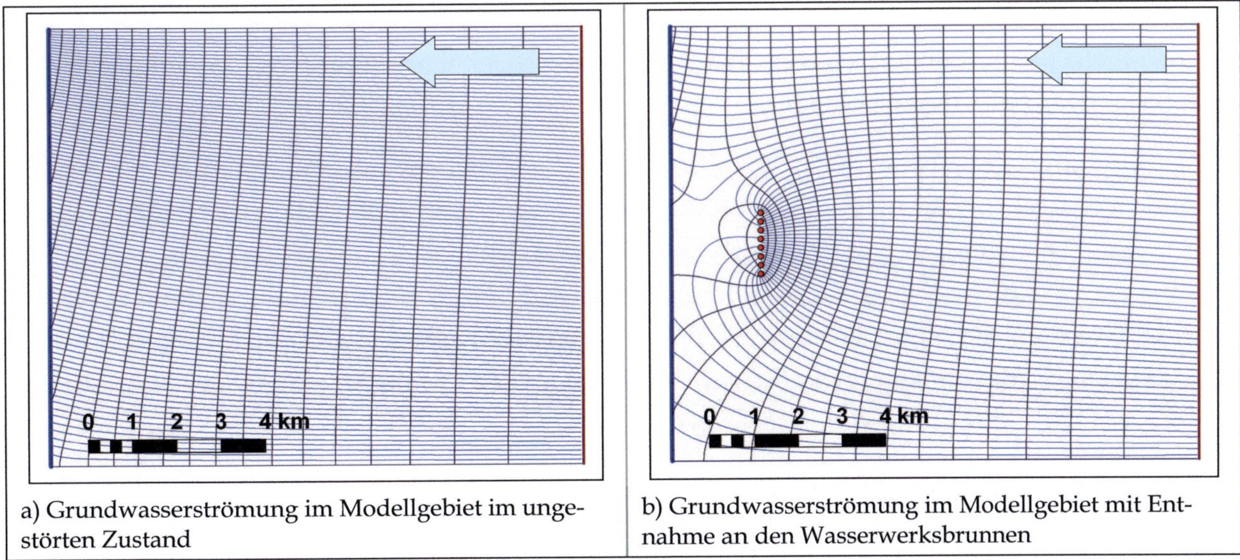

a) Grundwasserströmung im Modellgebiet im ungestörten Zustand

b) Grundwasserströmung im Modellgebiet mit Entnahme an den Wasserwerksbrunnen

Abbildung 4-21: Strömungsbild des Grundwassers im Prinzipmodell bei mittleren Wasserständen

Zur Durchführung der Stofftransportberechnungen, mit denen die Bewegung von infiltriertem Flusswasser im Aquifer verfolgt werden kann, wurde das gesamte Fließgewässer im Modell am linken Modellrand mit einer Stoffkonzentration von 100 mg/l markiert, indem eine entsprechende Dirichlet-Randbedingung für Stofftransport (Kapitel 3.2.8) vorgegeben wurde. Durch diese Vorgehensweise ist der Anteil von Flusswasser im Aquifer oder in den Entnahmebrunnen in Prozent gleich der Konzentration des Markierungsstoffes in mg/l, und kann so sehr einfach überall abgelesen werden. Um die numerische Stabilität der Transportberechnung zu erhöhen, wurde für den Grundwasserzustrom am rechten Modellrand mit einer Dirichlet-Randbedingung eine Konzentration von 0 mg/l vorgegeben.

4.3.2.5 Vorgabe des Retentionsraums für die Strömungssimulation

Zur Berücksichtigung des Retentionsraums in der Strömungssimulation wurde eine Randbedingung dritter Art (Cauchy-Randbedingung) (Kapitel 3.1.8) verwendet, so dass im Bereich des Retentionsraums während dessen Überflutungen Wasser in den Grundwasserleiter infiltrieren konnte. Dabei wurde auf allen Knoten des Retentionsraums der zeitliche Verlauf der Überflutungshöhe im Retentionsraum und für alle Elemente des Retentionsraums ein Leakagekoeffizient, der die Durchlässigkeit der Bodenzone nachbildet, vorgegeben. Der Deich des Retentionsraums wurde bei diesem Ansatz nicht explizit im Modell vorgegeben.

Um den Aufwand für die Erstellung der Prinzipmodelle vertretbar zu halten, wurde für den gesamten Retentionsraum während der Überflutung ein horizontaler Wasserspiegel angenommen, so dass alle Knoten im Retentionsraum die gleiche Wasserstands-Ganglinie erhielten. Der Wasserstand im Retentionsraum während eines Hochwasserereignisses wurde dabei gleich dem Wasserstand im Fließgewässer am oberstromigen Ende des Retentionsraums gewählt.

Da die zur Simulation verwendete Software FEFLOW es nicht erlaubt, Randbedingungen während der Laufzeit eines Modells an- und abzuschalten, wurde der Leakagekoeffizient im Retentionsraum zeitlich variabel vorgegeben. Während der Überflutung wurde er als konstanten Wert (je nach Szenario zwischen $5 \cdot 10^{-4}$ s^{-1} und $1 \cdot 10^{-6}$ s^{-1}) programmiert, außerhalb der Zeiten von Überflutungen wurde ein Wert von Null gewählt, um damit die Cauchy-Randbedingung wirkungslos zu machen. Durch diese Vorgehensweise hat der Retentionsraum im Prinzipmodell nur während der Überflutungen eine Wirkung auf die Grundwasserströmung.

Bei Verwendung der Software FEFLOW ist es möglich, bei Cauchy-Randbedingungen eine Nebenbedingung vorzugeben, die die Ex- und Infiltration bei Bedarf beschränkt. Als Nebenbedingung der Cauchy-Randbedingung wurde die angenommene Geländeoberkante (Kapitel 4.3.2.2) eingegeben. Solange der Grundwasserspiegel darunter bleibt, wird zur Berechnung der Infiltration nicht die Potentialdifferenz zwischen dem Wasserstand im Retentionsraum und dem Grundwasserspiegel herangezogen, sondern die Differenz zwischen dem Wasserstand im Retentionsraum und der Geländehöhe.

4.3.2.6 Vorgabe des Retentionsraums für die Stofftransportsimulation

Für die Stofftransportsimulation ist eine ähnlich einfache Vorgabe der Randbedingungen wie bei der Strömungssimulation nicht möglich, solange mit einem zweidimensionalen Ansatz modelliert wird. In einem zweidimensionalen Modell kann eine Dirichlet-Randbedingung der Stofftransportsimulation (Kapitel 3.2.8) nicht verwendet werden, da damit die über die Tiefe des Aquifers gemittelte Konzentration des Uferfiltrats unter dem Retentionsraum vorgegeben werden müsste, welche aber nicht bekannt ist, sondern durch das Modell berechnet werden soll. Mit einer Neumann-Randbedingung der Stofftransportsimulation (Kapitel 3.2.8) müsste der absolute Zufluss von Uferfiltrat in den Retentionsraum vorgegeben werden, der aber auch nicht bekannt ist. Die Cauchy-Randbedingung der Stofftransportsimulation (Kapitel 3.2.8) ist für den Einsatz in der Stofftransportmodellierung nur in Spezialfällen (Schwächung einer vorgegebenen Konzentration durch einen Widerstand) geeignet und kann daher ebenfalls nicht eingesetzt werden.

Eine Möglichkeit zur Modellierung eines Retentionsraums in einem Stofftransportmodell bei Verwendung eines zweidimensionalen Ansatzes besteht darin, zunächst mit dem oben beschriebenen Ansatz eine reine Strömungsmodellierung durchzuführen. Das berechnete Modell wird anschließend dahingehend ausgewertet, welches Wasservolumen in jedem Zeitschritt über jeden Knoten mit der zur Grundwasserströmung vorgegebenen Cauchy-Randbedingung der Strömungssimulation in das Modell hinein oder heraus fließt. Die ermittelten Volumina können anschließend dazu verwendet werden, eine Neumann-Randbedingung der Stofftransportsimulation für jeden Knoten im Retentionsraum zu erzeugen. Anschließend kann in einem zweiten Rechenlauf die Stofftransportmodellierung erfolgen. Da diese Methode jedoch sehr aufwendig ist, wurde stattdessen eine andere Methode gewählt, für die jedoch ein dreidimensionaler Modellansatz benötigt wird.

Eine Möglichkeit zur Vorgabe des Retentionsraums in einem dreidimensionalen Modell besteht darin, über der Geländeoberkante eine Element-Schicht zu modellieren, die zumindest innerhalb des Retentionsraums eine sehr hohe Durchlässigkeit und im Bereich der Dämme eine geringe Durchlässigkeit besitzt. Sobald der Wasserstand im Fließgewässer über die Geländeoberkante ansteigt, kann von den Knoten mit der Festpotential-Randbedingung des Fließgewässers (Strömungssimulation und Stofftransportsimulation) Wasser in diese Schicht eindringen und entsprechend der sehr hohen Durchlässigkeit einen nahezu horizontalen Grundwasserspiegel innerhalb des Retentionsraums ausbilden. Die geringdurchlässigen Bereiche bei den Dämmen begrenzen den Überflutungsbereich. Diese Methode hat den Vorteil, dass zur Simulation des Retentionsraums keine weiteren Randbedingungen, weder zur Strömungsberechnung (wie in Kapitel 4.3.2.5 beschrieben), noch zur Stofftransportberechnung, vorgegeben werden müssen. Ein Nachteil dieser Methode ist, dass insbesondere dort, wo der hochdurchlässige Bereich des Modells an die Festpotentialrandbedingung des Fließgewässers grenzt, sehr viel Wasser umgesetzt wird, was zum einen die Wasserbilanz des Modells verfälscht und zum anderen numerische Instabilitäten verursachen kann. Weiterhin hat sich bei ersten Versuchen mit dieser Methode herausgestellt, dass gerade in der Anfangszeit eines Hochwasserereignisses, in der die Überstauhöhen sehr gering sind, die Transmissivität in der hochdurchlässigen Schicht nicht ausreicht, um einen ungefähr ebenen Wasserspiegel zu erzeugen. Dadurch verzögert sich das Füllen des Retentionsraums im Modell erheblich, wodurch ein insgesamt signifikanter Fehler entsteht. Diese Methode wurde daher nicht verwendet.

Die in den nachfolgenden Simulationen eingesetzte Methode zur Abbildung eines Retentionsraums in einem dreidimensionalen Stofftransportmodell besteht darin, an den Knoten in der obersten Schicht des Modells im Bereich des Retentionsraums zusätzlich zu einer Cauchy-Randbedingung der Strömungssimulation (Kapitel 4.3.2.5) eine Dirichlet-Randbedingung der Stofftransportsimulation zu verwenden, die die Stoffkonzentration im Wasser, das aus dem Retentionsraum in den Grundwasserleiter infiltriert, modelliert. Dadurch entsteht zunächst ein Fehler in den an die betroffenen Knoten angrenzenden Elementen der obersten Elementschicht, da die Stoffkonzentration entsprechend der Galerkin-Methode zwischen den Knoten, also in den Elementen, linear interpoliert wird (Kapitel 3.3). Um diesen Fehler gering zu halten, sollte die vertikale Mächtigkeit der obersten Elementschicht daher verhältnismäßig gering gewählt werden. Durch die Dirichlet-Randbedingung der Stofftransportsimulation wird das aufgrund der Cauchy-Randbedingung der Strömungssimulation in den Aquifer infiltrierende Wasser automatisch mit der angegebenen Stoffkonzentration versetzt, so dass Strömungsmodellierung und Stofftransportmodellierung in einem Rechenlauf gemeinsam durchgeführt werden können.

Da in der zur Simulation verwendeten Software FEFLOW Randbedingungen nicht während der Laufzeit der Simulation an- und abgeschaltete werden können, wurde bei dem für die nachfolgenden Untersuchungen verwendeten Prinzipmodell als Randbedingung des Stofftransportes nicht wie gerade ausgeführt eine Dirichlet-Randbedingung der Stofftransportsimulation verwendet, sondern stattdessen die Cauchy-Randbedingung der Stofftransportsimulation bei gleichzeitig sehr hohem Leakagekoeffizient (100 s^{-1}) der Stofftransportsimulation, so dass die Cauchy-Randbedingung praktisch die gleiche Wirkung wie eine Dirichlet-Randbedingung hat. Die Verwendung der Cauchy-Randbedingung bietet den Vorteil, dass der Leakagekoeffizient, wie bei der Strömungsmodellierung auch, zeitabhängig vorgegeben werden kann und damit in Zeiten, in denen keine Überflutung stattfindet, auf Null gesetzt werden kann. Die Randbedingung ist dadurch nur zu Zeiten einer Überflutung im Modell wirksam.

4.3.3 Berechnete Modellszenarien

4.3.3.1 Förderraten der Entnahmebrunnen

Aufgrund der in Kapitel 4.3.1 dargestellten Erkenntnisse der Voruntersuchungen wurden Szenarien berechnet, in denen das Einzugsgebiet des Wasserwerks den Retentionsraum nicht beinhaltet, Szenarien, in denen das Einzugsgebiet des Wasserwerks einen Teil des Retentionsraums beinhaltet, das Fließgewässer jedoch nicht berührt und Szenarien, in denen das Einzugsgebiet des Wasserwerks sowohl einen Teil des Retentionsraums als auch einen Abschnitt des Fließgewässers beinhaltet (Abbildung 4-22). Zu jedem der drei genannten Rahmenbedingungen wurden jeweils Berechnungen mit dem geringer durchlässigen (39 m tiefen) Grundwasserleiter und dem höher durchlässigen (14 m tiefen) Grundwasserleiter (Kapitel 4.3.2.2) durchgeführt.

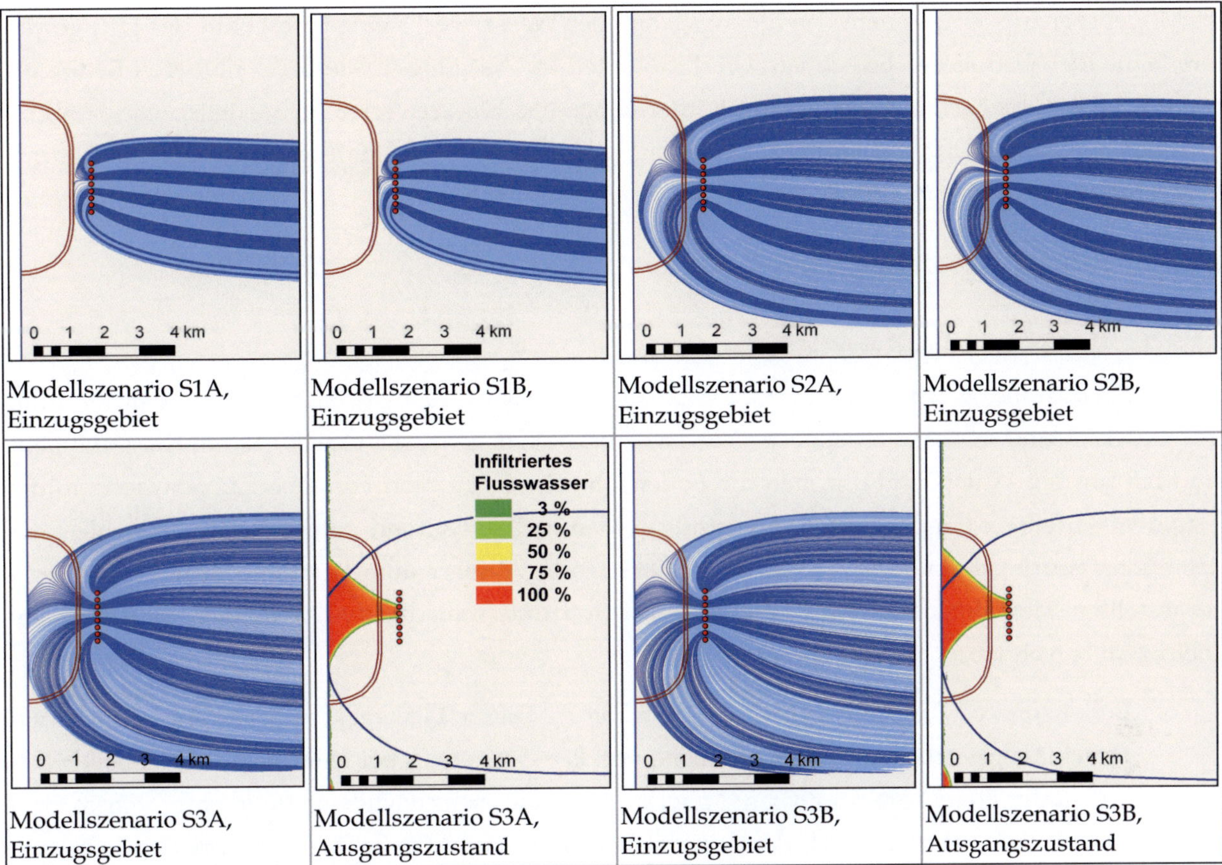

Abbildung 4-22: Einzugsgebiete des Wasserwerks in den Modellszenarien S1A bis S3B

Zur Änderung der Größe des Einzugsgebiets wurde die Entnahmerate der Wasserwerksbrunnen angepasst. Die Tabelle 4-3 gibt einen Überblick über die zur Erstellung der Szenarien verwendeten Entnahmeraten der Wasserwerksbrunnen. Da die beiden simulierten Grundwasserleiter A und B (Kapitel 4.3.2.2) ähnliche Transmissivitäten haben, unterscheiden sich auch die Entnahmeraten der Wasserwerksbrunnen in den Szenarien S1A und S1B, S2A und S2B sowie S3A und S3B jeweils nur gering.

Tabelle 4-3: Beschreibung der Modellszenarien S1A bis S3B

Szena-rien	Merkmal der Szenarien	Variante Grundwasserleiter	Entnahmerate pro Wasserwerksbrunnen		Kapitel der Simulations-ergebnisse
			[m³/h]	[m³/d]	
S1A	Einzugsgebiet vom Retentionsraum räumlich getrennt	A: $k_f = 1 \cdot 10^{-3}$ m/s, M = 39 m	77	1850	4.3.5
S1B		B: $k_f = 3 \cdot 10^{-3}$ m/s, M = 14 m	65	1550	
S2A	Einzugsgebiet beinhaltet einen Teil des Retentionsraums	A: $k_f = 1 \cdot 10^{-3}$ m/s, M = 39 m	135	3250	4.3.6
S2B		B: $k_f = 3 \cdot 10^{-3}$ m/s, M = 14 m	117	2800	
S3A	Einzugsgebiet beinhaltet einen Teil des Fließgewässers	A: $k_f = 1 \cdot 10^{-3}$ m/s, M = 39 m	166	4000	4.3.7
S3B		B: $k_f = 3 \cdot 10^{-3}$ m/s, M = 14 m	150	3600	

Im Modellszenario S3A, in dem das Einzugsgebiet des Wasserwerks einen Abschnitt des Fließgewässers beinhaltet, betrug der berechnete Uferfiltratanteil im Ausgangszustand bei mittleren Bedingungen etwa 4,8 % bezogen auf die Gesamt-Fördermenge des Wasserwerks. Im Modellszenario S3B betrug der berechnete Uferfiltratanteil im Ausgangszustand 6,0 %, ebenfalls bezogen auf die Gesamt-Fördermenge des Wasserwerks.

4.3.3.2 Bodenzone des Retentionsraums

Der Retentionsraum wurde in den Prinzipmodellen mit einer Cauchy-Randbedingung der Strömung (Kapitel 3.1.8 und 4.3.2.5) vorgegeben. Der Leakagekoeffizient dieser Cauchy-Randbedingung stellt ein Maß für den Widerstand dar, den die Bodenzone der Infiltration von Oberflächenwasser in den Grundwasserleiter entgegensetzt und beeinflusst damit das während eines Hochwassers über den Retentionsraum in den Grundwasserleiter infiltrierende Wasservolumen erheblich. Jedes der sechs vorgestellten Modellszenarien wurde jeweils mit drei unterschiedlichen Annahmen zum Leakagekoeffizient berechnet.

- o Bodenzone B1: Leakagekoeffizient $\lambda = 5 \cdot 10^{-4}\ s^{-1}$: Dieser Leakagekoeffizient entspricht einem Durchlässigkeitsbeiwert der Bodenzone von $k_f = 5 \cdot 10^{-4}\ m/s$ bei einer angenommenen Mächtigkeit der Bodenzone von einem Meter und kann als sehr hoch bewertet werden. Zusätzliche Modellläufe haben gezeigt, dass eine weitere Erhöhung des Leakagekoeffizienten keine wesentliche Änderung des Modellergebnisses mehr zur Folge hat.

- o Bodenzone B2: Leakagekoeffizient $\lambda = 5 \cdot 10^{-5}\ s^{-1}$: Dieser Leakagekoeffizient entspricht einem Durchlässigkeitsbeiwert der Bodenzone von $k_f = 5 \cdot 10^{-5}\ m/s$ bei einer angenommenen Mächtigkeit der Bodenzone von einem Meter und damit einem gut wasserdurchlässigen Boden.

- o Bodenzone B3: Leakagekoeffizient $\lambda = 1 \cdot 10^{-6}\ s^{-1}$: Dieser Leakagekoeffizient entspricht einem Durchlässigkeitsbeiwert der Bodenzone von $k_f = 1 \cdot 10^{-6}\ m/s$ bei einer angenommenen Mächtigkeit der Bodenzone von einem Meter und damit einem weniger gut wasserdurchlässigen Boden. Entsprechend den Untersuchungen zur Bodenzone im Untersuchungsgebiet bei Karlsruhe (MOHRLOK et al. 2009, BETHGE 2009) entspricht dieser Wert in etwa der Bodenzone des bei Karlsruhe geplanten Retentionsraums.

4.3.3.3 Hochwasserereignisse

Im Mittelpunkt der Szenarioberechnungen mit den Prinzipmodellen stand der Transport von infiltriertem Flusswasser im Grundwasserleiter während und nach einem Hochwasserereignis. Zur Berechnung des Hochwasserereignisses wurde für die Festpotentialrandbedingung am linken Modellrand, die das Fließgewässer simuliert, und für den Wasserstand der Cauchy-Randbedingung des Retentionsraums eine Ganglinie mit dem Verlauf des Hochwassers vorgegeben. Alle weiteren Randbedingungen wurden unverändert stationär belassen. Da möglichst allgemeingültige Aussagen generiert werden sollten, wurden die Berechnungen mit bis zu fünf unterschiedlichen fiktiven Hochwasserereignissen durchgeführt.

Um bei jedem Szenarienlauf kontrollieren zu können, dass die instationären Berechnungsergebnisse durch das simulierte Hochwasser verursacht werden, nicht durch versehentlich falsch eingegebene Randbedingungen, begannen in den Simulationen alle angenommenen Hochwasserereignisse einige Tage nach Beginn der Simulation, fast immer an Tag 30 des Modellzeitraums.

Hochwasserereignis H1

Das erste Hochwasserereignis war angelehnt an das am Rhein bei Karlsruhe beim Bau des Retentionsraums Bellenkopf/Rappenwört verwendete Bemessungshochwasser. Der Wasserstand stieg dabei innerhalb von etwa 3,5 Tagen von Mittelwasser um etwa 4,4 m an und ging dann in den darauf folgenden 40 Tagen wieder auf den Mittelwasserstand zurück.

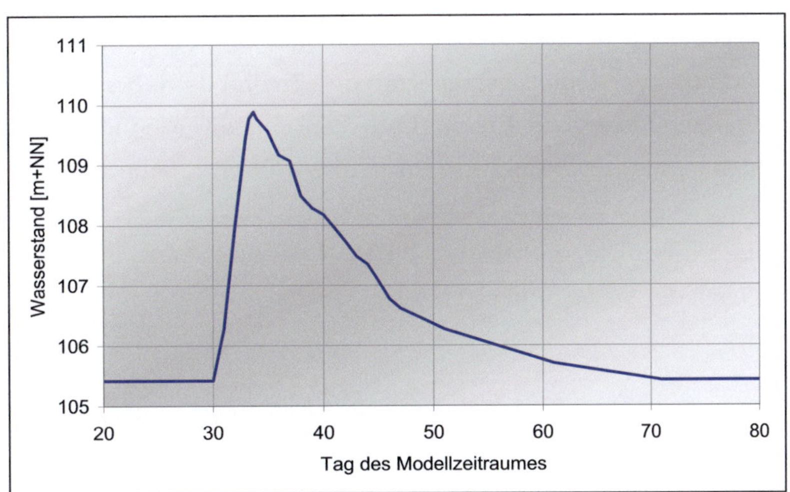

Abbildung 4-23: Hochwasserereignis H1 des Prinzipmodells

Hochwasserereignis H2

Zur Erstellung des zweiten Hochwasserereignisses wurde angenommen, dass das Hochwasserereignis H1 zweimal hintereinander stattfindet. Das zweite Hochwasserereignis begann an Tag 80 des Modellzeitraums, also 50 Tage nach Beginn des ersten Ereignisses bzw. 10 Tage nach Ende des ersten Ereignisses.

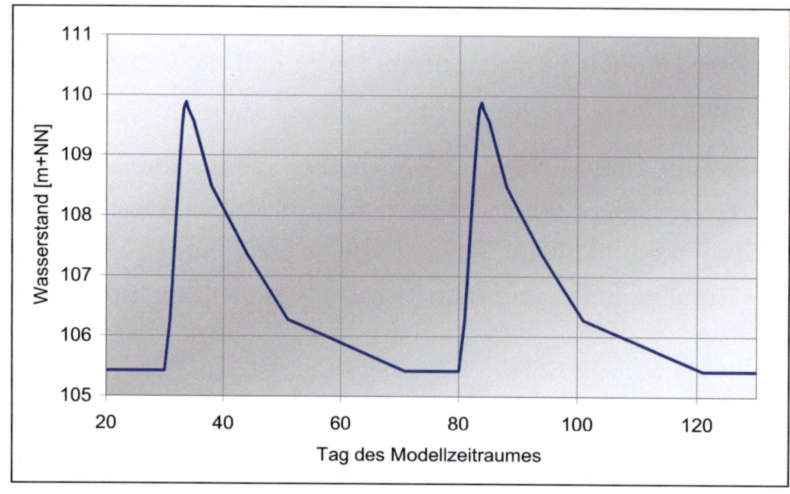

Abbildung 4-24: Hochwasserereignis H2 des Prinzipmodells

Hochwasserereignis H3

Das Hochwasserereignis H3 wurde an das Rheinhochwasser 1999 bei Karlsruhe angelehnt. Dabei wurde ein grob generalisierter Wasserstandsverlauf des Jahres 1999 am Pegel Maxau bei Karlsruhe vorgegeben. Da der Anfang des Modellzeitraums auf den Beginn des Jahres gelegt wurde, begann das Hochwasser in diesem Szenario erst an Tag 50 (Ende Februar) des Modellzeitraums, nicht an Tag 30 wie in allen anderen Szenarien. 1999 traten bei Karlsruhe während mehr als 6 Monaten erhöhte Wasserstände im Rhein auf, wobei eine erste Hochwasserspitze mit etwa 3,5 m über Mittelwasser gleich zu Beginn dieses Zeitraums auftrat, und ein zweiter Höchstwasserstand mit etwa 4 m über Mittelwasser ungefähr 80 Tage nach der ersten Spitze gemessen wurde.

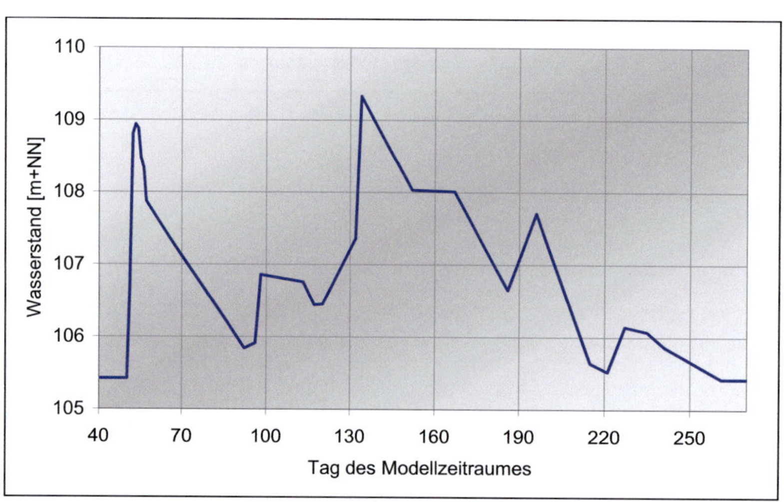

Abbildung 4-25: Hochwasserereignis H3 des Prinzipmodells

Hochwasserereignis H4

Als viertes Hochwasserereignis wurde ein Wasserstandsverlauf angenommen, der nur etwa 3,5 m ansteigt, dafür aber sehr lang, über einen Zeitraum von 2 Monaten, anhält bevor er wieder auf Mittelwasserstand zurückgeht. Mit diesem Hochwasserereignis wurde untersucht, welche Wirkung ein sehr lang anhaltendes, aber nicht sehr hohes Hochwasserereignis im Vergleich zum Hochwasserereignis H1 hat.

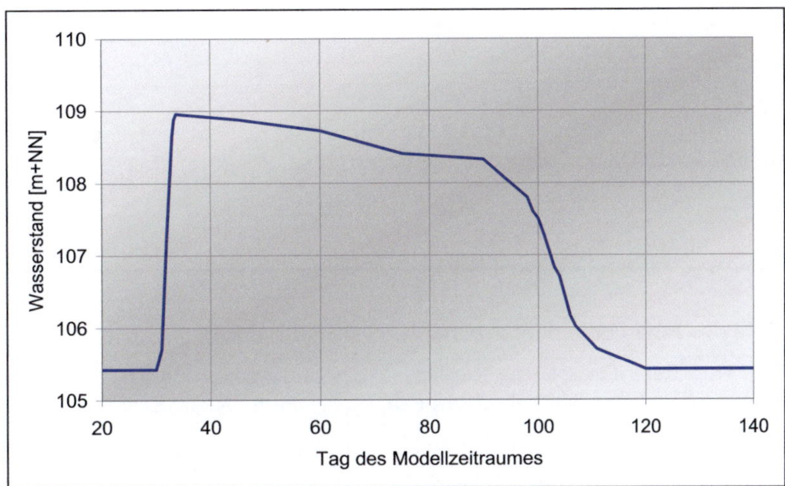

Abbildung 4-26: Hochwasserereignis H4 des Prinzipmodells

Hochwasserereignis H5

Für das Hochwasserereignis H5 wurde das Hochwasserereignis H1 als Grundlage genommen, der Anstieg des Wasserstands beträgt jedoch 10 m statt etwa 4,4 m. Mit diesem Hochwasserereignis wurde untersucht, welche Wirkung durch höhere Wasserstände während des Hochwasserereignisses im Vergleich zum Hochwasserereignis H1 entsteht.

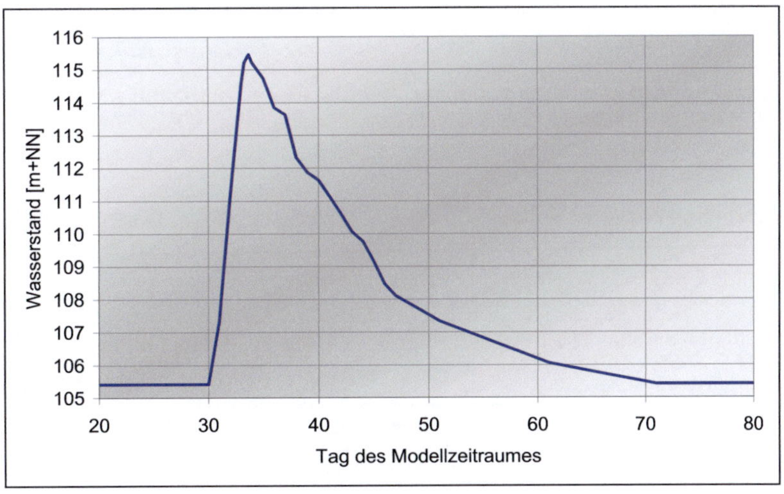

Abbildung 4-27: Hochwasserereignis H5 des Prinzipmodells

4.3.3.4 Zusammenfassende Darstellung der Szenarien

Aus den sechs Grundszenarien S1A bis S3B zur Lage des Einzugsgebiets des Wasserwerks und zur Abstandsgeschwindigkeit des Grundwasserstroms, den drei Szenarien zur Durchlässigkeit der Bodenzone im Retentionsraum und den fünf Szenarien zu den Hochwasserereignissen wurden alle möglichen Kombinationen gebildet. Folglich wurden zunächst 90 Szenarien berechnet, deren Ergebnisse in den folgenden drei Kapiteln 4.3.5 bis 4.3.7 beschrieben sind. Die Randbedingungen dieser Grundszenarien werden in Tabelle 4-4 zusammengefasst. Davon ausgehend wurden zu speziellen Randbedingungen weitere 30 Szenarien berechnet, deren Ergebnisse in den Kapiteln 4.3.8 bis 4.3.11 dargestellt werden.

Tabelle 4-4: Zusammenfassende Darstellung der Szenarien

Szena-rien	Merkmale der Szenarien	
	Beschreibung	Technische Umsetzung
Grundszenarien (Größe des Einzugsgebiets, Abstandsgeschwindigkeit)		
S1A	Einzugsgebiet vom Retentionsraum räumlich getrennt, geringere Abstandsgeschwindigkeit	Grundwasserleiter A: $k_f = 1{\cdot}10^{-3}$ m/s, $M_{GW} = 39$ m. Gesamtentnahmerate der Brunnen: $Q_E = 616$ m³/h
S1B	Einzugsgebiet vom Retentionsraum räumlich getrennt, höhere Abstandsgeschwindigkeit	Grundwasserleiter B: $k_f = 3{\cdot}10^{-3}$ m/s, $M_{GW} = 14$ m. Gesamtentnahmerate der Brunnen: $Q_E = 520$ m³/h
S2A	Einzugsgebiet beinhaltet einen Teil des Retentionsraums, geringere Abstandsgeschw.	Grundwasserleiter A: $k_f = 1{\cdot}10^{-3}$ m/s, $M_{GW} = 39$ m. Gesamtentnahmerate der Brunnen: $Q_E = 1080$ m³/h
S2B	Einzugsgebiet beinhaltet einen Teil des Retentionsraums, höhere Abstandsgeschw.	Grundwasserleiter B: $k_f = 3{\cdot}10^{-3}$ m/s, $M_{GW} = 14$ m. Gesamtentnahmerate der Brunnen: $Q_E = 936$ m³/h
S3A	Einzugsgebiet beinhaltet einen Teil des Retentionsraums und des Fließgewässers, geringere Abstandsgeschwindigkeit	Grundwasserleiter A: $k_f = 1{\cdot}10^{-3}$ m/s, $M_{GW} = 39$ m. Gesamtentnahmerate der Brunnen: $Q_E = 1328$ m³/h
S3B	Einzugsgebiet beinhaltet einen Teil des Retentionsraums und des Fließgewässers, höhere Abstandsgeschwindigkeit	Grundwasserleiter B: $k_f = 3{\cdot}10^{-3}$ m/s, $M_{GW} = 14$ m. Gesamtentnahmerate der Brunnen: $Q_E = 1200$ m³/h
Bodenzone des Retentionsraums		
B1	Sehr gute Durchlässigkeit der Bodenzone	Leakagekoeffizient $\lambda = 5{\cdot}10^{-4}$ s⁻¹
B2	Gute Durchlässigkeit der Bodenzone	Leakagekoeffizient $\lambda = 5{\cdot}10^{-5}$ s⁻¹
B3	Geringe Durchlässigkeit der Bodenzone	Leakagekoeffizient $\lambda = 1{\cdot}10^{-6}$ s⁻¹
Hochwasserereignis		
H1	Hochwasserereignis mit einer Spitze	Höhe ca. 4,4 m, Dauer ca. 40 Tage
H2	Zwei aufeinanderfolgende Hochwasserereignisse	2 Mal jeweils: Höhe ca. 4,4 m, Dauer ca. 40 Tage
H3	Ähnlich Rheinhochwasser 1999 bei Karlsruhe	Höhe ca. 4 m und ca. 3,5 m, Dauer ca. 200 Tage
H4	Sehr langes, weniger hohes Hochwasserereignis	Höhe ca. 3,5 m, Dauer ca. 90 Tage
H5	Sehr hohes Hochwasserereignis	Höhe ca. 10 m, Dauer ca. 40 Tage

4.3.4 Infiltration von Flusswasser in den Aquifer über den Retentionsraum

Während einer Überflutung des Retentionsraums infiltriert Flusswasser durch die Bodenzone des Retentionsraums in den Grundwasserleiter. Die Abbildung 4-28 zeigt die prozentualen Anteile des infiltrierten Flusswassers im Grundwasserleiter in unterschiedlichen Tiefen am Beispiel des Modellszenarios S1A mit sehr gut durchlässiger Bodenzone (B1). Die abgebildeten Tiefenlagen entsprechen den Knotenebenen des Prinzipmodells.

Innerhalb des Retentionsraums war entsprechend der vorgegebenen Randbedingung (Kapitel 4.3.2.6) in der obersten Knotenebene des Modells, die aufgrund der verwendeten free-&-movable-Methode (Kapitel 4.3.2.2) der Grundwasseroberfläche entspricht, gegen Ende des Hochwasserereignisses ausschließlich infiltriertes Flusswasser vorhanden. An der Basis des Grundwasserleiters in 40 m Tiefe war kein infiltriertes Flusswasser mehr zu beobachten.

In den Tiefen von 5 m unter Geländeoberkante und 10 m unter Geländeoberkante war nur noch entlang den Rändern des Retentionsraums infiltriertes Flusswasser im Grundwasserleiter vorhanden. Dies liegt daran, dass das Flusswasser nur dort in den Aquifer infiltrieren kann, wo ein Gefälle des hydraulischen Potentials vom Wasser im Retentionsraum zum Grundwasser vorliegt. Ein solches Gefälle existierte nur am Rand des Retentionsraums. In der Mitte des Retentionsraums ist dagegen davon auszugehen, dass nach dem Auffüllen des Porenraums der ursprünglich ungesättigten Zone der Grundwasserspiegel ungefähr auf der Höhe des Wasserstands im Retentionsraum lag.

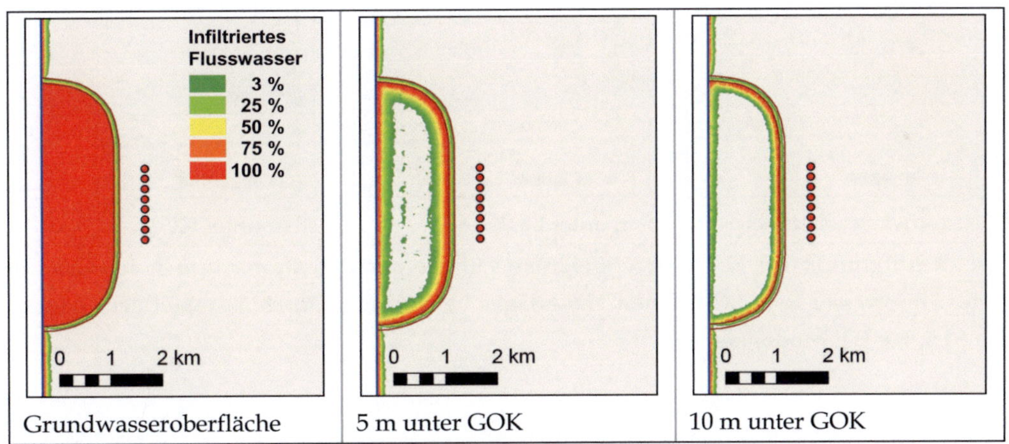

Abbildung 4-28: Aufgrund eines Hochwasserereignisses über einen Retentionsraum in den Grundwasserleiter infiltriertes Flusswasser in verschiedenen Tiefenlagen bei sehr guter Durchlässigkeit der Bodenzone (Modellszenario S1A_B1_H1, Modelltag 38)

Anschaulich lässt sich dies auch dadurch erklären, dass das Flusswasser das ursprünglich vorhandene Grundwasser wegen seiner Inkompressibilität verdrängen musste, um in den Grundwasserleiter infiltrieren zu können. Am Rand des Retentionsraums konnte das ursprünglich vorhandene Grundwasser nach außen in den Grundwasserleiter außerhalb des Retentionsraums gedrängt werden, wodurch dort der Grundwasserspiegel anstieg. In der Mitte des Retentionsraums war dies praktisch nicht möglich. Da das ursprünglich vorhandene Grundwasser nicht verdrängt werden konnte, konnte hier auch kein Flusswasser in den Grundwasserleiter eindringen.

Zwischen Retentionsraum und Fließgewässer war ebenfalls infiltriertes Flusswasser zu beobachten. Im Prinzipmodell war der Wasserspiegel im Retentionsraum bei Überflutung als horizontal ebene Fläche modelliert, die auf der gleichen Höhe wie der Wasserspiegel im Fließgewässer am oberstromigen Ende des Retentionsraums lag. In der Folge lag der Wasserspiegel im Retentionsraum bei Überflutung an seinem unterstromigen Ende deutlich über dem Wasserspiegel im direkt benachbarten Fließgewässer. Der hieraus entstehende hydraulische Gradient im Grundwasser führte im Prinzipmodell im Retentionsraum in einem Streifen entlang des Fließgewässers zur Infiltration von Flusswasser über die Bodenzone des Retentionsraums in den Grundwasserleiter.

Durch eine Verringerung der Durchlässigkeit der Bodenzone des Retentionsraums auf ein Zehntel gegenüber dem gezeigten Beispiel (Modellszenario S1A_B2) ergaben sich keine signifikanten Änderungen zur Abbildung 4-28. Bei einer weiteren Verringerung der Durchlässigkeit aufgrund einer weniger gut durchlässigen Bodenzone (Modellszenario S1A_B3) ergaben sich jedoch deutliche Änderungen. Die resultierenden Konzentrationen in den unterschiedlichen Tiefenlagen sind in Abbildung 4-29 dargestellt.

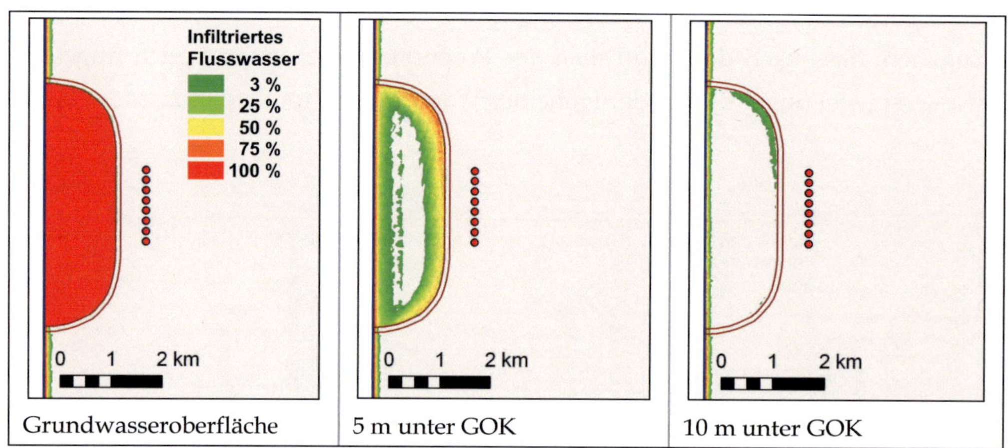

Abbildung 4-29: Aufgrund eines Hochwasserereignisses über einen Retentionsraum in den Grundwasserleiter infiltriertes Flusswasser in verschiedenen Tiefenlagen bei geringer Durchlässigkeit der Bodenzone (Modellszenario S1A_B3_H1, Modelltag 38)

Der prozentuale Anteil des infiltrierten Flusswassers war an der Grundwasseroberfläche unverändert gegenüber den Modellszenarien S1A_B1 und S1A_B2 mit höher durchlässigen Bodenzonen. In den Tiefenlagen 5 m und 10 m unter GOK ist jedoch deutlich erkennbar, dass durch die geringer durchlässige Bodenzone während des Hochwasserereignisses signifikant weniger Flusswasser in den Aquifer infiltrieren konnte. Es ergaben sich aber nur quantitative Änderungen gegenüber dem in Abbildung 4-28 gezeigten Beispiel, qualitativ zeigte sich das gleiche Verhalten. Die Infiltration von Flusswasser in den Grundwasserleiter durch die Bodenzone eines Retentionsraums während eines Hochwasserereignisses wurde detailliert von BETHGE (2009) untersucht, dessen Ergebnisse sich mit dem hier beschriebene Verhalten decken.

4.3.5 Wirkung eines Hochwasserereignisses, wenn der Retentionsraum und das Einzugsgebiet des Wasserwerks räumlich getrennt sind

In den Voruntersuchungen ohne Berücksichtigung des Retentionsraums wurde bereits festgestellt, dass keine oder nur geringe Fließgewässeranteile im durch das Wasserwerk entnommenen Grundwasser zu erwarten sind, wenn das Einzugsgebiet des Wasserwerks keinen Abschnitt des Fließgewässers beinhaltet (Kapitel 4.3.1). Demzufolge sind bei Berücksichtigung des Retentionsraums vergleichbare Ergebnisse zu erwarten, wenn sich das Einzugsgebiet des Wasserwerks und der Retentionsraum nicht überschneiden. Diese Bedingung ist in den Modellszenarien S1A und S1B eingehalten (Abbildung 4-22).

4.3.5.1 Modellszenario S1A

Die Abbildung 4-30 zeigt die Ganglinien der Fließgewässeranteile im entnommenen Grundwasser, bezogen auf die gesamte Entnahme des Wasserwerks, beim Modellszenario S1A als Reaktion auf die berechneten Hochwasserereignisse H1 und H5 (Kapitel 4.3.3.3). Untereinander dargestellt sind die Ganglinien der Fließgewässeranteile unter Annahme unterschiedlicher Durchlässigkeiten der Bodenzone (Kapitel 4.3.3.2). Die Ganglinien aller berechneten Simulationsläufe des Szenarios S1A befinden sich im Anhang B-1.

In den meisten Szenarien konnten Fließgewässeranteile im entnommenen Grundwasser berechnet werden, deren Maximum jedoch ausnahmslos weit unter 1 ‰ lag und daher als sehr gering bewertet werden kann. Die Maxima der Fließgewässeranteile traten alle etwa 8 bis 9 Jahre nach dem Hochwasserereignis auf, was in etwa der Fließdauer der Grundwasserströmung vom Retentionsraum zu den Wasserwerksbrunnen entsprach.

Die Ganglinien (Anhang B-1) zeigen, dass der Verlauf des angenommenen Hochwasserereignisses einen großen Einfluss auf den berechneten Verlauf der Fließgewässeranteile in den Entnahmebrunnen hatte. Dabei führte ein höherer Spitzenwasserstand des Ereignisses (Hochwasser H5) stärker zu einem Ansteigen des Fließgewässeranteils als ein lang andauerndes Ereignis (Hochwasser H4). Auch zwei kurz hintereinander folgende Ereignisse (Hochwasser H2 und H3) erhöhten den Fließgewässeranteil in den Entnahmebrunnen beträchtlich.

Es ist weiterhin deutlich zu erkennen, dass mit abnehmender Durchlässigkeit der Bodenzone des Retentionsraums auch die Maxima der Fließgewässeranteile im Wasserwerk abnahmen. Bei der Abnahme der Durchlässigkeit von $k_f = 5 \cdot 10^{-4}$ m/s (Szenarien B1) auf $k_f = 5 \cdot 10^{-5}$ m/s (Szenarien B2), also auf ein Zehntel, war nur ein geringer Rückgang des Maximums zu verzeichnen. Der prozentuale Anteil bzw. Faktor des Rückgangs unterscheidet sich von Szenario zu Szenario erheblich, so dass davon ausgegangen werden muss, dass er außer von der Durchlässigkeit der Bodenzone auch von anderen Faktoren, insbesondere auch vom Verlauf des Hochwasserereignisses abhängig war. Die weitere Reduzierung der Durchlässigkeit der Bodenzone auf $k_f = 10^{-6}$ m/s (Szenarien B3) bewirkte einen starken Rückgang der Maxima der Fließgewässeranteile.

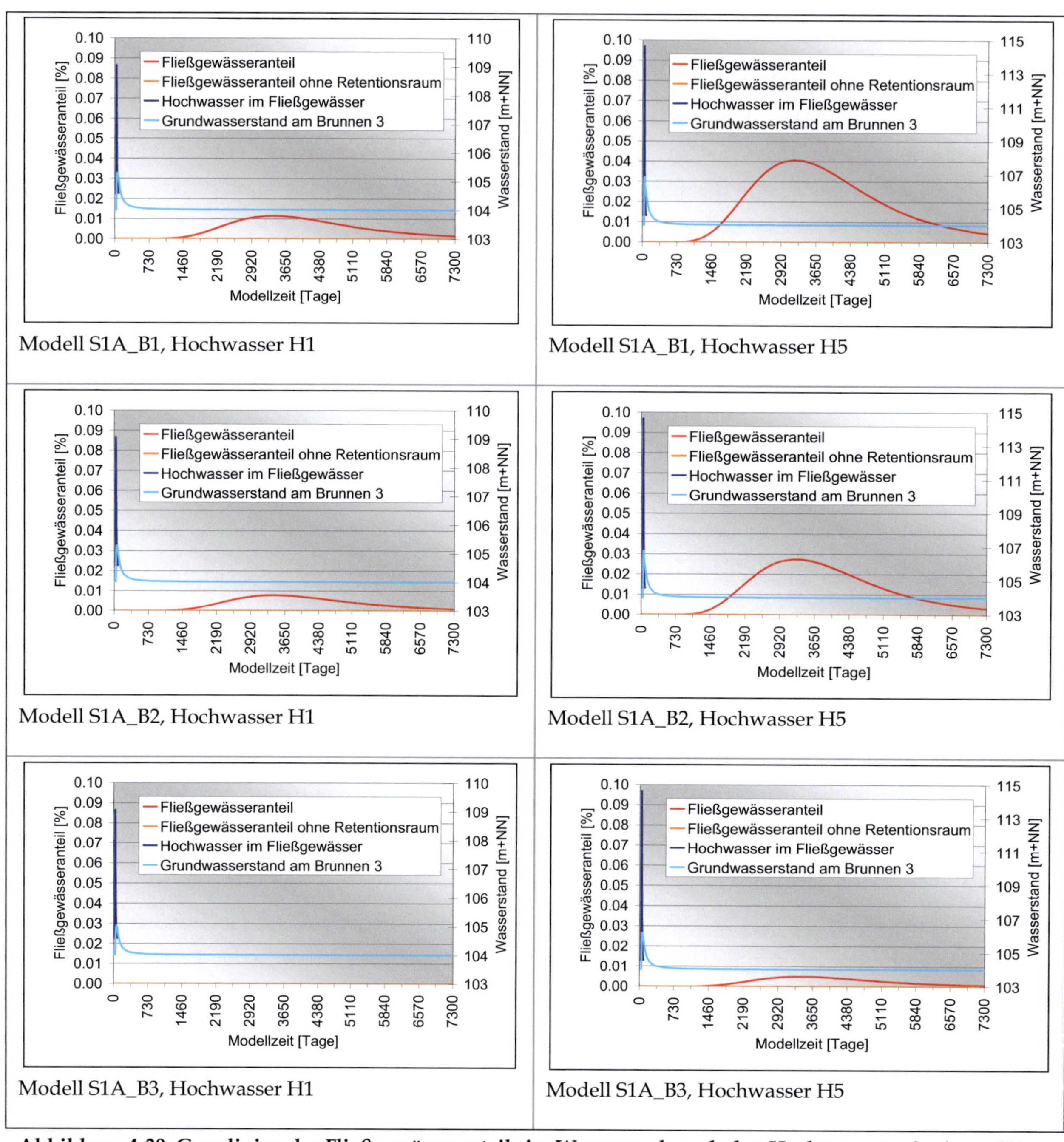

Abbildung 4-30: Ganglinien des Fließgewässeranteils im Wasserwerk nach den Hochwasserereignissen H1 und H5 im Modellszenario S1A. Die Durchlässigkeit der Bodenzone im Retentionsraum wird in den Diagrammen von oben nach unten geringer.

Die Abbildung 4-31 zeigt die prozentualen Anteile des infiltrierten Flusswassers im Grundwasserleiter in der Tiefe 5 m unter GOK am Beispiel des Modellszenarios S1A mit sehr gut durchlässiger Bodenzone (B1) nach dem Hochwasserereignis H5 (Abbildung 4-27) zu unterschiedlichen Zeiten nach dem Hochwasserereignis. Es ist zu erkennen, dass sich 10 Tage nach dem Hochwasserereignis infiltrierte Fließgewässeranteile von über 50 % in einem Bereich des Grundwasserleiters befanden, der als Einzugsgebiet des Wasserwerks bei mittleren hydrologischen Bedingungen definiert war. Entsprechend den Überlegungen aus Kapitel 4.2.2 (insbesondere Gleichung (4.46) in Verbindung mit

Abbildung 4-17) deuten Fließgewässeranteile von über 50 % darauf hin, dass sie advektiv in diesen Bereich transportiert wurden. Ein Jahr später waren nur noch infiltrierte Fließgewässeranteile von unter 50 % im Einzugsbereich des Wasserwerks verblieben. Die während des Hochwasserereignisses advektiv in das Einzugsgebiet (für mittlere hydrologische Bedingungen) des Wasserwerks transportierten Fließgewässeranteile wurden folglich nach dem Hochwasserereignis advektiv wieder aus diesem Bereich heraus in Richtung Fließgewässer transportiert. Dies stimmt mit den in Kapitel 4.3.1 beschriebenen Beobachtungen zur Grundwasserströmung zwischen einem Fließgewässer und einem Wasserwerk während und nach einem Hochwasserereignis überein.

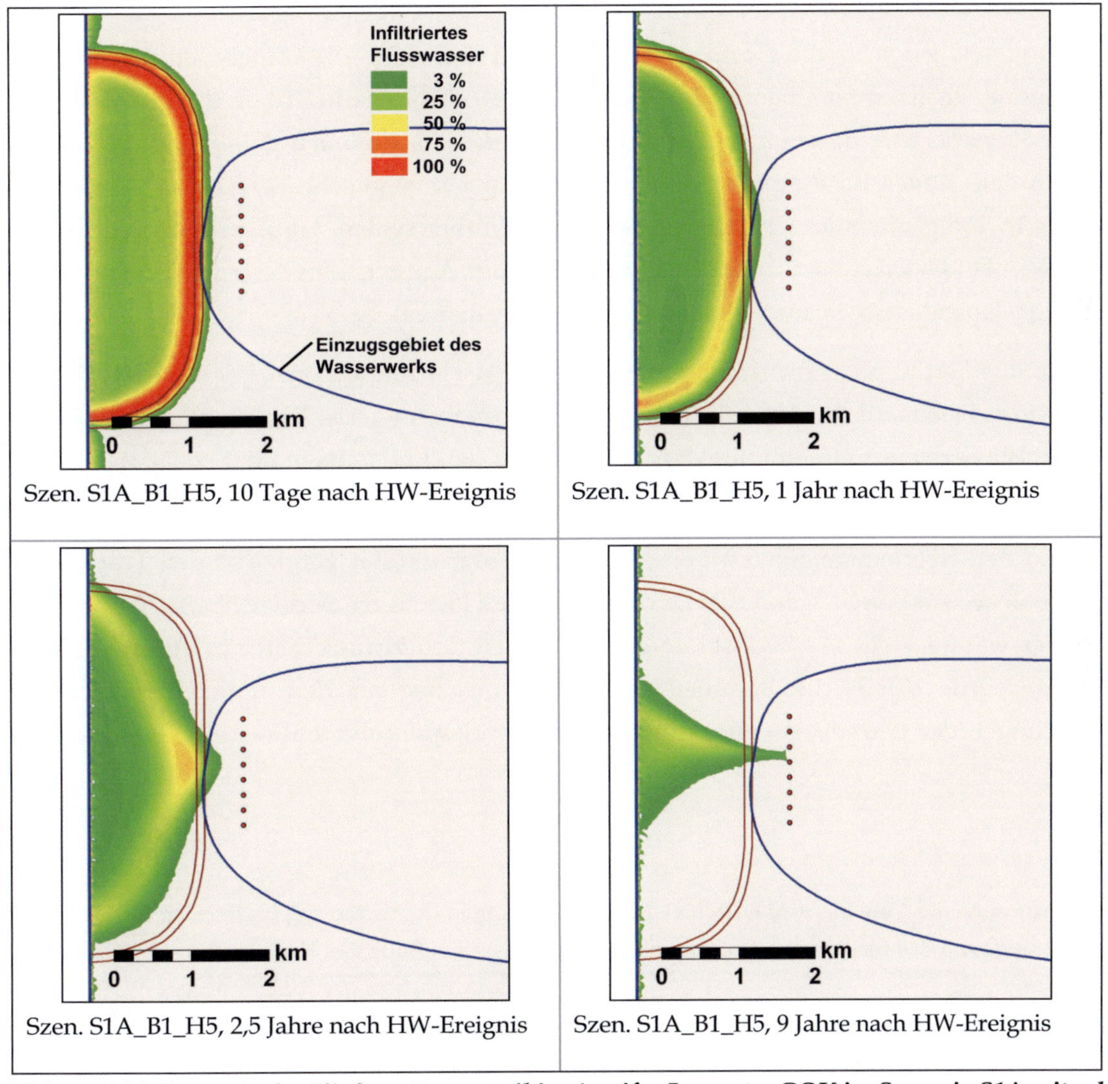

Abbildung 4-31: Prozentualer Fließgewässeranteil im Aquifer 5 m unter GOK im Szenario S1A mit sehr gut durchlässiger Bodenzone nach dem Hochwasserereignis H5 (Szenario S1A_B1_H5)

Ein Jahr nach dem Hochwasserereignis verblieben im Einzugsgebiet des Wasserwerks Fließgewässeranteile von unter 50 %, die entsprechend Kapitel 4.2.2 zu einem maßgeblichen Teil dispersiv transportiert wurden. Da die Grundwasserströmung auf der Abstromseite der Wasserwerksbrunnen aufgrund der kleineren Gradienten des Grundwasserspiegels immer deutlich geringer ist als auf der Zustromseite (Abbildung 4-11), werden die im Einzugsgebiet des Wasserwerks verbliebenen Fließgewässeranteile nur sehr langsam zu den Wasserwerksbrunnen transportiert. Damit ist die große Zeitspanne zwischen dem Hochwasserereignis und dem Maximum der Fließgewässeranteile in den Entnahmebrunnen des Wasserwerks zu erklären. Entsprechend den Einzugsgebieten der einzelnen Entnahmebrunnen (Abbildung 4-22) traten Fließgewässeranteile nur in zwei Entnahmebrunnen auf, wobei die dort berechneten Fließgewässeranteile gegenüber den auf die Gesamtentnahme des Wasserwerks bezogenen, in Abbildung 4-30 dargestellten Anteile dementsprechend höher waren.

4.3.5.2 Modellszenario S1B

Die Abbildung 4-32 zeigt für die Hochwasserereignisse H1 und H5 die Ganglinien der berechneten Fließgewässeranteile im entnommenen Grundwasser im Modellszenario S1B, in dem wie beim vorangegangenen Szenario S1A das Einzugsgebiet des Wasserwerks räumlich getrennt vom Retentionsraum war, in dem jedoch im Vergleich zum Szenario S1A bei vergleichbarer Transmissivität höhere Abstandsgeschwindigkeiten der Grundwasserströmung vorherrschten, verursacht durch eine höhere Durchlässigkeit bei gleichzeitig reduzierter Mächtigkeit des Aquifers. Die Ganglinien aller berechneten Simulationsläufe des Szenarios S1B befinden sich im Anhang B-2.

Die Berechnungen zu den Hochwasserereignissen H1 und H4 zeigten prinzipiell ein vergleichbares Verhalten, wie es bereits für das Modellszenario S1A beschrieben wurde. Die Maxima der Fließgewässeranteile im Wasserwerk traten im direkten Vergleich zu den Ergebnissen der Szenarien S1A jeweils früher auf und waren deutlich höher.

Entsprechend den Überlegungen aus Kapitel 4.2.1 war aufgrund der vergleichbaren Transmissivität der Aquifere der Szenarien S1A und S1B zu erwarten, dass jeweils ein vergleichbares Volumen Oberflächenwasser während des Hochwasserereignisses in den Grundwasserleiter infiltrierte (Gleichung (4.41)). Dies wurde durch die Summen der Wasserumsätze an den Cauchy- und Dirichlet-Randbedingungen der Grundwasserströmung im Bereich des simulierten Retentionsraums bestätigt (Tabelle 4-5).

Tabelle 4-5: Summen der Cauchy- und Dirichlet-Randbedingungen der Strömung im Bereich des Retentionsraums zur Berechnung des infiltriertes Volumens an Flusswasser am Ende des Hochwasserereignisses

Hochwasserereignis	Infiltriertes Flusswasser im Aquifer am Ende des Hochwasserereignisses [10^6 m³]	
	Szenario S1A_B1	Szenario S1B_B1
Hochwasser H1	2,2	2,6
Hochwasser H2	3,5	4,2
Hochwasser H3	2,6	3,7
Hochwasser H4	4,7	5,8
Hochwasser H5	5,1	4,5

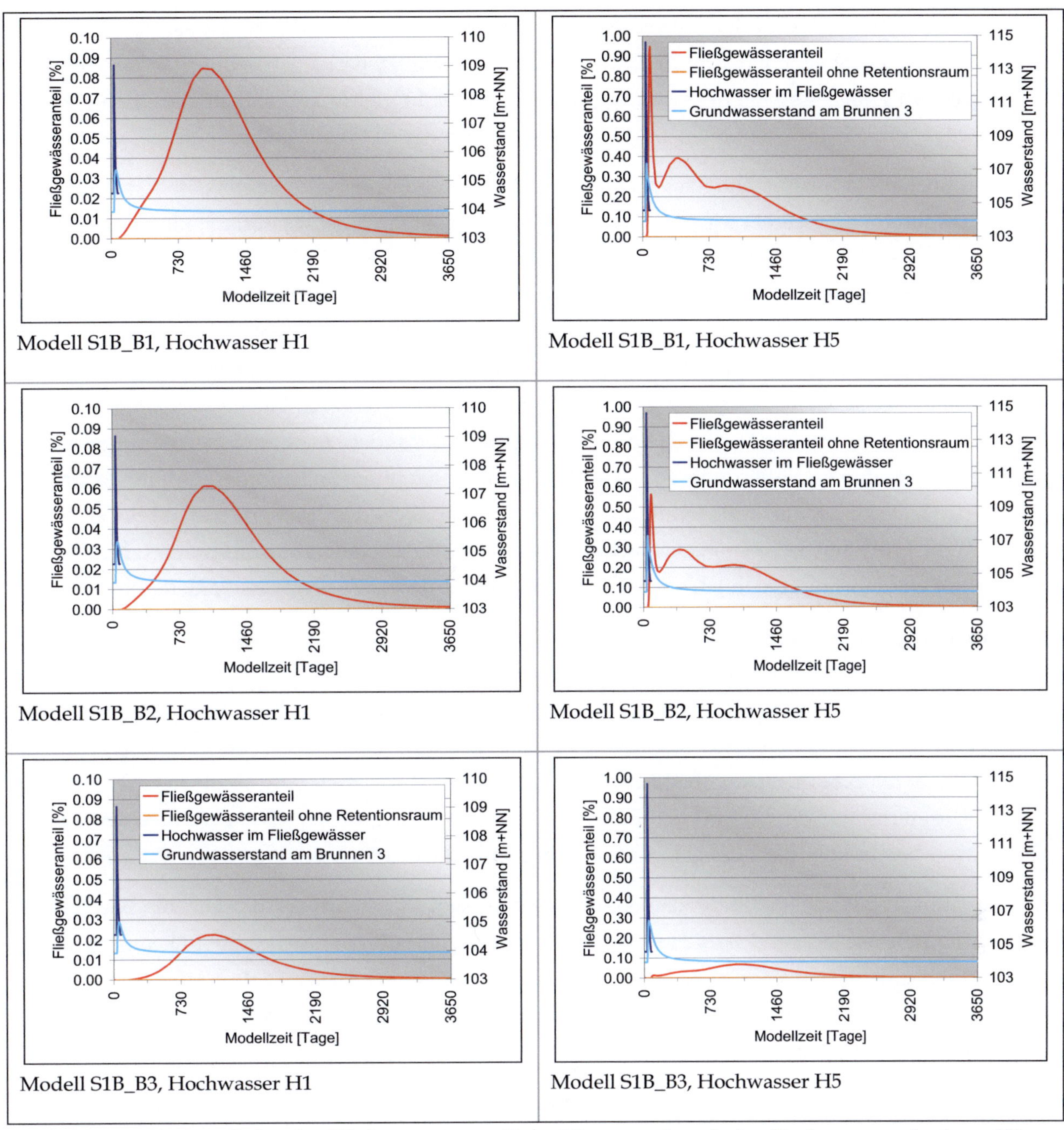

Abbildung 4-32: Ganglinien des Fließgewässeranteils im Wasserwerk nach den Hochwasserereignissen H1 und H5 im Modellszenario S1B. Die Durchlässigkeit der Bodenzone im Retentionsraum wird in den Diagrammen von oben nach unten geringer.

Die höhere Durchlässigkeit bei gleichzeitig geringerer Mächtigkeit des Aquifers führte entsprechend Gleichung (4.42) andererseits dazu, dass das Uferfiltrat im Szenario S1B während dem Hochwasserereignis deutlich weiter als im Szenario S1A in das Einzugsgebiet des Wasserwerks eindringen konnte, so dass auch nach dem Hochwasserereignis mehr Uferfiltrat aufgrund der Dispersion im Einzugsgebiet des Wasserwerks zurückbleiben konnte (vgl. auch Abbildung 4-31 und Abbildung 4-33).

Weiterhin trägt auch die Abstandsgeschwindigkeit des Grundwassers zur höheren Ausprägung der berechneten Maxima der Fließgewässeranteile bei. Da die in den Grundwasserleiter infiltrierten Fließgewässeranteile schneller zu den betroffenen Entnahmebrunnen gelangten, traten sie dort innerhalb einer kürzeren Zeitspanne auf. Da die Entnahmeraten in den Szenarien S1A und S1B aufgrund der vergleichbaren Transmissivität der Grundwasserleiter ungefähr gleich waren, hatte dies direkt höhere Fließgewässeranteile im entnommenen Grundwasser im Szenario S1B zur Folge.

Die berechneten Hochwasserereignisse H2, H3 und H5 hatten Fließgewässeranteile in den Entnahmebrunnen während oder direkt im Anschluss nach dem jeweiligen Hochwasserereignis zur Folge. Offenbar gelangte durch die erhöhte Abstandsgeschwindigkeit infiltriertes Flusswasser in geringen Konzentrationen bereits während des Hochwasserereignisses oder direkt danach bis an die Brunnen. Dies stimmt mit den Abschätzungen in Kapitel 4.2.2 zur Reichweite von Oberflächenwasser in einem Grundwasserleiter durch advektiven und dispersiven Transport überein. Mit der Gleichung (4.46) kann beispielsweise für das Szenario S1B_B1_H5 bei Vereinfachung des Hochwasserereignisses auf die Höhe H_H = 7 m und die Dauer T_H = 10 Tage abgeschätzt werden, dass ein 5-%-Anteil infiltriertes Flusswasser bis in eine Entfernung von etwa 560 m vom Retentionsraum in den Grundwasserleiter transportiert werden kann und dadurch die Entnahmebrunnen des Wasserwerks direkt erreichen kann. Da die Entnahmebrunnen jedoch nicht nur von der Seite des Retentionsraums mit Grundwasser angeströmt werden, findet in ihnen noch mal eine Verdünnung der Fließgewässeranteile statt.

Die Abbildung 4-33 zeigt die prozentualen Anteile des infiltrierten Flusswassers im Grundwasserleiter in der Tiefe 5 m unter GOK am Beispiel des Modellszenarios S1B mit sehr gut durchlässiger Bodenzone (B1) nach dem Hochwasserereignis H5 (Abbildung 4-27) zu den drei Zeitpunkten nach dem Hochwasserereignis, an denen die Maxima der Fließgewässeranteile bezogen auf die Gesamtentnahme des Wasserwerks auftraten (Abbildung 4-32), sowie 9,5 Jahren nach dem Hochwasserereignis. In Übereinstimmung mit der oben dargestellten Abschätzung ist darin zu erkennen, dass infiltriertes Flusswasser bereits kurz nach dem Hochwasser die Entnahmebrunnen des Wasserwerks erreicht.

Ebenso ist in Abbildung 4-33 zu erkennen, dass beim ersten Maximum der berechneten Fließgewässeranteile direkt nachfolgend zum Hochwasserereignis in allen Entnahmebrunnen Fließgewässeranteile in unterschiedlichen Höhen auftraten, beim nachfolgenden Maximum 1 Jahr nach dem Hochwasserereignis an 5 Brunnen und beim dritten Maximum nur noch an 3 Brunnen Fließgewässeranteile im entnommenen Grundwasser berechnet wurden.

Weiterhin ist abgebildet, dass kurz nach dem Hochwasserereignis infiltriertes Flusswasser mit Anteilen über 50 % bis weit in einen Bereich des Grundwasserleiters, der als Einzugsgebiet des Wasserwerks bei mittleren hydrologischen Bedingungen definiert war, transportiert worden war. Wie im vorangegangenen Kapitel 4.3.5.1 bereits diskutiert, weisen Fließgewässeranteile über 50 % auf einen maßgeblich advektiven Stofftransport hin. Ähnlich wie beim Szenario S1A_B1_H5 waren ein Jahr später die Fließgewässeranteile über 50 % fast vollständig wieder advektiv aus diesem Bereich heraustransportiert worden.

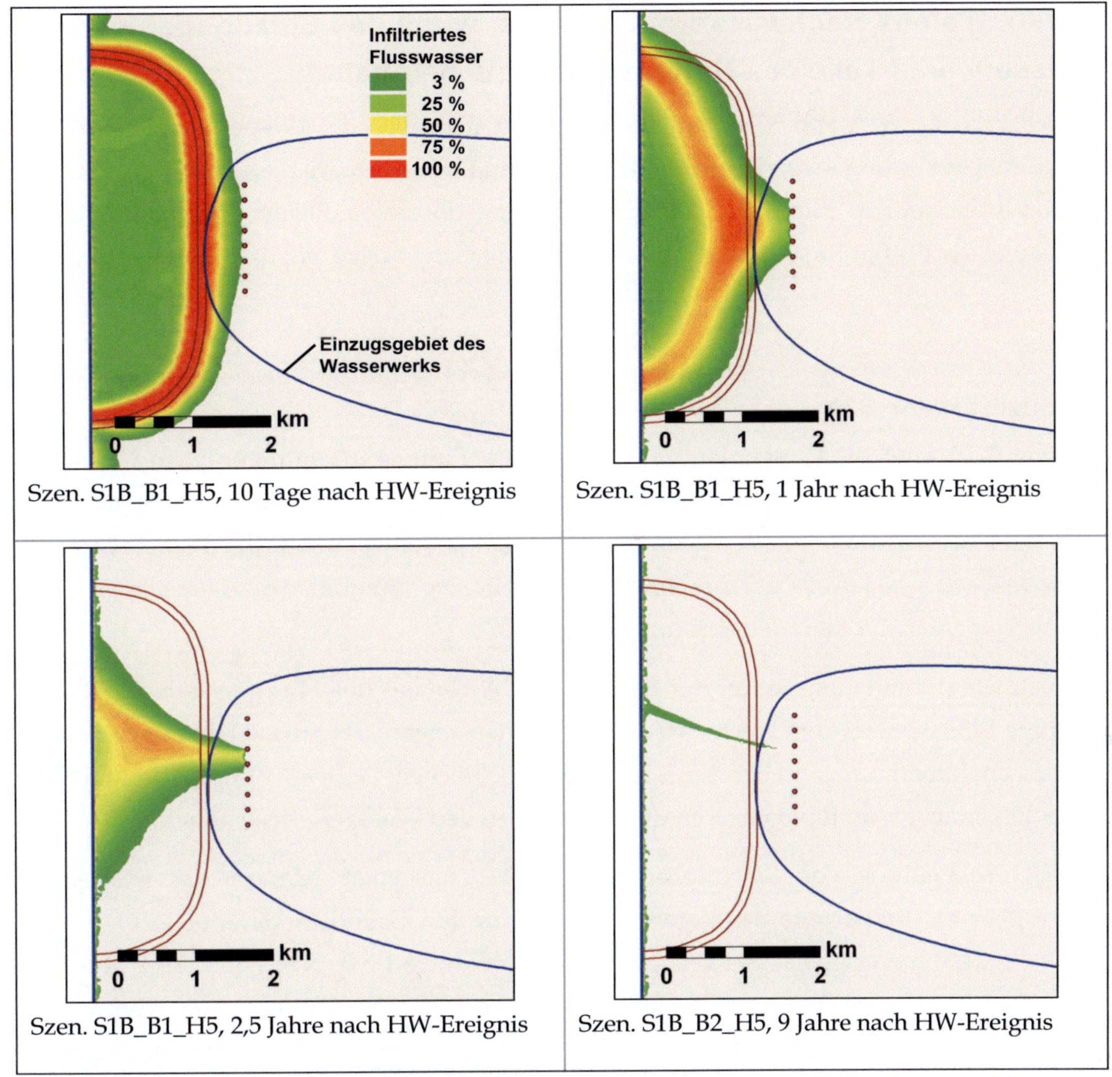

Abbildung 4-33: Prozentualer Fließgewässeranteil im Aquifer 5 m unter GOK im Szenario S1B mit sehr gut durchlässiger Bodenzone nach dem Hochwasserereignis H5 (Szenario S1B_B1_H5)

Die Fließgewässeranteile bezogen auf die Gesamtentnahme des Wasserwerks blieben in allen Szenarien unter 1 %. Ein 1-%-Anteil von infiltriertem Flusswasser im entnommenen Grundwasser bedeutet, dass die Konzentrationen aller im Flusswasser vorhandenen Substanzen um mindestens zwei Größenordnungen reduziert werden. Eine stärkere Reduzierung der Stoffkonzentration findet statt, wenn die betrachtete Substanz im Grundwasserleiter durch Retardation zurückgehalten oder ein chemischer oder mikrobiologischer Abbau der Substanz stattfindet.

4.3.6 Wirkung eines Hochwasserereignisses, wenn das Einzugsgebiet des Wasserwerks Teile des Retentionsraums beinhaltet

In den Modellszenarien S2A und S2B beinhaltete das Einzugsgebiet des Wasserwerks einen Teil des Retentionsraums (Abbildung 4-22). Für jedes dieser beiden Grundszenarien wurden Simulationsläufe unter Annahme der drei in Kapitel 4.3.3.2 beschriebenen unterschiedlichen Durchlässigkeiten der Bodenzone sowie der fünf in Kapitel 4.3.3.3 beschriebenen Hochwasserereignisse durchgeführt.

4.3.6.1 Modellszenario S2A

Die Abbildung 4-35 zeigt die Ganglinien der Fließgewässeranteile im entnommenen Grundwasser, bezogen auf die gesamte Entnahme des Wasserwerks, bei den Modellszenarien S2A als Reaktion auf die berechneten Hochwasserereignisse H1 und H3. Die Ganglinien bei unterschiedlichen Durchlässigkeiten der Bodenzone sind jeweils untereinander dargestellt. Die Ganglinien aller berechneten Simulationsläufe des Szenarios S2A befinden sich im Anhang B-3.

In allen berechneten Simulationsläufen der Szenarien S2A begann der Fließgewässeranteil im Wasserwerk wenige Monate nach dem Hochwasserereignis anzusteigen, um etwa 2 Jahre nach dem Hochwasserereignis ein Maximum zwischen 1,5 % und 8 % zu erreichen. Der genannte Zeitraum entspricht ungefähr der Fließdauer vom Rand des Retentionsraums zu den Wasserwerksbrunnen.

Durch die Überschneidung von Retentionsraum und Einzugsgebiet gelangte das während eines Hochwassers über die Bodenzone des Retentionsraums in den Grundwasserleiter infiltrierte Flusswasser direkt in das Einzugsgebiet des Wasserwerks (Abbildung 4-34). Nach dem Hochwasserereignis wurde es dann mit der mittleren, vom Hochwasser unbeeinflussten Grundwasserströmung zu den Wasserwerksbrunnen transportiert. Fließgewässeranteile traten nur an den Entnahmebrunnen auf, deren Einzugsgebiet sich auf den Retentionsraum erstreckte. Beim Szenario S2A waren dies fünf der acht Entnahmebrunnen.

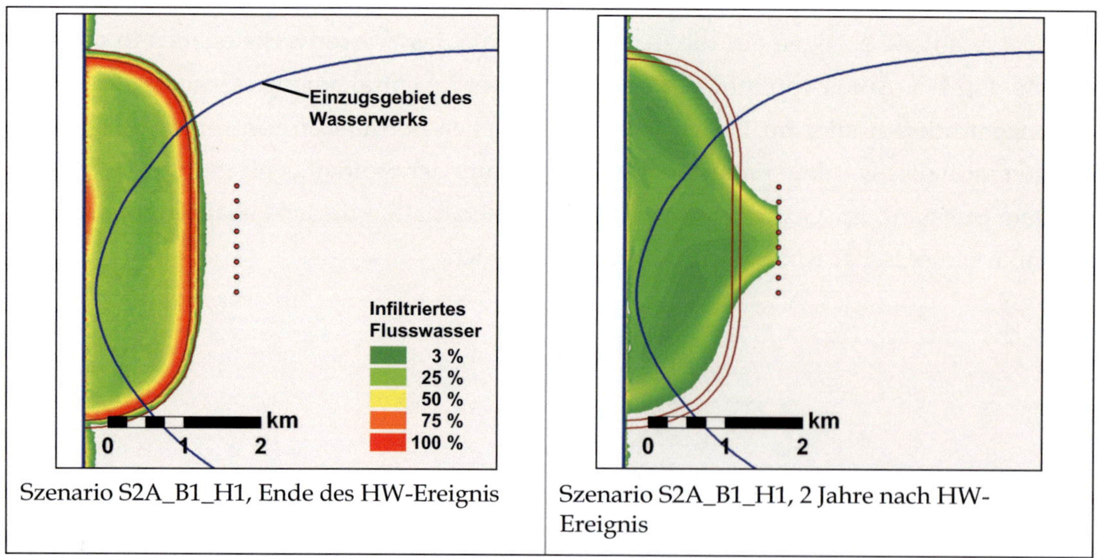

Abbildung 4-34: Prozentualer Fließgewässeranteil im Aquifer 5 m unter GOK im Szenario S2A mit sehr gut durchlässiger Bodenzone nach dem Hochwasserereignis H1 (Szenario S2A_B1_H1)

Wie schon bei den Modellszenarien S1A und S1B zeigen die Ganglinien (Anhang B-3), dass die Ausprägung des angenommenen Hochwasserereignisses einen großen Einfluss auf den berechneten Verlauf der Fließgewässeranteile in den Entnahmebrunnen hatte. Ein höherer Spitzenwasserstand des Hochwasserereignisses (Hochwasserereignis H5) führte stärker zu einem Ansteigen des Fließgewässeranteils als ein lang andauerndes Ereignis (Hochwasserereignis H4). Auch zwei kurz hintereinander folgende Ereignisse (Hochwasserereignis H2 und H3) erhöhten den Fließgewässeranteil in den Entnahmebrunnen gegenüber einem einzelnen Ereignis.

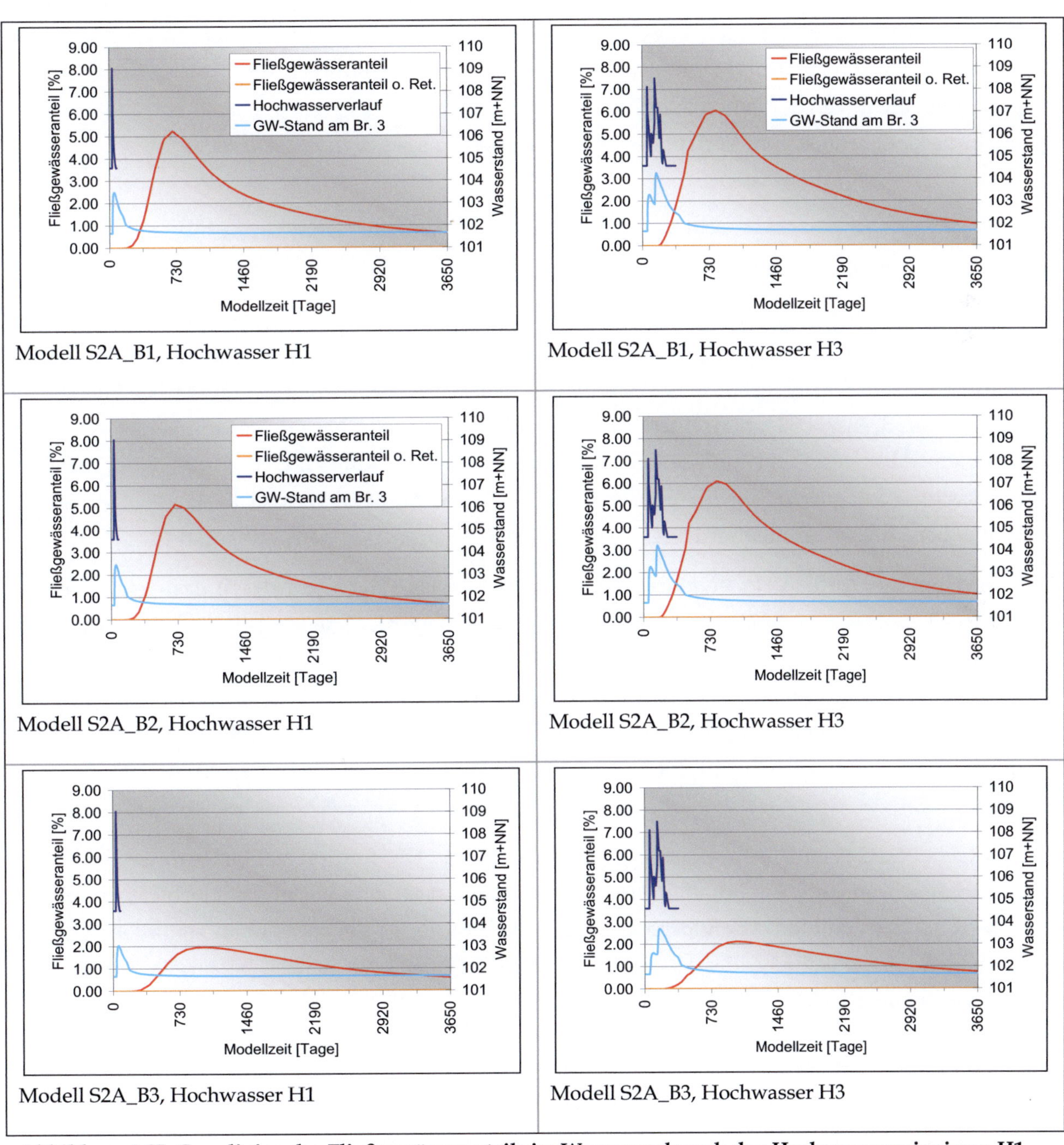

Abbildung 4-35: Ganglinien des Fließgewässeranteils im Wasserwerk nach den Hochwasserereignissen H1 und H3 im Modellszenario S2A. Die Durchlässigkeit der Bodenzone im Retentionsraum wird in den Diagrammen von oben nach unten geringer.

Weiterhin wurde deutlich, dass mit abnehmender Durchlässigkeit der Bodenzone des Retentionsraums ab einem bestimmten Schwellenwert die Maxima der Fließgewässeranteile im Wasserwerk abnahmen. Bei der Abnahme der Durchlässigkeit von $k_f = 5 \cdot 10^{-4}$ m/s (Szenarien B1) auf $k_f = 5 \cdot 10^{-5}$ m/s (Szenarien B2), also auf ein Zehntel, wurde dieser Schwellenwert offenbar nicht überschritten, denn beide Szenarien zeigen in etwa die gleichen Ganglinien. Die weitere Reduzierung der Durchlässigkeit der Bodenzone auf $k_f = 10^{-6}$ m/s (Szenarien B3) hatte dann jedoch einen deutlichen Effekt, so dass die beobachtbaren Maxima stark zurückgingen. Der Rückgang betrug je nach Szenario zwischen etwa 40 % und etwa 70 %. Da davon ausgegangen werden kann, dass das innerhalb des Einzugsgebiets des Wasserwerks in den Grundwasserleiter infiltrierte Flusswasser vollständig den Wasserwerksbrunnen zufloss, war der beobachtete Rückgang der Fließgewässeranteile in den Entnahmebrunnen gleich dem Rückgang des während des Hochwasserereignisses infiltrierten Flusswassers. Dieser Rückgang ist folglich nicht allein von der Durchlässigkeit der Bodenzone abhängig, sondern auch von anderen Faktoren, insbesondere auch vom Verlauf des Hochwasserereignisses (vgl. BETHGE 2009).

4.3.6.2 Modellszenario S2B

Die Abbildung 4-36 zeigt für die Hochwasserereignisse H1 und H3 die Ganglinien der Fließgewässeranteile im entnommenen Grundwasser im Modellszenario S2B, in dem wie beim vorangegangenen Szenario S2A das Einzugsgebiet des Wasserwerks einen Teil des Retentionsraums beinhaltete. Im Vergleich zum Szenario S2A herrschten im Szenario S2B bei vergleichbarer Transmissivität des Aquifers höhere Abstandsgeschwindigkeiten der Grundwasserströmung vor, was von einer höheren Durchlässigkeit bei gleichzeitig reduzierter Mächtigkeit des Aquifers verursacht wurde. Die Ganglinien aller berechneten Simulationsläufe des Szenarios S2B befinden sich im Anhang B-4.

Die Berechnungen zu den Hochwasserereignissen H1 und H4 zeigen prinzipiell das gleiche Verhalten, wie es bereits für die Modellszenarien S2A beschrieben wurde. Entsprechend der Einzugsgebiete der Einzelbrunnen (Abbildung 4-22) wurden Fließgewässeranteile in sechs der acht Entnahmebrunnen berechnet. Aufgrund der höheren Abstandsgeschwindigkeiten der Grundwasserströmung erschienen die Maxima der Fließgewässeranteile im Wasserwerk im Szenario S2B etwas früher (bereits nach ca. 1 Jahr) und mit höheren maximalen Fließgewässeranteilen als in den Szenarien S2A (vgl. Kapitel 4.3.5.2).

Die anderen berechneten Hochwasserereignisse (H2, H3 und H5) führten zu Fließgewässeranteilen in den Entnahmebrunnen während oder direkt im Anschluss nach dem jeweiligen Hochwasserereignis, da aufgrund der erhöhten Abstandsgeschwindigkeit infiltriertes Flusswasser in signifikanten Konzentrationen bereits während des Hochwasserereignisses oder kurz danach bis an die Brunnen gelangte (vgl. Kapitel 4.3.5.2).

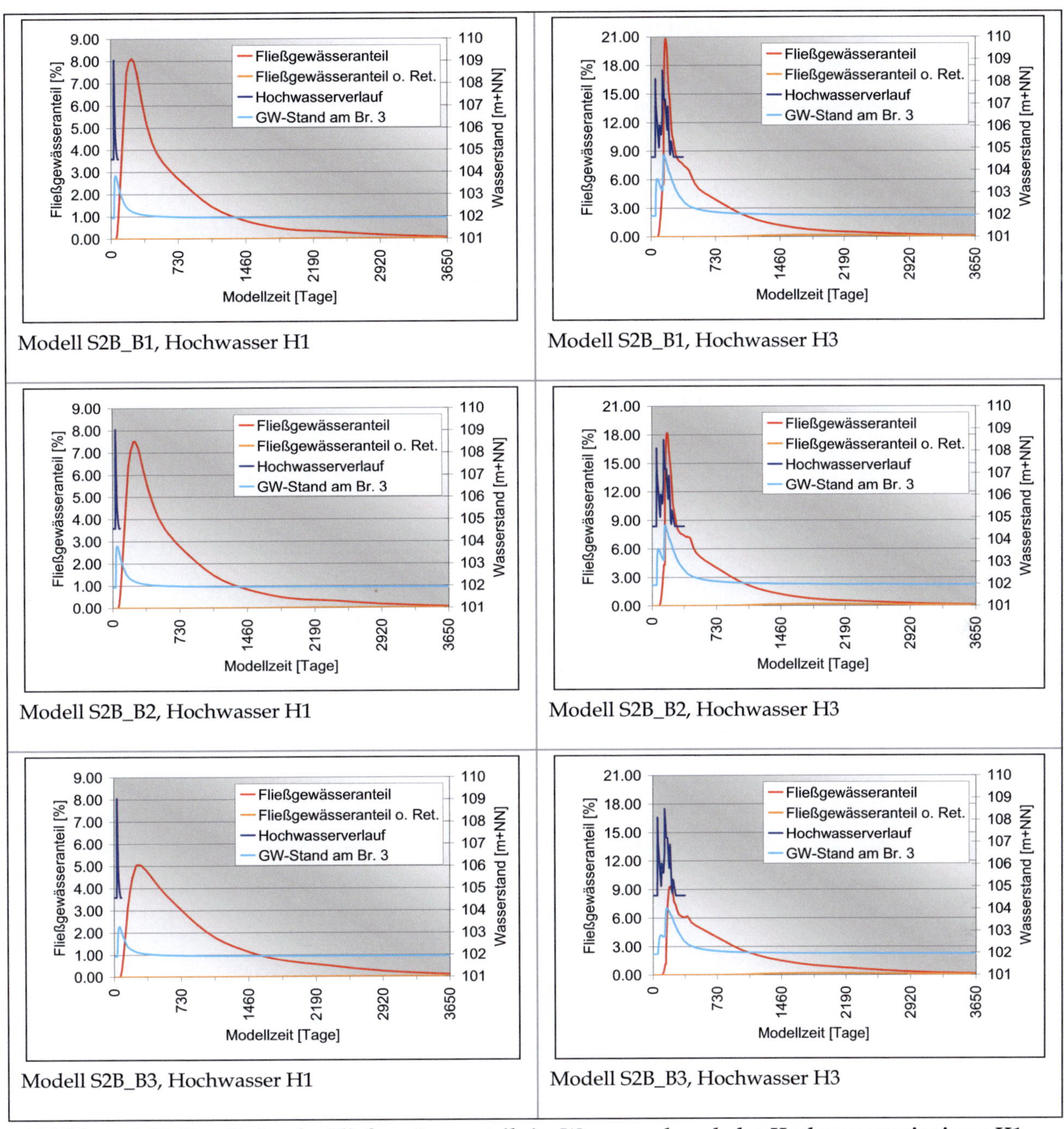

Abbildung 4-36: Ganglinien des Fließgewässeranteils im Wasserwerk nach den Hochwasserereignissen H1 und H3 im Modellszenario S2B. Die Durchlässigkeit der Bodenzone im Retentionsraum wird in den Diagrammen von oben nach unten geringer.

4.3.7 Wirkung eines Hochwasserereignisses, wenn das Einzugsgebiet des Wasserwerks sowohl Teile des Retentionsraums als auch einen Abschnitt des Fließgewässers beinhaltet

In den Modellszenarien S3A und S3B beinhaltete das Einzugsgebiet des Wasserwerks sowohl einen Teil des Retentionsraums als auch einen Abschnitt des Fließgewässers (Abbildung 4-22). Daher förderten die Brunnen des Wasserwerks bereits bei mittleren hydrologischen Bedingungen Grundwasser, das einen Anteil infiltrierten Flusswassers enthielt. Für jedes der beiden Grundszenarien S3A und S3B wurden Simulationsläufe unter Annahme der drei in Kapitel 4.3.3.2 beschriebenen unterschiedlichen Durchlässigkeiten der Bodenzone sowie der fünf in Kapitel 4.3.3.3 beschriebenen Hochwasserereignisse durchgeführt.

4.3.7.1   Modellszenario S3A

Die Abbildung 4-38 zeigt die Ganglinien der Fließgewässeranteile im entnommenen Grundwasser bezogen auf die gesamte Entnahme des Wasserwerks bei den Modellszenarien S3A als Reaktion auf die berechneten Hochwasserereignisse H1 und H5. Die Ganglinien aller berechneten Simulationsläufe des Szenarios S3A befinden sich im Anhang B-5. Alle berechneten Ganglinien zeigen zwei Maxima der Fließgewässeranteile, eines direkt zum Zeitpunkt des Hochwasserereignisses und ein weiteres etwa 1,5 bis 2 Jahre nach dem Hochwasserereignis.

Die Abbildung 4-37 zeigt die prozentualen Anteile des infiltrierten Flusswassers im Grundwasserleiter in der Tiefe 5 m unter GOK am Beispiel des Modellszenarios S3A mit sehr gut durchlässiger Bodenzone (B1) während und nach dem Hochwasserereignis H1 (Abbildung 4-23) zu den beiden Zeitpunkten, an denen die Maxima der Fließgewässeranteile bezogen auf die Gesamtentnahme des Wasserwerks auftraten.

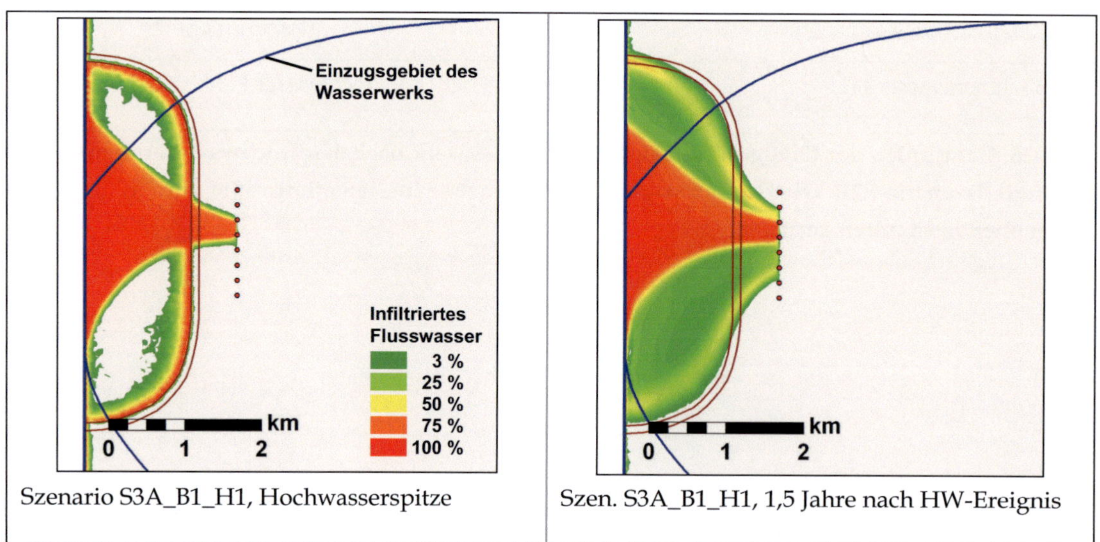

Abbildung 4-37: Prozentualer Fließgewässeranteil im Aquifer 5 m unter GOK im Szenario S3A mit sehr gut durchlässiger Bodenzone nach dem Hochwasserereignis H1 (Szenario S3A_B1_H1)

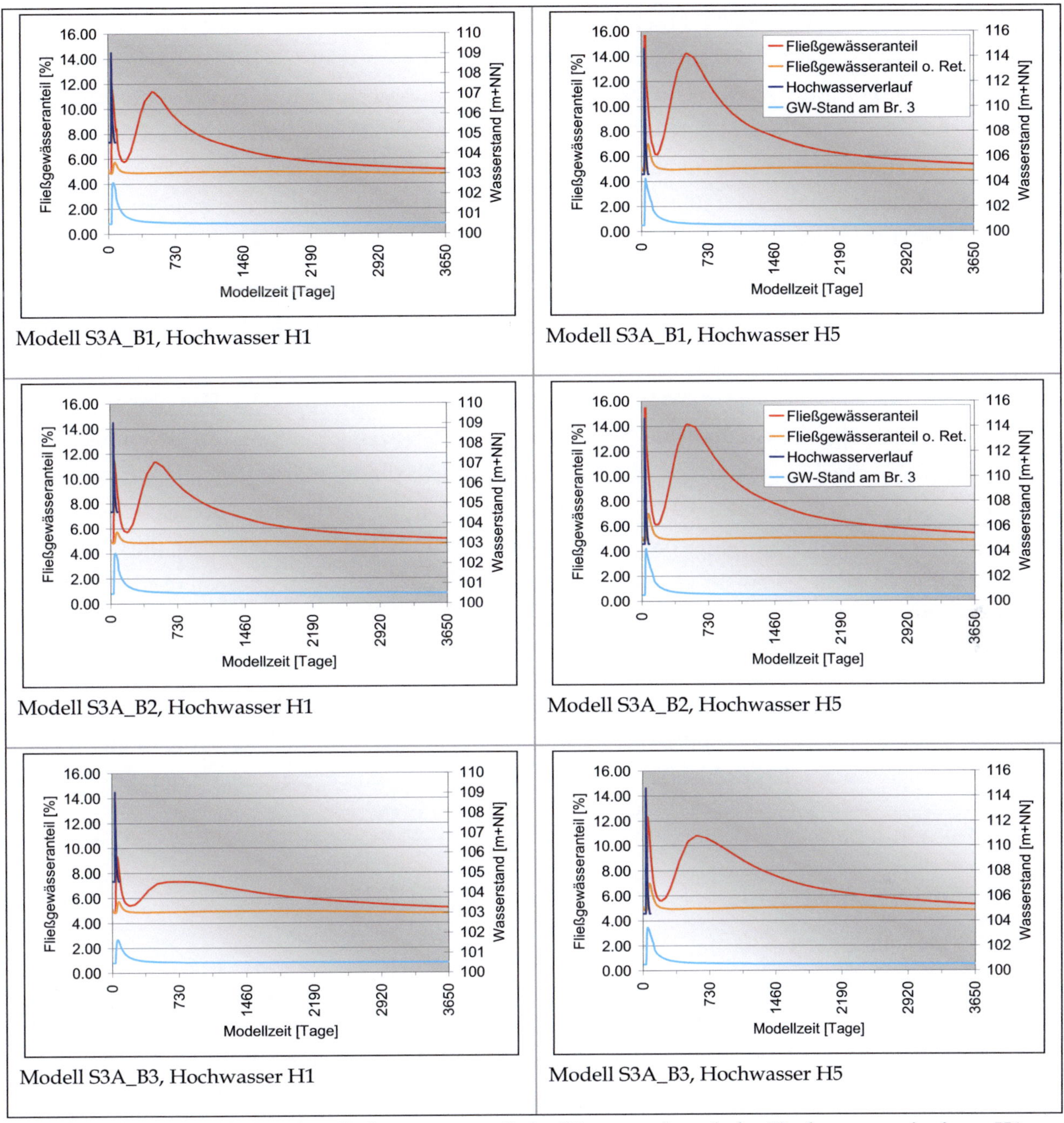

Abbildung 4-38: Ganglinien des Fließgewässeranteils im Wasserwerk nach den Hochwasserereignissen H1 und H5 im Modellszenario S3A. Die Durchlässigkeit der Bodenzone im Retentionsraum wird in den Diagrammen von oben nach unten geringer.

Das Maximum während des Hochwasserereignisses wurde verursacht durch den Anstieg des Gradienten des Grundwasserspiegels zwischen Retentionsraum und Entnahmebrunnen des Wasserwerks. Dadurch strömte den Entnahmebrunnen verstärkt Grundwasser aus der Richtung des Retentionsraums zu, in dem sich bereits vor dem Hochwasserereignis signifikante Fließgewässeranteile befanden (Abbildung 4-22). Das erste Maximum beinhaltete daher kein oder nur in geringem Maße Flusswasser, das während des Hochwasserereignisses über den Retentionsraum infiltriert war, sondern im Wesentlichen älteres Infiltrat.

Das zweite Maximum beinhaltete dagegen Flusswasser, das während des Hochwassers über den Retentionsraum in das Grundwasser infiltriert war, und dann nach dem Hochwasserereignis mit der normalen, vom Hochwasserereignis unbeeinflussten Grundwasserströmung zu den Entnahmebrunnen transportiert wurde, wie es bereits für das Modellszenario S2A diskutiert wurde. Entsprechend den Einzugsgebieten der Einzelbrunnen (Abbildung 4-22) war während des ersten Maximums daher nur in drei Entnahmebrunnen infiltriertes Flusswasser vorhanden, während des zweiten Maximums dagegen in sechs Entnahmebrunnen.

Wie bereits für das Szenario S2A festgestellt, hatte eine Abnahme der Durchlässigkeit der Bodenzone des Retentionsraums von $k_f = 5 \cdot 10^{-4}$ m/s (Szenarien B1) auf $k_f = 5 \cdot 10^{-5}$ m/s (Szenarien B2) praktisch keinen Effekt, eine weitere Reduzierung der Durchlässigkeit der Bodenzone auf $k_f = 10^{-6}$ m/s (Szenarien B3) bewirkte jedoch einen sichtbaren Rückgang der beobachtbaren Maxima. Das zuerst, während des Hochwasserereignisses auftretende Maximum wurde nur wenig geringer (Reduzierung um ca. 0 % bis ca. 35 %), das danach, mit Verzögerung auftretende Maximum wurde dagegen stark reduziert (Reduzierung um ca. 35 % bis ca. 60 %). Das bedeutet, durch die verringerte Durchlässigkeit wurde während eines Hochwassers viel weniger Wasser in den Grundwasserleiter infiltriert, die Grundwasserstände und damit der Gradient zwischen Retentionsraum und Entnahmebrunnen reagierten jedoch wenig sensitiv auf die Durchlässigkeit der Bodenzone.

Bei verringerter Durchlässigkeit der Bodenzone war das erste Maximum bei allen berechneten Hochwasserereignissen höher als das zweite Maximum. Bei hoher Durchlässigkeit der Bodenzone zeigte sich dagegen ein uneinheitliches Bild. Die Hochwasserereignisse H1 und H3 hatten etwa gleich hohe Peaks zur Folge, bei den Hochwasserereignissen H2 und H4 waren die zweiten Maxima höher, beim Hochwasserereignis H5 die ersten Maxima.

4.3.7.2 Modellszenario S3B

Die Abbildung 4-39 zeigt für die Hochwasserereignisse H1 und H5 die Ganglinien der Fließgewässeranteile im entnommenen Grundwasser im Modellszenario S3B, in dem wie beim vorangegangenen Szenario S3A das Einzugsgebiet des Wasserwerks einen Teil des Retentionsraums und einen Abschnitt des Fließgewässers beinhaltete, in dem jedoch im Vergleich zum Szenario S3A bei vergleichbarer Transmissivität des Aquifers höhere Abstandsgeschwindigkeiten der Grundwasserströmung vorherrschten, verursacht durch eine höhere Durchlässigkeit bei gleichzeitig reduzierter Mächtigkeit des Aquifers. Die Ganglinien aller berechneten Simulationsläufe des Szenarios S3B befinden sich im Anhang B-6.

Die Ganglinien der Modellszenarien S3B zeigen prinzipiell das gleiche Verhalten wie die oben diskutierten Ganglinien der Modellszenarien S3A. Aufgrund der höheren Abstandsgeschwindigkeiten traten die zweiten Maxima der Fließgewässeranteile schneller nach dem Hochwasserereignis auf und waren daher teilweise nicht mehr von den ersten Maxima abzugrenzen. Weiterhin waren die Maxima der Fließgewässeranteile deutlich höher als die entsprechenden Maxima der Modellszenarien S3A (vgl. Kapitel 4.3.5.2 und 4.3.6.2).

Es ist auffällig, dass das erste Maximum infolge der Hochwasserereignisse H1, H2 und H3 unter Voraussetzung von guter und sehr guter Durchlässigkeit der Bodenzone des Retentionsraums immer bei etwa 18 % lag. Das deutet darauf hin, dass zum Zeitpunkt des Auftretens dieses Maximums der Gradient des Grundwasserspiegels zwischen Retentionsraum und Wasserwerk so hoch war, dass die Entnahmebrunnen fast ausschließlich Wasser von Seiten des Retentionsraums bekamen. Dieses Wasser beinhaltete offenbar im Durchschnitt einen Fließgewässeranteil von ca. 18 % bezogen auf die gesamte Grundwasserentnahme des Wasserwerks.

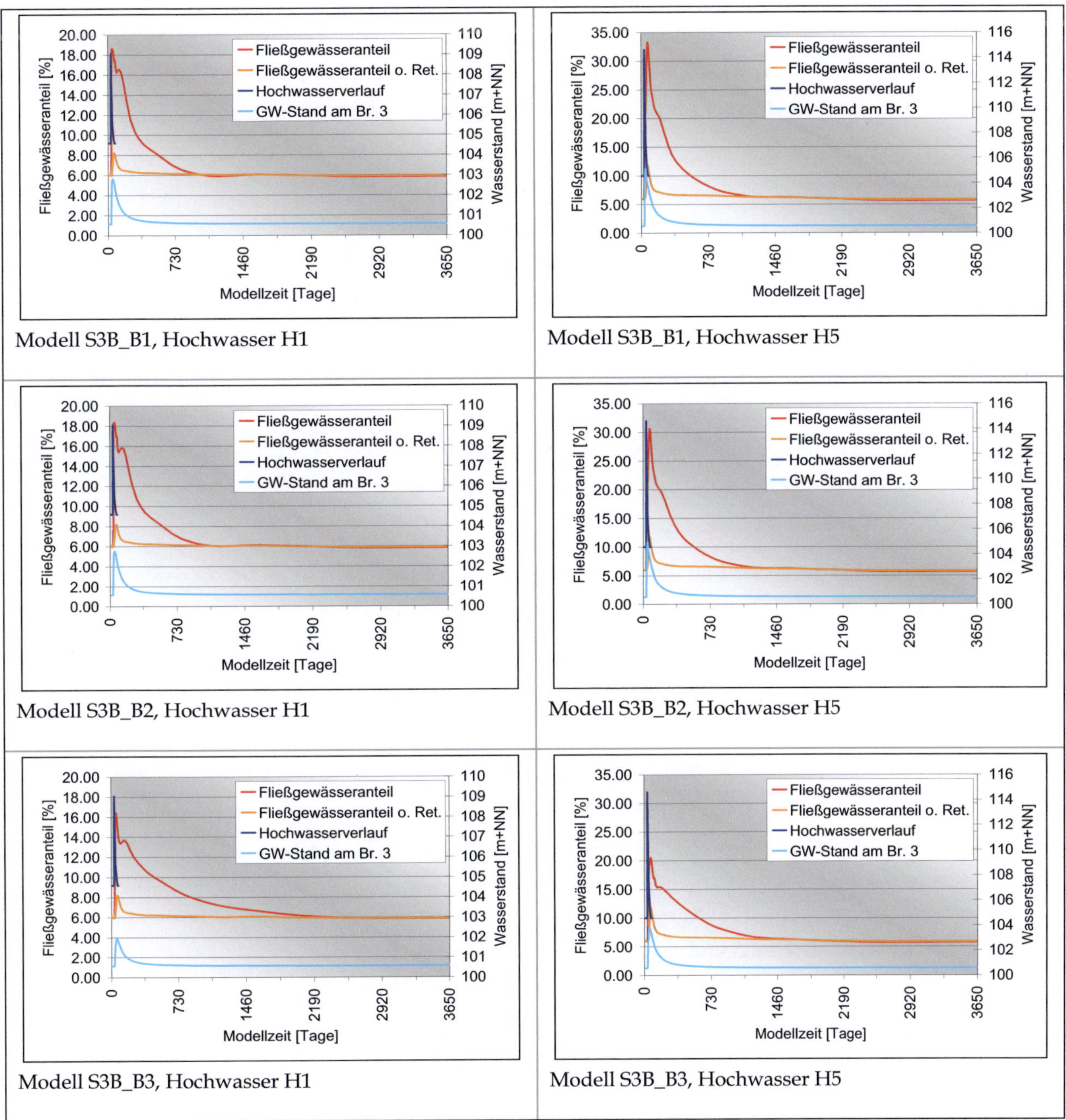

Abbildung 4-39: Ganglinien des Fließgewässeranteils im Wasserwerk nach den Hochwasserereignissen H1 und H5 im Modellszenario S3B. Die Durchlässigkeit der Bodenzone im Retentionsraum wird in den Diagrammen von oben nach unten geringer.

Beim Hochwasser H4 war der Fließgewässeranteil während des Hochwasserereignisses verhältnismäßig gering. Die lange gleich bleibend hohen Wasserstände während des Hochwassers führten nicht zu einem lang anhaltenden steilen Gradienten zwischen Retentionsraum und Brunnen, sondern vor allem zu einer allgemeinen Anhebung der Grundwasserstände im Modellgebiet.

Das Hochwasserereignis H5 führte zu sehr hohen ersten Maxima um 35 %. Offenbar gelangte durch die sehr großen Überflutungshöhen in Verbindung mit den hohen Abstandsgeschwindigkeiten bereits während des Hochwasserereignisses selbst frisch infiltriertes Flusswasser zu den Brunnen. Ähnliches passierte bei den Hochwasserereignissen H2 und H3. Dort gelangte während der zweiten Spitze des Hochwasserereignisses Flusswasser, das während der ersten Spitze infiltriert war, zu den Entnahmebrunnen, und verursachte dort sehr hohe Fließgewässeranteile von um 40 %.

4.3.8 Wirkung eines Abzugsgrabens um den Retentionsraum

Häufig wird außerhalb eines Retentionsraums ein Abzugsgraben angelegt, der während einer Überflutung das auf der Landseite der Dämme auftretende Druckwasser aufnimmt und abführt. Am unterstromigen Ende des Abzugsgrabens muss das abgeleitete Wasser dann in der Regel über den Deich in den Retentionsraum zurück gepumpt werden. Durch einen Abzugsgraben wird das Ansteigen des Grundwasserspiegels außerhalb des Retentionsraums gemindert bzw. begrenzt, um in der Umgebung des Retentionsraums Schäden aufgrund von Vernässungen, z.B. durch das Ausspiegeln von Grundwasser, zu verhindern.

Es ist daher zunächst zu vermuten, dass ein Abzugsgraben außerhalb des Retentionsraums auch das Auftreten von infiltriertem Flusswasser in den Entnahmebrunnen eines nahen Wasserwerks mindert. Um diesen Effekt zu prüfen, wurde ein entsprechender Abzugsgraben in die vorgestellten Szenarien der Prinzipmodelle eingefügt.

Bei der Vorgabe des Abzugsgrabens wurde davon ausgegangen, dass seine Gewässersohle nicht unterhalb des mittleren Grundwasserspiegels liegt, da er sonst schon unter mittleren hydrologischen Bedingungen die Grundwasserstände und damit auch den umliegenden Naturhaushalt (z.B. Bodenwasserhaushalt, Vegetation) maßgeblich beeinflussen würde. Wenn die Gewässersohle dagegen im Bereich des mittleren Grundwasserstands oder knapp darüber liegt, so hat der Abzugsgraben unter mittleren Bedingungen keinen Einfluss auf die Grundwasserströmung, sondern wird erst bei Überflutung des Retentionsraums aufgrund des dadurch bedingten Anstiegs der Grundwasserstände aktiv.

Die Abbildung 4-40 zeigt mit einer dunkelblauen Linie die Lage des Abzugsgrabens im Prinzipmodell. Die Gewässersohle liegt dabei auf seinem gesamten Verlauf etwa einen halben Meter über dem ungestörten Grundwasserspiegel bei hydrologischen mittleren Bedingungen und ohne Entnahme an den Wasserwerksbrunnen.

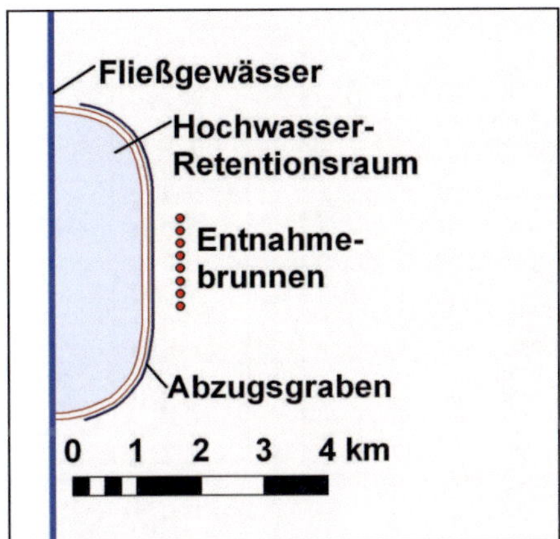

Abbildung 4-40: Lage des Abzugsgrabens im Prinzipmodell

Der Abzugsgraben wurde als Cauchy-Randbedingung mit der Sohlhöhe als bekannter Piezometerhöhe, einer hohen Durchlässigkeit für die Exfiltration von Grundwasser in den Graben und ohne Durchlässigkeit für die Infiltration von Grabenwasser in den Grundwasserleiter modelliert. Durch diese Vorgehensweise kann kein Wasser vom Graben in den Grundwasserleiter gelangen, so dass er erst bei höheren Grundwasserständen infolge einer Überflutung des Retentionsraums aktiv wird, indem er dann die Grundwasserstände entlang seines Verlaufs absenkt. Da mit dem Prinzipmodell ausschließlich grundsätzliche, qualitative Aussagen zur Wirkung von Abzugsgräben auf den Fließgewässeranteil in den Entnahmebrunnen erzeugt werden sollten, konnte auf den Aufbau eines Fließgewässermodells für die Abzugsgräben und auf eine aufwendige Kopplung von Grundwassermodell und Fließgewässermodell (Kapitel 3.5) verzichtet werden.

Die Abbildung 4-41 zeigt beispielhaft für die Modellszenarien S1A, S2A und S3A mit dem Hochwasserereignis H1 (Kapitel 4.3.3.3) und mit guter Durchlässigkeit der Bodenzone im Retentionsraum (B2 aus Kapitel 4.3.3.2) die Ganglinien der Fließgewässeranteile im entnommenen Grundwasser im Vergleich zwischen vorhandenem Abzugsgraben und ohne Abzugsgraben. Die zu vergleichenden Ganglinien sind jeweils nebeneinander abgebildet. Im Anhang B-7 sind auch die Ganglinien weiterer berechneter Szenarien dargestellt.

In den beiden Modellszenarien S1A und S1B, in denen das Einzugsgebiet des Wasserwerks vom Retentionsraum räumlich getrennt ist, bewirkte der Abzugsgraben ein geringfügiges Ansteigen des Maximums des Fließgewässeranteils. Sowohl mit als auch ohne Abzugsgraben blieb das Maximum jedoch bei bis zu ca. 1 ‰ und ist damit in der Regel als sehr gering zu bewerten. In den beiden Modellszenarien S2A und S2B, in denen das Einzugsgebiet des Wasserwerks jeweils einen Teil des Retentionsraums beinhaltete, bewirkte der Abzugsgraben ebenfalls eine geringfügige Erhöhung des Fließgewässeranteils in den Entnahmebrunnen. In den Modellszenarien S3A und S3B hatte der Abzugsgraben dagegen keine sichtbare Wirkung auf die Fließgewässeranteile.

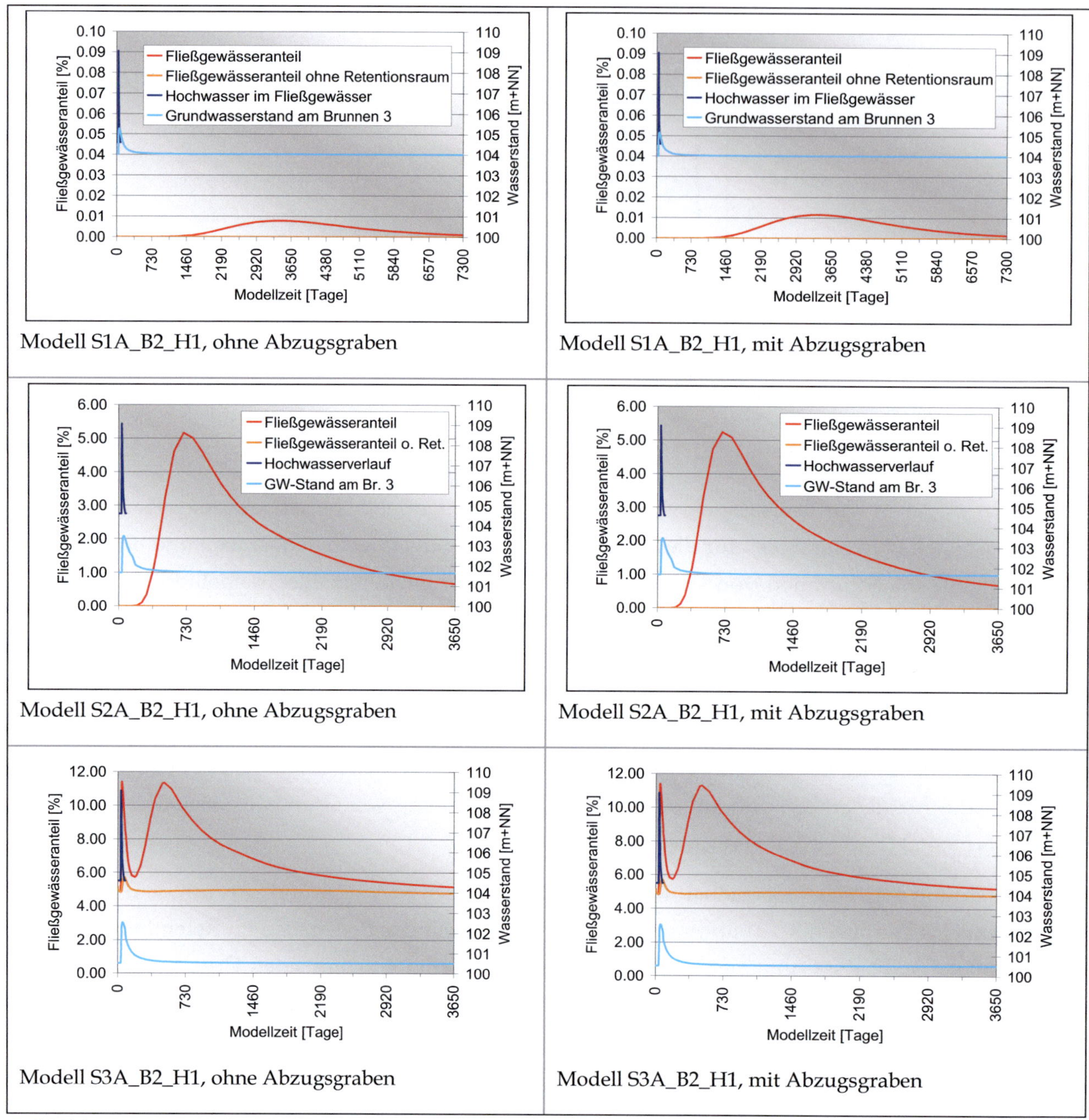

Abbildung 4-41: Vergleich der Ganglinien des Fließgewässeranteils im Wasserwerk mit und ohne Abzugsgraben um den Retentionsraum bei guter Durchlässigkeit der Bodenzone im Retentionsraum (B2) nach dem Hochwasserereignis H1.

Die beobachteten Ganglinien können damit erklärt werden, dass der Abzugsgraben während eines Hochwasserereignisses vor allem einen niedrigeren Grundwasserspiegel direkt außerhalb des Retentionsraums bewirkte. Durch die niedrigeren Grundwasserstände entstand im Retentionsraum an dessen äußerem Rand ein höherer Gradient zwischen Grundwasserspiegel und Oberflächenwasserspiegel. Aufgrund des höheren Gradienten infiltrierte während des Hochwasserereignisses mehr Oberflächenwasser in den Grundwasserleiter. Gegen Ende des Hochwasserereignisses gelangte ein Teil des infiltrierten Oberflächenwassers in den Abzugsgraben und wurde in ihm abgeführt. Die Ganglinien aller berechneten Szenarien belegen jedoch, dass der Abzugsgraben in allen berechneten Prinzipmodellen insgesamt zu einer höheren Netto-Infiltration von Oberflächenwasser führte. Nach dem Hochwasserereignis sanken die Grundwasserstände wieder auf ihre mittlere Höhe, so dass der Abzugsgraben keine Wirkung mehr hatte. Das infiltrierte Oberflächenwasser wurde dann unbeeinflusst vom Abzugsgraben zu den Wasserwerksbrunnen transportiert, wodurch insbesondere in den Modellszenarien S2A und S2B die höheren Fließgewässeranteile in den Entnahmebrunnen ankamen.

Bei den Modellszenarien S1A und S1B ist weiterhin zu beachten, dass der Abzugraben teilweise innerhalb des Einzugsgebiets des Wasserwerks lag. Dadurch bewirkte der Abzugsgraben neben der höheren Infiltration von Oberflächenwasser auch, dass das infiltrierte Oberflächenwasser verstärkt in das Einzugsgebiet des Wasserwerks transportiert wurde und im Gegensatz zu den Szenarien ohne Abzugsgraben (Kapitel 4.3.5) dort auch nach dem Ende des Hochwassers verblieb. Vor allem dadurch sind die in diesen Szenarien berechneten höheren Fließgewässeranteile begründet.

In den Modellszenarien S3A und S3B hatte der Abzugsgraben keine sichtbare Wirkung auf die Fließgewässeranteile in den Entnahmebrunnen. Die Sohle des Abzugsgrabens lag zwar nur etwa einen halben Meter über dem mittleren ungestörten Grundwasserspiegel, die verhältnismäßig hohe Entnahme an den Wasserwerksbrunnen in diesen beiden Szenarien senkte den Grundwasserspiegel jedoch ab, was am Standort des Abzugsgrabens zu einer zusätzlichen Differenz zwischen Grundwasserspiegel und Gewässersohle führte. Bei einer Flutung des Retentionsraums und gleichzeitigem Betrieb des Wasserwerks musste der Grundwasserspiegel folglich abhängig von der Entnahmerate an den Brunnen teilweise zunächst stärker als in den anderen Szenarien ansteigen, bevor der Abzugsgraben überhaupt aktiv wurde. Offenbar führte die verhältnismäßig hohe Grundwasserentnahme des Wasserwerks in den Modellszenarien S3A und S3B dazu, dass der Abzugsgraben während des Hochwasserereignisses nicht oder nicht signifikant wirksam wurde.

4.3.9 Wirkung eines zweiten Fließgewässers auf der Zustromseite des Wasserwerks

Bei allen bisherigen Simulationen wurde von einem konstanten Grundwasserzustrom auf der rechts dargestellten Seite des Modellgebiets im Zustrom des Wasserwerks ausgegangen. Dadurch konnte sich die Höhe des Grundwasserspiegels bei einem Hochwasser im gesamten Modellgebiet praktisch ungehindert verändern. Oft ist jedoch der Grundwasserspiegel durch ein existierendes zweites Fließgewässer nur in verhältnismäßig engen Grenzen variabel. Um zu untersuchen, ob sich durch eine solche grundlegend veränderte Randbedingung ein anderes Verhalten der Grundwasserströmung und des Stofftransportes im Grundwasser ergibt, wurden die vorgestellten Szenarien um ein solches zweites Fließgewässer erweitert (Abbildung 4-42).

Das zweite Fließgewässer wurde in etwa 3 km Entfernung von den Wasserwerksbrunnen als Dirichlet-Randbedingung mit konstanter Piezometerhöhe im Modell vorgegeben. Es wurde entlang der vorhandenen Elementkanten des Modells gelegt und hat daher einen unregelmäßigen Verlauf. Um im Vergleich zu den bisher berechneten Szenarien eine möglichst geringe Wirkung der zusätzlichen Randbedingung bei mittleren Wasserständen zu erreichen, wurden die Wasserstände des Fließgewässers gleich den mittleren Grundwasserständen am jeweiligen Standort definiert.

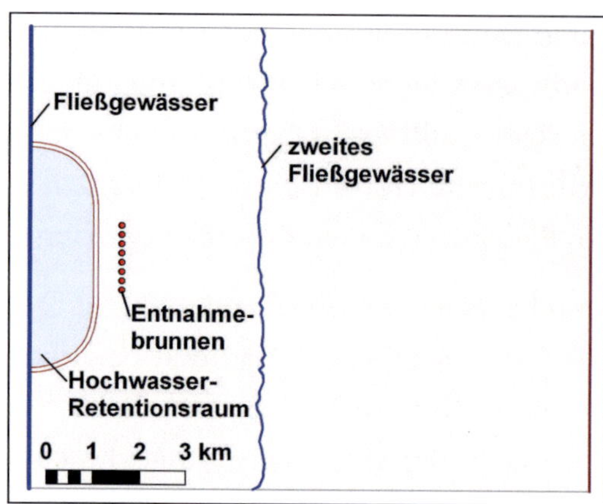

Abbildung 4-42: Lage des zweiten Fließgewässers im Prinzipmodell

Die Verwendung der Dirichlet-Randbedingung für das zweite Fließgewässer bedeutet, dass auch das zweite Fließgewässer sehr gut an den Grundwasserleiter angebunden ist und dadurch die Höhe des Grundwasserspiegels entlang seines Verlaufs direkt bestimmt. Weiterhin wurde davon ausgegangen, dass das Hochwasserereignis den Wasserstand im zweiten Fließgewässer nicht beeinflusst. Es ist nicht wahrscheinlich, dass diese beiden Annahmen an einem konkreten Standort genau so vorzufinden sind. Für das Prinzipmodell sind sie dennoch geeignet, da sie zu einer klar definierten und nachvollziehbaren Randbedingung führen.

Die Vorgabe des zweiten Fließgewässers als Dirichlet-Randbedingung hat zur Folge, dass im gesamten Bereich zwischen der neuen Randbedingung und dem rechten Modellrand die Grundwasserstände stationär bleiben, auch während eines Hochwasserereignisses. Die Abbildung 4-43 zeigt beispielhaft für die Modellszenarien S1A, S2A und S3A mit dem Hochwasserereignis H1 (Kapitel 4.3.3.3) und mit guter Durchlässigkeit der Bodenzone im Retentionsraum (B2 aus Kapitel 4.3.3.2) die Ganglinien der Fließgewässeranteile im entnommenen Grundwasser im Vergleich mit den Szenarien ohne das zweite Fließgewässer. Die zu vergleichenden Ganglinien sind jeweils nebeneinander abgebildet. Im Anhang B-8 sind auch die Ganglinien der weiteren berechneten Szenarien mit guter Durchlässigkeit der Bodenzone im Retentionsraum nach dem Hochwasserereignis H1 dargestellt.

Alle gezeigten Beispiele lassen erkennen, dass das zweite Fließgewässer zu – meist nur geringfügig – höheren Fließgewässeranteilen in den Entnahmebrunnen führte. Ansonsten traten keine Änderungen des grundsätzlichen Verhaltens, wie es in den vorangegangenen Kapiteln beschrieben wurde, ein. Alle weiteren berechneten Szenarien, auch diejenigen mit einem Abzugsgraben um den Retentionsraum, zeigten vergleichbare Ergebnisse und führten daher zu keinen darüber hinaus gehenden Erkenntnissen.

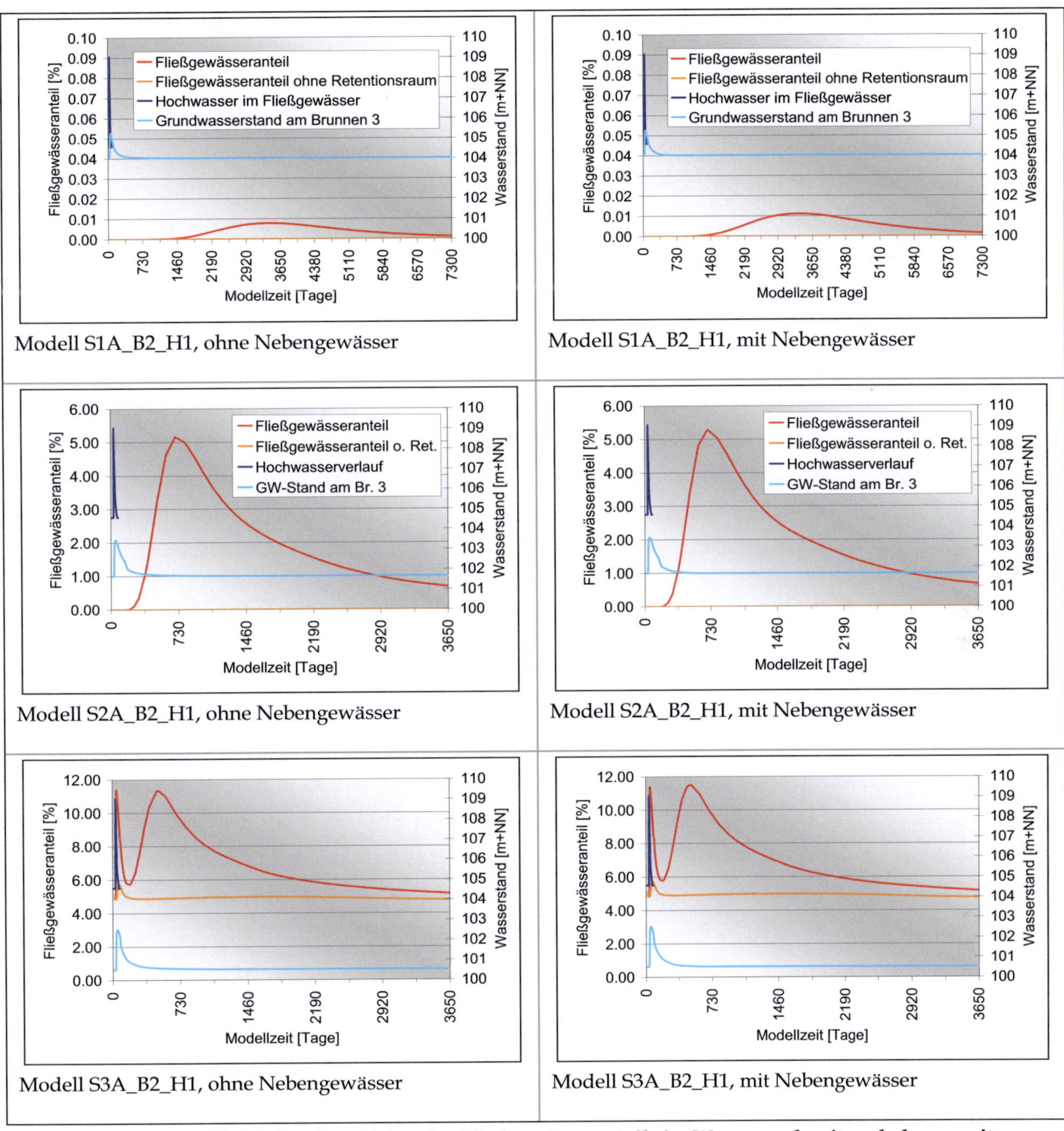

Abbildung 4-43: Vergleich der Ganglinien des Fließgewässeranteils im Wasserwerk mit und ohne zweites Fließgewässer im Zustrombereich der Entnahmebrunnen bei guter Durchlässigkeit der Bodenzone im Retentionsraum (B2) nach dem Hochwasserereignis H1.

4.3.10 Wirkung der Außerbetriebnahme des Wasserwerks während des Hochwasserereignisses

Bei der Diskussion des Einflusses eines Hochwasserretentionsraums auf den Anteil infiltrierten Flusswassers in einem nahen Wasserwerk wird häufig der Vorschlag gemacht, das Wasserwerk für den Zeitraum der Überflutung des Retentionsraums einfach abzustellen. Um die Wirkung dieser Maßnahme zu simulieren, wurden die Entnahmeraten an den Wasserwerksbrunnen zeitlich variabel so vorgegeben, dass die Entnahme während der Flutung des Retentionsraums und den nachfolgenden zwei Wochen ausgesetzt wurde. Die resultierenden Ganglinien des Fließgewässeranteils im Wasserwerk im Vergleich zum nicht unterbrochenen Betrieb des Wasserwerks zeigt Abbildung 4-44 am Beispiel der Szenarien S1A, S2A und S3A mit dem Hochwasserereignis H1 (Kapitel 4.3.3.3) und mit guter Durchlässigkeit der Bodenzone im Retentionsraum (B2 aus Kapitel 4.3.3.2). Die zu vergleichenden Ganglinien sind jeweils nebeneinander abgebildet. Im Anhang B-9 sind auch die Ganglinien der weiteren berechneten Szenarien nach dem Hochwasserereignis H1 und mit guter Durchlässigkeit der Bodenzone im Retentionsraum dargestellt. Der Zeitraum der Außerbetriebnahme der Brunnen ist jeweils mit einem Balken markiert.

In den Modellszenarien S1A bis S2B bewirkte die Außerbetriebnahme des Wasserwerks eine geringfügige Reduzierung der Fließgewässeranteile im Wasserwerk. Während der Flutung des Retentionsraums infiltrierte Oberflächenwasser über die Bodenzone des Retentionsraums in den Grundwasserleiter. Durch die Außerbetriebnahme der Entnahmebrunnen ging lediglich die entnahmebedingte Absenkung der Grundwasserstände etwas zurück, wodurch der Potentialgradient zwischen Oberflächenwasser und Grundwasser im Retentionsraum etwas geringer wurde und in der Folge etwas weniger Wasser in den Grundwasserleiter infiltrierte. 14 Tage nach dem Ende der Flutung gingen die Entnahmebrunnen dann wieder in Betrieb, so dass die Fließgewässeranteile im Grundwasserleiter, die sich im Einzugsgebiet des Wasserwerks befanden, genau so zu den Brunnen transportiert wurden, wie es auch ohne die kurzfristige Abschaltung der Brunnen passiert wäre.

Bei den Modellszenarien S3A und S3B bewirkte das temporäre Abschalten des Wasserwerks sogar eine geringfügige Erhöhung des ersten auftretenden Maximums des Fließgewässeranteils. Im Modellszenario S3A lag das erste Maximum des Fließgewässeranteils bei etwa 11,5 % bei ununterbrochenem Betrieb des Wasserwerks. Wenn die Entnahme während der Flutung des Retentionsraums abgeschaltet wurde, so lag der Fließgewässeranteil beim Einschalten bei etwa 13 %. Das zweite Maximum des Fließgewässeranteils blieb praktisch unverändert. Im Modellszenario S3B erhöhte sich das erste Maximum des Fließgewässeranteils durch das Abschalten des Wasserwerks ebenso von etwa 18 % auf etwa 19 %. In diesem Szenario verringerte sich jedoch das zweite Maximum des Fließgewässeranteils durch die Abschaltung von ca. 16 % auf ca. 12,5 %. In anderen Szenarien, die in Abbildung 4-44 und im Anhang B-9 nicht dargestellt werden (Hochwasserereignisse H4 und H5 des Modellszenario S3A), bewirkt das Abschalten des Wasserwerks eine Reduzierung des Fließgewässeranteils beim ersten Maximum. Wenn das Einzugsgebiet des Wasserwerks einen Abschnitt des Fließgewässers beinhaltet, hängt die Wirkung der Betriebsunterbrechung des Wasserwerks folglich stark vom Verlauf des Hochwasserereignisses ab und kann sowohl leicht positiv als auch leicht negativ sein.

Je nach Verlauf eines Hochwasserereignisses reichte der durch die Überflutung des Retentionsraums erzeugte Gradient des Grundwasserspiegels folglich aus, um die im Grundwasserleiter bereits vorhandenen Fließgewässeranteile verstärkt in Richtung Entnahmebrunnen zu transportieren, auch wenn diese nicht in Betrieb waren. Beim Wiedereinschalten der Brunnen war deshalb die Verdünnung des infiltrierten Flusswassers mit Grundwasser aus der Zustromseite des Wasserwerks zunächst vermindert, wodurch kurzfristig ein relativ hoher Fließgewässeranteil im geförderten Grundwasser resultierte. Dieser ging aber innerhalb von wenigen Tagen schnell wieder zurück.

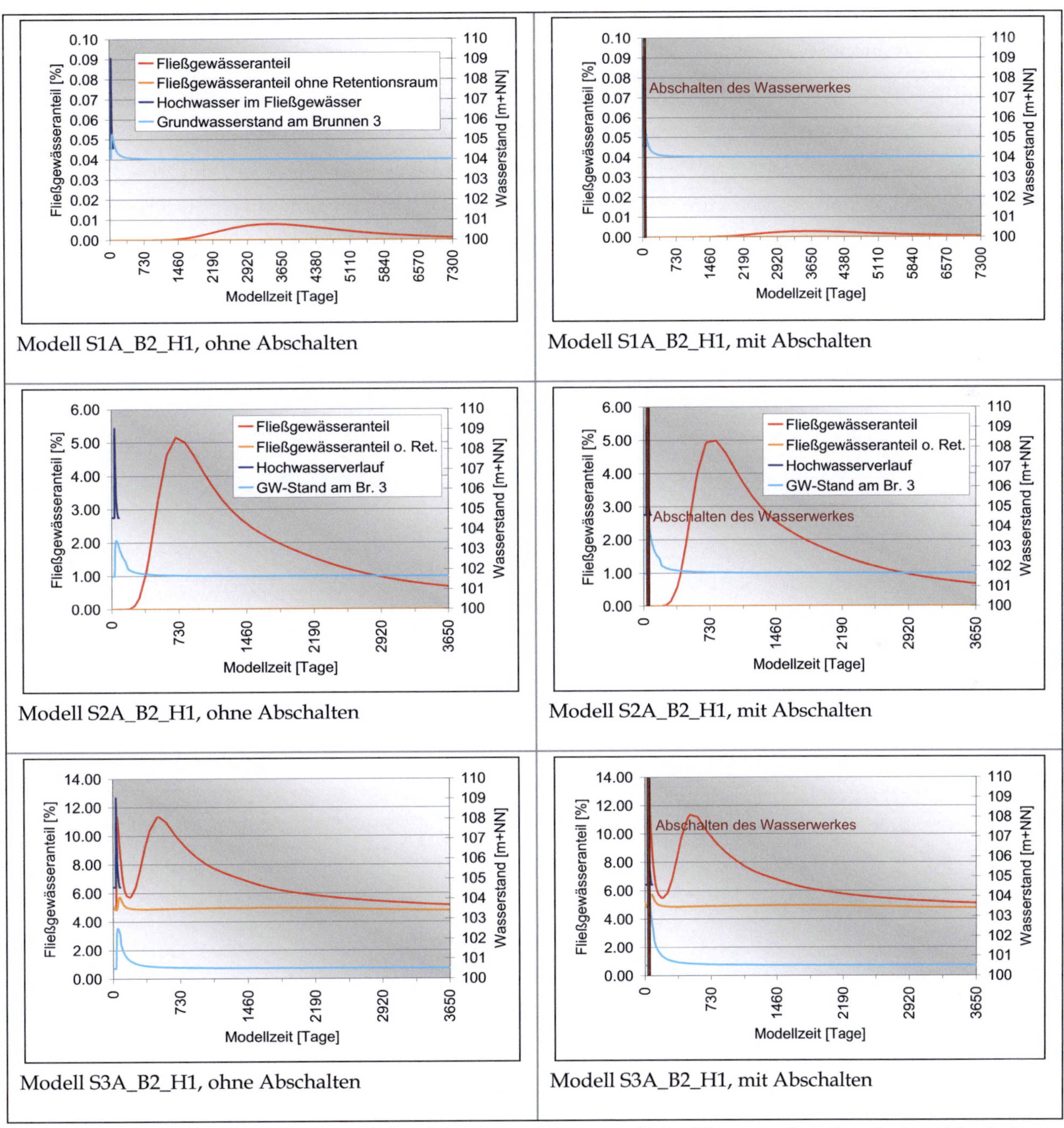

Abbildung 4-44: Vergleich der Ganglinien des Fließgewässeranteils im Wasserwerk mit und ohne Abschalten des Wasserwerks während des Hochwasserereignisses H1 bei guter Durchlässigkeit der Bodenzone im Retentionsraum (B2).

4.3.11 Wirkung von Spundwänden im Deich des Retentionsraums

Ein weiterer Vorschlag zur Minderung des Fließgewässeranteils in den Entnahmebrunnen des Wasserwerks besteht häufig darin, den Deich des Retentionsraums mit einer undurchlässigen Spundwand zu verstärken, um den Grundwasserstrom dadurch einzuschränken. Um die Wirkung dieser Maßnahme zu simulieren, wurde eine Spundwand in die Modellszenarien integriert, die bis in eine Tiefe von 10 m unter Geländeoberkante reicht. Hierfür wurde in den Modellszenarien die Durchlässigkeit des Grundwasserleiters unter dem Deich des Retentionsraums bis in eine Tiefe von 10 m auf $k_f = 10^{-8}$ m/s reduziert.

Die resultierenden Ganglinien des Fließgewässeranteils im Wasserwerk im Vergleich zum Retentionsraum ohne Spundwand zeigt Abbildung 4-45 am Beispiel des Szenarios S2A, in dem sich das Einzugsgebiet des Wasserwerks und der Retentionsraum räumlich überschneiden, mit guter Durchlässigkeit der Bodenzone des Retentionsraums (B2 aus Kapitel 4.3.3.2) nach dem Hochwasserereignis H1 (Kapitel 4.3.3.3), jeweils mit und ohne zweites Fließgewässer im Zustrombereich des Wasserwerks (Kapitel 4.3.9).

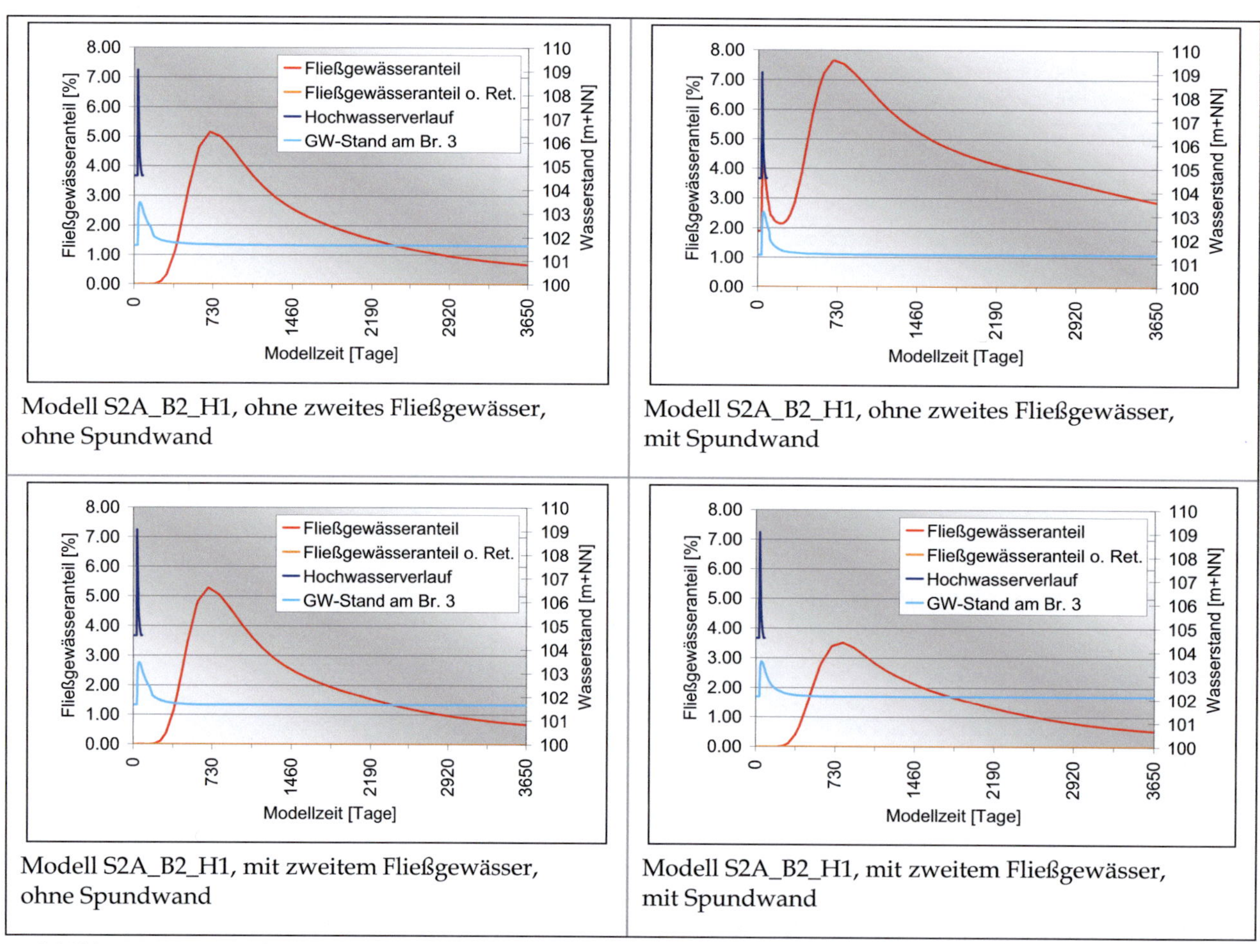

Modell S2A_B2_H1, ohne zweites Fließgewässer, ohne Spundwand

Modell S2A_B2_H1, ohne zweites Fließgewässer, mit Spundwand

Modell S2A_B2_H1, mit zweitem Fließgewässer, ohne Spundwand

Modell S2A_B2_H1, mit zweitem Fließgewässer, mit Spundwand

Abbildung 4-45: Vergleich der Ganglinien des Fließgewässeranteils im Wasserwerk bei Überschneidung von Einzugsgebiet und Retentionsraum (S2A), guter Durchlässigkeit der Bodenzone im Retentionsraum (B2) nach dem Hochwasserereignis H1, mit und ohne zweitem Fließgewässer im Zustrom der Entnahmebrunnen sowie mit und ohne Spundwand im Deich des Retentionsraums.

Im Anhang B-10 sind die Ganglinien der weiteren Szenarien mit guter Durchlässigkeit der Bodenzone des Retentionsraums, ohne zweites Fließgewässer im Zustrombereich des Wasserwerks und mit dem Hochwasserereignis H1 dargestellt. Im Anhang B-11 sind noch mal die gleichen Szenarien jeweils mit zweitem Fließgewässer im Zustrombereich des Wasserwerks dargestellt.

Einige berechnete Szenarien, insbesondere alle Szenarien mit dem zweiten Fließgewässer im Zustrom der Entnahmebrunnen, auch die in Anhang B-11 nicht dargestellten, zeigten ein deutliches Zurückgehen der Fließgewässeranteile in den Entnahmebrunnen. Dies gilt vor allem für die erst mit zeitlichem Abstand zum Hochwasser auftretenden Fließgewässeranteile. Die in den Modellszenarien S3A und S3B direkt während des Hochwassers auftretenden Maxima wurden hingegen nur wenig reduziert.

Die Spundwand im Deich und im Grundwasserleiter unter dem Deich bewirkte erstens eine Reduzierung des für den Grundwasserstrom zur Verfügung stehenden Querschnitts unter dem Deich und zwang das Grundwasser zweitens dazu, einen erheblich längeren Weg zurückzulegen, um den Deich zu passieren. Beides führte dazu, dass der Grundwasserspiegel im Bereich des Deichs des Retentionsraums aufgrund der Spundwand einen höheren Gradienten aufwies.

Die berechneten Ganglinien zeigen, dass die Spundwand nur zu einer geringen Reduzierung des Gradienten des Grundwasserspiegels zwischen Retentionsraum und Entnahmebrunnen führte, da die während des Hochwasserereignisses auftretenden Maxima nur geringfügig abnahmen. Andererseits bewirkte die Spundwand offenbar, dass im Retentionsraum der Gradient zwischen Grundwasserspiegel und Oberflächenwasser deutlich abnahm und dadurch weniger Oberflächenwasser durch die Bodenzone in den Grundwasserleiter infiltrierte. Dies führte zu den geringeren Fließgewässeranteilen im Wasserwerk nach dem Hochwasserereignis.

In anderen Szenarien führte die Spundwand im Deich zu höheren Fließgewässeranteilen in den Entnahmebrunnen. Im Szenario S2A_B2 ohne zweites Fließgewässer im Zustrom der Entnahmebrunnen führte die Spundwand sogar dazu, dass sich schon bei mittleren hydrologischen Bedingungen vor dem Hochwasserereignis Fließgewässeranteile im entnommenen Grundwasser befanden (Abbildung 4-45). Dementsprechend zeigte sich aufgrund der Spundwand in diesem Szenario ein vergleichbares Verhalten wie in den Szenarien S3A und S3B (Kapitel 4.3.7).

Die undurchlässige Spundwand im Deich führte folglich offenbar zu einer geringeren durchschnittlichen Durchlässigkeit bzw. Transmissivität des Aquifers, was entsprechend Gleichung (4.2) bzw. Gleichung (4.37) zu einer größeren Ausdehnung des Einzugsgebiets führte. Je nachdem, ob der Effekt der zusätzlichen Retentionsraumfläche im größeren Einzugsgebiet des Wasserwerks, oder der Effekt der geringeren Infiltration von Oberflächenwasser während der Flutung des Retentionsraums überwog, nahm der Fließgewässeranteil im entnommenen Grundwasser infolge der Spundwand im Deich des Retentionsraums zu oder ab.

4.3.12 Zusammenfassung der Erkenntnisse zu Strömung und Stofftransport im Grundwasserleiter zwischen Retentionsraum und Wasserwerk

Zur Beschreibung der Grundwasserströmung zwischen einem Hochwasserretentionsraum und den Entnahmebrunnen eines Wasserwerks müssen im Wesentlichen drei Fälle unterschieden werden:

- o Das Einzugsgebiet des Wasserwerks und der Retentionsraum sind räumlich voneinander getrennt.

- o Das Einzugsgebiet des Wasserwerks beinhaltet einen Teil des Retentionsraums, jedoch keinen Abschnitt des zugehörigen Fließgewässers.

- o Das Einzugsgebiet des Wasserwerks beinhaltet sowohl einen Teil des Retentionsraums, als auch einen Abschnitt des zugehörigen Fließgewässers.

Wenn das für mittlere hydrologische Bedingungen definierte Einzugsgebiet des Wasserwerks und der Retentionsraum räumlich voneinander getrennt sind, dann muss in der Regel nicht mit relevanten Anteilen von infiltriertem Flusswasser in den Entnahmebrunnen gerechnet werden, auch nicht infolge eines Hochwasserereignisses. Falls das Einzugsgebiet und der Retentionsraum verhältnismäßig nahe beieinander liegen, so können während des Hochwasserereignisses unter Umständen geringe Fließ-gewässeranteile durch hauptsächlich dispersiven Transport in das Einzugsgebiet des Wasserwerks gelangen, die dann über Jahre hinweg advektiv zu den Wasserwerksbrunnen transportiert werden und dort über lange Zeiträume in sehr geringen Konzentrationen auftreten.

Wenn das für mittlere hydrologische Bedingungen definierte Einzugsgebiet des Wasserwerks einen Teil des Retentionsraums beinhaltet, dann infiltriert während eines Hochwasserereignisses durch die Bodenzone des Retentionsraums Flusswasser in einen Teil des Grundwasserleiters, der zum Einzugs-gebiet des Wasserwerks gehört. Die Infiltration findet dabei in der Regel im Wesentlichen am Rand des Retentionsraums statt. Nach dem Hochwasserereignis wird das infiltrierte Flusswasser dann mit der normalen Grundwasserströmung zu den Entnahmebrunnen des Wasserwerks transportiert und tritt dort zum Teil über Jahre in signifikanten Konzentrationen auf. Die maximale Höhe und der Ver-lauf der Ganglinie der Fließgewässeranteile im entnommenen Grundwasser hängen im Wesentlichen von zwei Faktoren ab:

- o Von der Menge und räumlichen Verteilung des während des Hochwasserereignisses im Über-schneidungsbereich des Retentionsraums und des Einzugsgebiets des Wasserwerks in den Grundwasserleiter infiltrierten Oberflächenwassers.

- o Von der Grundwasserströmungssituation zu den Entnahmebrunnen unter mittleren hydrolo-gischen Bedingungen, insbesondere der Dauer des Stofftransports vom Ort der Infiltration des Oberflächenwassers bis zu den Entnahmebrunnen. Die Abstandsgeschwindigkeit des Grundwassers wird wesentlich vom Gradienten des Grundwasserspiegels sowie von der Durchlässigkeit und der durchflusswirksamen Porosität des Grundwasserleiters bestimmt.

Wenn das für mittlere hydrologische Bedingungen definierte Einzugsgebiet des Wasserwerks neben einem Teil des Retentionsraums auch einen Abschnitt des Fließgewässers beinhaltet, dann befindet sich schon bei mittleren Bedingungen ein bestimmter Fließgewässeranteil (Uferfiltrat) in mindestens einem der Entnahmebrunnen. Während eines Hochwassers kann sich der Fließgewässeranteil kurzfristig erhöhen, da sich der Gradient des Grundwasserspiegels zwischen Retentionsraum und Entnahmebrunnen erhöht. Beim erhöhten Fließgewässeranteil handelt es sich jedoch in der Regel nicht um infiltriertes Oberflächenwasser, das während des Hochwassers in den Aquifer infiltriert ist, sondern um infiltriertes Flusswasser bzw. Uferfiltrat, dass sich bereits vor dem Hochwasserereignis in der Nähe des Entnahmebrunnen befunden hat. Eine Obergrenze des dadurch zu erwartenden Fließgewässeranteils im Wasserwerk kann abgeschätzt werden, indem davon ausgegangen wird, dass die Brunnen, die bereits vor dem Hochwasserereignis infiltriertes Flusswasser enthalten, während des Hochwasserereignisses ausschließlich infiltriertes Flusswasser fördern. Nach dem Hochwasserereignis fällt der Fließgewässeranteil im Allgemeinen zunächst wieder, um dann ein zweites Mal anzusteigen, diesmal wie im vorangegangenen Absatz beschrieben aufgrund von infiltriertem Flusswasser, das während des Hochwassers durch die Bodenzone des Retentionsraums in den Grundwasserleiter infiltriert ist.

Wenn die Entnahmebrunnen sich so nahe am Retentionsraum befinden, dass während des Hochwasserereignisses infiltriertes Flusswasser bis in den Nahbereich der Brunnen gelangt, ist unabhängig davon, welcher der drei Fälle betrachtet wird, während oder kurz nach dem Hochwasserereignis mit Fließgewässeranteilen im geförderten Grundwasser zu rechnen. Die Größenordnung der zu erwartenden Fließgewässeranteile kann mit den Gleichungen aus Kapitel 4.2 abgeschätzt werden.

Die durchgeführten Szenarienberechnungen zeigen, dass von einer starken Verdünnung der im Fließgewässer vorzufindenden Stoffkonzentrationen auszugehen ist. Den Entnahmebrunnen strömt nicht nur von der Seite des Retentionsraums, sondern auch von der dem Fließgewässer abgewandten Seite Grundwasser zu. Aufgrund des natürlichen Gefälles des Grundwasserspiegels kann in der Regel davon ausgegangen werden, dass den Brunnen mehr Wasser von der Zustromseite der Entnahmebrunnen zuströmt als von der Abstromseite, auf der der Retentionsraum liegt (siehe Abbildung 4-11), wobei sich dieses Verhältnis während der Flutung des Retentionsraums umdrehen kann. Weiterhin zeigen die Berechnungen, dass bei Wasserwerken mit mehreren Entnahmebrunnen häufig nicht alle Brunnen Grundwasser fördern, das infiltriertes Flusswasser enthält, so dass dadurch eine weitere Verdünnung stattfindet.

In allen betrachteten Szenarien wurde der Transport des infiltrierten Flusswassers berechnet, nicht der Transport einzelner Substanzen im Flusswasser. Bei den Stofftransportberechnungen einer konkreten Substanz ist, soweit es sich nicht um einen idealen Tracer handelt, zusätzlich Retardation sowie mikrobiologischer und chemischer Abbau der Substanz mit einzubeziehen. Beide Prozesse können zu einer erheblichen Verringerung der zu messenden Konzentration in den Entnahmebrunnen führen.

Es wurde gezeigt, dass in der Regel weder das Abschalten des Wasserwerks während der Flutung des Retentionsraums, noch ein Abzugsgraben um den Retentionsraum dazu geeignet sind, den Fließgewässeranteil in den Entnahmebrunnen signifikant zu reduzieren. Eine Spundwand im Deich bzw. Grundwasserleiter um den Retentionsraum führt in einigen Fällen zu geringeren Fließgewässeranteilen, in anderen Fällen jedoch sogar zu höheren Fließgewässeranteilen in den Brunnen. In Kapitel 6.2 werden die aus den Erkenntnissen der Prinzipmodellierung folgenden Möglichkeiten zur Reduzierung eines Fließgewässeranteils in den Entnahmebrunnen eines Wasserwerks detailliert aufgeführt und diskutiert.

Die Untersuchungsergebnisse der Prinzipmodelle zeigen auch, dass praktisch unbegrenzte Variations- und Kombinationsmöglichkeiten bezüglich der Randbedingungen, die die Höhe des Fließgewässeranteils in den Entnahmebrunnen des Wasserwerks bestimmen, existieren. Schon der Verlauf des betrachteten Hochwasserereignisses, der den Fließgewässeranteil im Entnahmebrunnen maßgeblich beeinflusst, lässt unbegrenzte Variationen zu. Einfache mathematische Zusammenhänge zwischen einer Randbedingung und beispielsweise der Höhe des Maximums des Fließgewässeranteils, die auch bei einer Änderung der übrigen Randbedingungen gelten, konnten nicht festgestellt werden.

Daher sind weitere Untersuchungen mit den Prinzipmodellen nicht sinnvoll, um eine über die beschriebenen Beziehungen hinaus gehende quantitative Abschätzung der Höhe des zu erwartenden Fließgewässeranteils im Wasserwerk an einem konkreten Standort zu ermöglichen. Eine solche Abschätzung muss deshalb mit einem detaillierten numerischen Grundwassermodell, das die konkret vorliegenden Randbedingungen genau erfasst, vorgenommen werden. Die dafür notwendige Vorgehensweise wird im Kapitel 5 erläutert.

4.4 Vorgehensweise zur Einschätzung eines Standorts

Auf der Grundlage der Erkenntnisse aus den Simulationen mit den Prinzipmodellen (Kapitel 4.3) kann für einen konkreten Standort im Rahmen einer Ersteinschätzung mit verhältnismäßig wenig Aufwand abgeschätzt werden, ob aufgrund eines nahen Retentionsraums Fließgewässeranteile im entnommenen Grundwasser eines Wasserwerks zu erwarten sind. Zur Durchführung dieser Ersteinschätzung ist entsprechend Kapitel 4.3.12 vor allem relevant,

- o ob das Einzugsgebiet des Wasserwerks einen Teil des Retentionsraums und möglicherweise zusätzlich einen Abschnitt des Fließgewässers beinhaltet, und
- o ob während der Flutung des Retentionsraums bereits infiltriertes Flusswasser in die Nähe der Entnahmebrunnen gelangen kann.

Um hierfür Abschätzungen treffen zu können, sind die in Kapitel 4.1 und Kapitel 4.2 entwickelten Methoden heranzuziehen. Zur Anwendung dieser Methoden sind wiederum geohydrologische Kenntnisse über den zu beurteilenden Standort notwendig.

4.4.1 Geohydrologische Erkundung

Um die in den Kapiteln 4.1 und 4.2 entwickelten Methoden anwenden zu können, sind Kenntnisse über

- o den Gradienten I des Grundwasserspiegels mit Richtung und Betrag,
- o den Durchlässigkeitsbeiwert k_f des Grundwasserleiters,
- o die Mächtigkeit M_{GW} des Grundwasserleiters,
- o den Speicherkoeffizienten S des Grundwasserleiters,
- o die Längsdispersivität α_L des Grundwasserleiters,
- o die durchflusswirksame Porosität n_e des Grundwasserleiters, und
- o die Dauer und Höhe des zu erwartenden bzw. zu berücksichtigenden Hochwasserereignisses

notwendig.

Da ein Standort beurteilt werden soll, an dem eine Grundwasserentnahme geplant ist oder bereits betrieben wird, liegen in der Regel die benötigten Daten zu den Eigenschaften des Grundwasserspiegels und des Grundwasserleiters bereits vor. Gleiches gilt für die Eigenschaften des zu berücksichtigenden Hochwasserereignisses, da am fraglichen Standort ein Hochwasserretentionsraum geplant ist oder betrieben wird. Weiterhin liegen zu den benötigten Parametern häufig zumindest regionale Durchschnittswerte bei den zuständigen regionalen oder nationalen Fachbehörden vor und können dort abgefragt werden. Falls dennoch keine Daten vorhanden sind oder die Qualität der Daten nicht ausreichend ist, können die benötigten Werte mit den nachfolgend aufgeführten Methoden ermittelt werden.

4.4.1.1 Erkundungsbohrungen und geophysikalische Untersuchungen

Die an einem Standort bestehende vertikale Abfolge von Grundwasserleitern, Grundwassergeringleitern und Grundwassernichtleitern mit ihrer jeweiligen Mächtigkeit kann durch Erkundungsbohrungen anhand der Auswertung des Bohrgutes festgestellt werden. Zur besseren Regionalisierung der Ergebnisse sind mehrere Bohrungen abzuteufen. Unterstützend können geophysikalische Methoden wie Geoelektrik oder Seismik eingesetzt werden. Die für die Fragestellung zu berücksichtigenden Grundwasserleiter sind anhand der Ergebnisse in Verbindung mit der Tiefe, in der die Grundwasserentnahme stattfindet, auszuwählen.

Aus Siebanalysen des Bohrgutes kann nach den Methoden von beispielsweise HAZEN (1893) oder BEYER (1964) der Durchlässigkeitsbeiwert k_f des Grundwasserleiters abgeschätzt werden. Aus dem Durchlässigkeitsbeiwert k_f kann wiederum nach der Methode von MAROTZ (1968) (Gleichung (4.49)) die entwässerbare Porosität n, die im Fall eines ungespannten Grundwasserleiters in etwa gleich dem Speicherkoeffizienten S ist (Kapitel 3.1.6), näherungsweise berechnet werden. Im Fall eines gespannten Grundwasserleiters kann der Speicherkoeffizient S mittels Literaturwerten (Kapitel 3.1.6) abgeschätzt werden. Falls keine besseren Daten vorliegen, kann für die durchflusswirksame Porosität n_e der gleiche oder ein etwas geringerer Wert als die entwässerbare Porosität n angesetzt werden (Kapitel 3.1.1). Ebenso kann für die Längsdispersivität α_L ein Schätzwert aus der Literatur angegeben werden (Kapitel 3.2.4), falls keine besseren Werte vorliegen. Damit können für alle relevanten Eigenschaften des Grundwasserleiters mit verhältnismäßig geringem Aufwand Schätzwerte angegeben werden.

4.4.1.2 Pumpversuche und Markierungsversuche

Qualitativ hochwertigere Daten zu den Aquifereigenschaften als im vorangegangenen Kapitel beschrieben lassen sich bei Bedarf durch Pump- und Markierungsversuche ermitteln. Durch einen stationären Pumpversuch kann die Transmissivität des untersuchten Grundwasserleiters als Produkt von Mächtigkeit M_{GW} und Durchlässigkeitsbeiwert k_f bestimmt werden. Durch einen instationären Pumpversuch kann zusätzlich zur Transmissivität auch der Speicherkoeffizient S bestimmt werden. Umfassende Hinweise zur Durchführung und Auswertung von Pumpversuchen geben beispielsweise KRUSEMAN & DE RIDDER (1990).

Zur Bestimmung der durchflusswirksamen Porosität n_e und der Längsdispersivität α_L ist die Durchführung eines Markierungsversuchs, der auch mit einem Pumpversuch kombiniert werden kann, notwendig. Methoden zur Durchführung und Auswertung von Markierungsversuchen werden ausführlich beispielsweise von KÄSS (2004) beschrieben.

4.4.1.3 Messung des Grundwasserstands und der Grundwasserbeschaffenheit

Der Gradient des Grundwasserspiegels mit Richtung und Betrag lässt sich nur durch die Messung des Grundwasserstands an mindestens drei Messstellen ermitteln. Da der Gradient des Grundwasserspiegels sowohl von den regional unterschiedlichen Aquifereigenschaften, als auch von weiteren hydrologischen Randbedingungen wie Oberflächengewässer beeinflusst wird, an denen sich der Gradient auch sprunghaft ändern kann, sollten in der Regel weit mehr als drei Grundwassermessstellen zur Bestimmung der Lage des Grundwasserspiegels herangezogen werden. Wenn nicht ausgeschlossen werden kann, dass der Gradient des Grundwasserspiegels sich zeitvariant verhält, so sind Grundwasserstandsmessungen unterschiedlicher Zeitpunkte mit unterschiedlichen hydrologischen Randbedingungen (z.B. Niederschlagssituation, Wasserstände in Fließgewässern) auszuwerten, um Mittelwert und Varianz des Gradienten bestimmen zu können.

Falls Grundwasser durch die Analyse seiner chemischen oder isotopenhydrologischen Beschaffenheit einer bestimmten möglichen Quelle des Grundwasservorkommens zugeordnet werden kann, dann bietet die Untersuchung der Grundwasserbeschaffenheit die Möglichkeit, Rückschlüsse auf die langfristige integrale Wirkung der zurückliegenden Strömungssituationen zu ziehen. Dadurch können häufig qualitativ hochwertige Aussagen zum mittleren bzw. maßgeblichen Gradient des Grundwasserspiegels gemacht werden.

4.4.2 Abschätzung der maßgeblichen Parameter

4.4.2.1 Größe und Lage des Einzugsgebiets des Wasserwerks

Die Abschätzung der Größe und Lage des Einzugsgebiets erfolgt entsprechend den in Kapitel 4.1 entwickelten Beziehungen. Die geplanten Brunnen sollten sich näherungsweise äquidistant auf einer Linie orthogonal zur Grundwasserströmung befinden und näherungsweise die gleiche Entnahmeleistung haben, damit die entwickelte Methode angewendet werden darf.

Bei den Berechnungen zur Größe des Einzugsgebiets müssen die bestehenden Unsicherheiten bezüglich der maßgeblichen Parameter Transmissivität (bzw. Mächtigkeit und Durchlässigkeitsbeiwert) des Grundwasserleiters und Gradient des Grundwasserspiegels berücksichtigt werden. Je kleiner die Werte dieser Parameter sind, desto größer ist das Einzugsgebiet. Neben Berechnungen mit den besten Schätzungen der genannten Parameter sollten auch Worst-Case-Berechnungen durchgeführt werden, die zeigen, wie groß das Einzugsgebiet unter ungünstigen Bedingungen sein könnte.

Zur Bestimmung der Größe und Lage des Einzugsgebiets ist zu unterscheiden, ob die Entnahme an einem Einzelbrunnen, an zwei Brunnen oder an mehr als zwei Brunnen erfolgt.

Entnahme an einem Brunnen

1) Der Standort des Brunnens ist auf einer Karte einzuzeichnen. Anschließend ist eine Stromlinie der Grundwasserströmung, welche durch den Entnahmebrunnen verläuft, entsprechend der Richtung des ermittelten Gradienten des Grundwasserspiegels in die Karte einzuzeichnen.

2) Der untere Kulminationspunkt des Einzugsgebiets liegt auf der eingezeichneten Stromlinie im Abstand x_u (Gleichung (4.2)) zum Entnahmebrunnen.

3) Die Breite des Einzugsgebiets auf der Höhe des Entnahmebrunnens (orthogonal und symmetrisch zur eingezeichneten Stromlinie) beträgt $y_b/2$ (Gleichung (4.4)).

4) Die Breite des Einzugsgebiets zustromig in großer Entfernung zum Entnahmebrunnen (orthogonal und symmetrisch zur eingezeichneten Stromlinie) beträgt y_b (Gleichung (4.1)).

5) Mit den so ermittelten Punkten kann das Einzugsgebiet näherungsweise in die Karte eingezeichnet werden.

Entnahme an zwei Brunnen

1) Die Standorte der beiden Brunnen sind auf einer Karte einzuzeichnen und durch eine Linie zu verbinden. Anschließend ist eine Stromlinie der Grundwasserströmung, welche durch die Mitte zwischen den beiden Entnahmebrunnen verläuft, entsprechend der Richtung des ermittelten Gradienten des Grundwasserspiegels in die Karte einzuzeichnen.

2) Die Koordinaten der unteren Kulminationspunkte und der Punkte der maximalen unterstromigen Ausdehnung des Einzugsgebiets sind entsprechend der in Tabelle 4-1 gegebenen Beziehungen zu berechnen und relativ zu den beiden eingezeichneten Linien auf der Karte einzutragen.

3) Wenn der Abstand der beiden Brunnen zueinander kleiner als $y_b/4$ (y_b aus Gleichung (4.1)) ist, dann beträgt die Breite des Einzugsgebiets auf der Höhe der Entnahmebrunnen (orthogonal und symmetrisch zur eingezeichneten Stromlinie) in etwa $y_b/2$ (Abbildung 4-7 und Abbildung 4-8). Bei einem größeren Abstand der Brunnen zueinander haben die beiden Brunnen dort getrennte Einzugsgebiete mit der Breite von jeweils etwa $y_b/4$ (Gleichung (4.4)).

4) Wenn der Abstand der beiden Brunnen zueinander kleiner als $y_b/2$ ist, dann beträgt die Breite des Einzugsgebiets zustromig in großer Entfernung zum Entnahmebrunnen (orthogonal und symmetrisch zur eingezeichneten Stromlinie) y_b. Bei einem größeren Abstand der Brunnen zueinander haben die beiden Brunnen dort getrennte Einzugsgebiete mit der Breite von jeweils $y_b/2$.

5) Mit den so ermittelten Punkten kann das Einzugsgebiet näherungsweise in die Karte eingezeichnet werden.

Entnahme an mehr als zwei Brunnen

1) Es wird eine Anzahl von i Brunnen angenommen. Die Standorte der i Brunnen sind auf einer Karte einzuzeichnen. Die näherungsweise anzusetzende Linienentnahme mit der Länge L_E gleich i mal Abstand zwischen den Brunnen ist in die Karte einzuzeichnen. Anschließend ist eine Stromlinie der Grundwasserströmung, welche durch die Mitte der angenommenen Linienentnahme verläuft, entsprechend der Richtung des ermittelten Gradienten des Grundwasserspiegels in die Karte einzuzeichnen.

2) Wenn der Abstand der Brunnen zueinander

   a) kleiner als $y_b/(2 \cdot i)$ (y_b aus Gleichung (4.1)) ist, dann beträgt die Breite des Einzugsgebiets auf der Höhe der Entnahmebrunnen (orthogonal und symmetrisch zur eingezeichneten Stromlinie) in etwa $y_b/2$ (Abbildung 4-12). Um die maximale unterstromige Ausdehnung des Einzugsgebiets zu bestimmen, wird $x_{u,l}$ mit Gleichung (4.36) bzw. (4.37) und x_u/i mit Gleichung (4.2) berechnet, wobei der größere der beiden Werte anzusetzen ist. Da es sich bei der Berechnung um eine Näherung handelt, ist ein Sicherheitszuschlag von bis zu 20 % zum so ermittelten Wert zu addieren, falls $x_{u,l}$ kleiner oder nur wenig größer als x_u/i ist (Kapitel 4.1.3.3). Der Sicherheitszuschlag kann mit zunehmender Anzahl der Brunnen geringer ausfallen. Der Punkt der maximalen unterstromigen Ausdehnung des Einzugsgebiets liegt auf der eingezeichneten Stromlinie im ermittelten Abstand zur eingezeichneten Linienentnahme.

b) größer als $y_b/(2 \cdot i)$ (y_b aus Gleichung (4.1)) ist, dann haben die Entnahmebrunnen auf der Höhe der Brunnen getrennte Einzugsgebiete mit der Breite von jeweils etwa $y_b/(2 \cdot i)$ (Gleichung (4.4)). Die Punkte der maximalen unterstromigen Ausdehnung des Einzugsgebiets liegen jeweils auf Stromlinien, die durch die einzelnen Entnahmebrunnen verlaufen, in einem Abstand von x_u/i (x_u aus Gleichung (4.2)), plus einem Sicherheitszuschlag von bis zu 10 %, zum zugehörigen Entnahmebrunnen. Der Sicherheitszuschlag kann mit zunehmender Anzahl der Brunnen und zunehmendem Abstand der Brunnen zueinander geringer ausfallen (Kapitel 4.1.3.3).

3) Wenn der Abstand der Brunnen zueinander kleiner als y_b/i (y_b aus Gleichung (4.1)) ist, dann beträgt die Breite des Einzugsgebiets zustromig in großer Entfernung zum Entnahmebrunnen (orthogonal und symmetrisch zur eingezeichneten Stromlinie) y_b. Bei einem größeren Abstand der Brunnen zueinander haben die Brunnen dort getrennte Einzugsgebiete mit der Breite von etwa y_b/i.

4) Mit den so ermittelten Punkten kann das Einzugsgebiet näherungsweise in die Karte eingezeichnet werden.

4.4.2.2 Reichweite von infiltriertem Flusswasser im Aquifer während der Flutung des Hochwasserretentionsraums

Mit den in Kapitel 4.2 entwickelten Gleichungen (4.47) und (4.48) kann abgeschätzt werden, wie weit das über die Bodenzone des Hochwasserretentionsraums infiltrierte Flusswasser während eines Hochwasserereignisses in den Grundwasserleiter eindringt. Zur Anwendung der Gleichungen müssen Annahmen getroffen werden, die zusätzlich zu den bezüglich der geohydrologischen Parameter bestehenden Unsicherheiten als weitere Unsicherheiten berücksichtigt werden müssen.

o Es muss abgeschätzt werden, wie sich der Grundwasserstand am Rand des Retentionsraums bei einer Flutung des Retentionsraums während des anzunehmenden Bemessungshochwassers verhält. Diese angenommene Ganglinie des Grundwasserstands muss dann zu einem während eines Zeitraums T_H andauernden konstanten Anstieg H_H abstrahiert werden (Abbildung 4-16).

o Weiterhin muss berücksichtigt werden, dass aufgrund der gegenüber der horizontalen Durchlässigkeit geringeren vertikalen Durchlässigkeit (Anisotropie) des Grundwasserleiters oft angenommen werden muss, dass das infiltrierte Flusswasser nicht tief in den Grundwasserleiter eindringt, sondern oberflächennah bleibt. Damit ist in den Gleichungen nicht die gesamte Mächtigkeit des Grundwasserleiters anzusetzen, sondern nur die Mächtigkeit, in der das infiltrierte Flusswasser erwartet wird. Für die Abschätzung des resultierenden Fließgewässeranteils ist dann jedoch wieder die gesamte Mächtigkeit zu berücksichtigen (Kapitel 6.1.2).

Die Reichweite des infiltrierten Flusswassers im Aquifer während der Flutung des Retentionsraums ist größer bei einem größerem Anstieg H_H des Grundwasserstands während einer längeren Zeitspanne T_H, bei einem größeren Speicherkoeffizienten S und größerem Durchlässigkeitsbeiwert k_f des Grundwasserleiters sowie bei einer geringeren Mächtigkeit M_{GW} und einer geringeren durchflusswirksamen Porosität n_e des Grundwasserleiters. Neben Berechnungen mit den besten Schätzungen der genannten Parameter sollten auch Worst-Case-Berechnungen durchgeführt werden, die zeigen, wie groß die Reichweite unter ungünstigen Bedingungen sein könnte.

4.4.3 Einschätzung des Standorts

Auf der Grundlage der im vorangegangenen Kapitel 4.4.2 ermittelten beiden Größen kann der zu beurteilende Standort entsprechend Tabelle 4-6 klassifiziert werden.

Tabelle 4-6: Klassifizierung eines Standorts zur Durchführung der Ersteinschätzung

	Die Reichweite des infiltrierten Flusswassers ist kleiner als der Abstand des Retentionsraums zu den Wasserwerksbrunnen.	Die Reichweite des infiltrierten Flusswassers ist größer als der Abstand des Retentionsraums zu den Wasserwerksbrunnen.
Das Einzugsgebiet des Wasserwerks ist vom Hochwasserretentionsraum räumlich getrennt.	Fall A1	Fall A2
Das Einzugsgebiet des Wasserwerks beinhaltet einen Teil des Hochwasserretentionsraums.	Fall B1	Fall B2
Das Einzugsgebiet des Wasserwerks beinhaltet einen Teil des Hochwasserretentionsraums und einen Abschnitt des Fließgewässers.	Fall C	

Fall A1

In den Entnahmebrunnen sind in der Regel keine relevanten Anteile von infiltriertem Flusswasser zu erwarten. Falls das Einzugsgebiet und der Retentionsraum verhältnismäßig nahe beieinander liegen, so können während des Hochwasserereignisses unter Umständen geringe Fließgewässeranteile durch hauptsächlich dispersiven Transport in das Einzugsgebiet des Wasserwerks gelangen, die dann über Jahre hinweg advektiv zu den Wasserwerksbrunnen transportiert werden und dort über lange Zeiträume in sehr geringen Konzentrationen auftreten.

Berechnete Beispiele für den Fall A1 sind alle Simulationsläufe des Grundszenarios S1A (Kapitel 4.3.5.1, Anhang B-1) sowie die Simulationsläufe der Hochwasserereignisse H1 und H4 des Grundszenarios S1B (Kapitel 4.3.5.2, Anhang B-2).

Fall A2

Während oder kurz nach dem Hochwasserereignis können signifikante Anteile infiltrierten Flusswassers in die Entnahmebrunnen gelangen. Darüber hinaus gelten die Aussagen des Falls A1.

Berechnete Beispiele für den Fall A2 sind die Simulationsläufe der Hochwasserereignisse H2, H3 und H5 des Grundszenarios S1B (Kapitel 4.3.5.2, Anhang B-2).

Fall B1

Während der Flutung des Retentionsraums im Zuge eines Hochwasserereignisses infiltriert Flusswasser durch die Bodenzone des Retentionsraums in einen Teil des Grundwasserleiters, der zum Einzugsgebiet des Wasserwerks gehört. Nach dem Hochwasserereignis wird das infiltrierte Flusswasser dann mit der vom Hochwasserereignis unbeeinflussten Grundwasserströmung zu den Entnahmebrunnen des Wasserwerks transportiert und tritt dort – je nach Standort erst nach Ablauf einer längeren Zeitspanne nach der Flutung des Retentionsraums und teilweise über Jahre hinweg - mit signifikanten Konzentrationen auf.

Berechnete Beispiele für den Fall B1 sind alle Simulationsläufe des Grundszenarios S2A (Kapitel 4.3.6.1, Anhang B-3) sowie die Simulationsläufe der Hochwasserereignisse H1 und H4 des Grundszenarios S2B (Kapitel 4.3.6.2, Anhang B-4).

Fall B2

Während oder kurz nach dem Hochwasserereignis können signifikante Anteile infiltrierten Flusswassers in die Entnahmebrunnen gelangen. Darüber hinaus gelten die Aussagen des Falls B1.

Berechnete Beispiele für den Fall B2 sind die Simulationsläufe der Hochwasserereignisse H2, H3 und H5 des Grundszenarios S2B (Kapitel 4.3.6.2, Anhang B-4).

Fall C

Schon bei mittleren Bedingungen (ohne Vorliegen einer Hochwassersituation) befindet sich ein bestimmter Fließgewässeranteil (Uferfiltrat) in mindestens einem der Entnahmebrunnen. Während der Flutung des Retentionsraums im Zuge eines Hochwasserereignisses erhöht sich der Fließgewässeranteil kurzfristig, da sich der Gradient des Grundwasserspiegels zwischen Retentionsraum und Entnahmebrunnen erhöht. Nach dem Hochwasserereignis fällt der Fließgewässeranteil im Allgemeinen zunächst wieder, um dann ein zweites Mal anzusteigen, diesmal wie im Fall B1 beschrieben aufgrund von infiltriertem Flusswasser, das während des Hochwassers durch die Bodenzone des Retentionsraums in den Grundwasserleiter infiltriert ist. An manchen Standorten gehen die Wirkungen der beiden beschriebenen Effekte ineinander über, so dass nicht zwei Maxima (Peaks) der Fließgewässeranteile feststellbar sind, sondern nur ein Maximum auftritt.

Berechnete Beispiele für den Fall C sind alle Simulationsläufe der Grundszenarios S3A (Kapitel 4.3.7.1, Anhang B-5) und S3B (Kapitel 4.3.7.2, Anhang B-6).

Zeitpunkt, Dauer und Höhe des Auftretens von Anteilen infiltrierten Flusswassers in den Entnahmebrunnen

Die in Kapitel 4.3.12 zusammenfassend beschriebene Auswertung der Simulationsläufe mit den Prinzipmodellen gibt Hinweise darauf, wie bei guter Kenntnislage der geohydrologischen Situation am einzuschätzenden Standort auch der Zeitpunk und die Dauer des Auftretens von Anteilen infiltrierten Flusswassers in den Entnahmebrunnen grob abgeschätzt werden kann. Ebenso werden Hinweise gegeben, wie Annahmen zur maximal zu erwartenden Konzentration der Fließgewässeranteile in den Entnahmebrunnen getroffen werden können.

Um mit höherer Sicherheit prognostizieren zu können, wann und in welchen Konzentrationen Anteile infiltrierten Flusswassers in Grundwasser-Entnahmebrunnen zu erwarten sind, ist die Verwendung eines detaillierten numerischen Grundwassermodells, wie sie im nachfolgenden Kapitel 5 beschrieben wird, notwendig.

5 Aquifersimulation am Beispiel Kastenwört

Die Ergebnisse der in Kapitel 4 vorgestellten Untersuchungen erlauben es zwar, für einen konkreten Standort eine erste qualitative Einschätzung zum zu erwartenden Fließgewässeranteil in den Grundwasserbrunnen eines Wasserwerks vorzunehmen, für eine quantitative Abschätzung der Höhe des Fließgewässeranteils erwiesen sich die Prinzipmodelle jedoch als nicht geeignet. Für eine solche Abschätzung muss daher ein Aquifersimulator aufgebaut werden, der die an einem Standort konkret vorliegenden Randbedingungen in ausreichender Güte abbildet.

Bei den im Aquifersimulator abzubildenden Randbedingungen, die grundsätzlich alle das Potential haben, je nach den konkreten Standortgegebenheiten die Höhe des Fließgewässeranteils in den Wasserwerksbrunnen maßgeblich zu beeinflussen, handelt es sich beispielsweise um

- o die betreffenden Wasserwerksbrunnen und weitere im Untersuchungsgebiet vorhandene Brunnen mit deren genauen Entnahmeraten und Positionen, inklusive der vertikalen Lage der Filterstrecken,

- o den betreffenden Retentionsraum mit seiner genauen Lage, der räumlich differenzierten Durchlässigkeit der Bodenschicht und Höhe der Geländeoberkante sowie der vorgesehenen Höhe und Dauer des Einstaus im Hochwasserfall,

- o alle Fließgewässer im Untersuchungsgebiet mit ihren genauen Verläufen, Wasserständen, Sohlhöhen und Sohldurchlässigkeiten, und

- o die sowohl horizontal als auch vertikal differenzierten Eigenschaften des Untergrunds (Durchlässigkeit, Dispersivität sowie entwässerbare und durchflusswirksame Porosität), eventuell mit der vorliegenden vertikalen Abfolge von Grundwasserleitern und Grundwassernicht- oder geringleitern.

Beim Aufbau des Aquifersimulators können auch instationäre Vorgänge, die die Höhe des Fließgewässeranteils in den Wasserwerksbrunnen möglicherweise beeinflussen könnten, beispielsweise eine für den Standort typische Abfolge von hydrologischen Situationen (z.B. erhöhte Grundwasserneubildung, dann in unterschiedlichen Zeitabständen Hochwassersituationen in den verschiedenen Fließgewässern des Untersuchungsgebiets), berücksichtigt werden.

Der Aufbau eines Aquifersimulators, beispielsweise für ein Wasserwerk zur Berechnung seines Einzugsgebiets, entspricht dem Stand der Technik. Die allgemeinen Anforderungen an einen Aquifersimulator und eine geeignete Vorgehensweise für seine Erstellung sind in der Technischen Regel Arbeitsblatt W 107 der Deutschen Vereinigung des Gas- und Wasserfaches e.V. (2004) dokumentiert.

Um die Besonderheiten in den Anforderungen und in der Vorgehensweise bei der Erstellung eines Aquifersimulators, der sowohl ein Wasserwerk als auch einen Retentionsraum beinhaltet, aufzeigen zu können, wurde exemplarisch ein Aquifersimulator für das Untersuchungsgebiet Kastenwört am Rhein bei Karlsruhe aufgebaut. Das Grundwassermodell wurde als Finite-Elemente-Modell (Kapitel

3.3) realisiert. Der Modellaufbau, die Berechnung des Modells und die Auswertung der Berechnungen erfolgte mit dem Programmpaket FEFLOW (Kapitel 3.3.6) von DHI-WASY. Der aufgebaute Aquifersimulator wurde im Schlussbericht des Forschungsprojektes „Rimax-HoT TP A" (KÜHLERS & MAIER 2009) detailliert dokumentiert. Nachfolgend werden daher nach einer kurzen Beschreibung des Untersuchungsgebiets nur die Besonderheiten des Aquifersimulators, darunter neu entwickelte Methoden zu seinem Aufbau, und das wesentliche Ergebnis der Simulation vorgestellt.

5.1 Untersuchungsgebiet

Der Aquifersimulator wurde exemplarisch für den Standort Kastenwört im Oberrheingraben südwestlich von Karlsruhe aufgebaut (Abbildung 5-1). In diesem Gebiet existieren derzeit fortgeschrittene Planungen für die Schaffung eines Hochwasserrückhalteraums und die Errichtung eines neuen Wasserwerks.

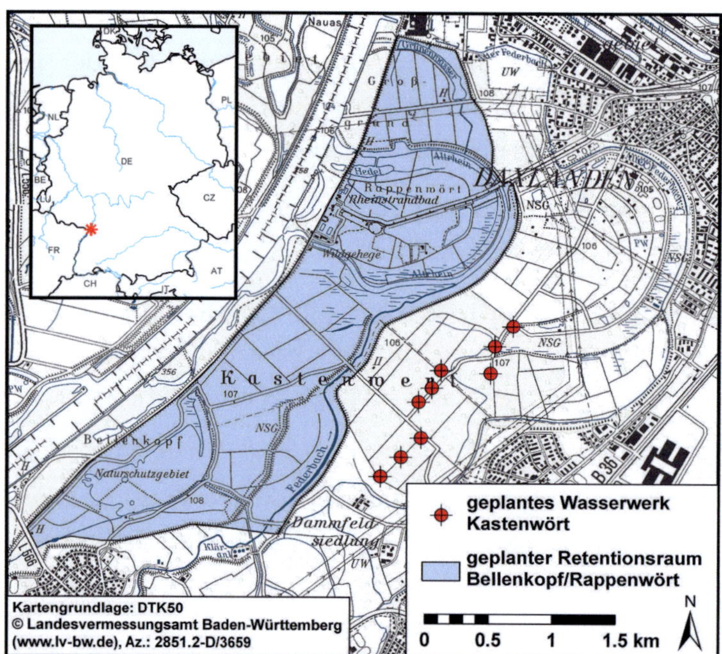

Abbildung 5-1: Untersuchungsgebiet Kastenwört mit den Standorten des geplanten Hochwasserretentionsraums und der geplanten Entnahmebrunnen

5.1.1 Geplantes Wasserwerk und geplanter Retentionsraum

Das geplante Wasserwerk Kastenwört wird von den Stadtwerken Karlsruhe zur langfristigen Sicherung der Trinkwasserversorgung Karlsruhes und seiner Umlandgemeinden benötigt. An seinen 9 Brunnen ist eine Grundwasserentnahme von insgesamt bis zu 7,4 Mio. m³ pro Jahr vorgesehen (Planungsstand Januar 2010). Das Gebiet Kastenwört ist der einzige verbleibende Standort in der Umgebung Karlsruhes, an dem Grundwasser in der vorgesehenen Menge bei gleichzeitig höchster Qualität vorhanden ist. Die vorbereitenden Untersuchungen zeigen, dass das am geplanten Wasserwerk geförderte Grundwasser trotz seiner Nähe zum Rhein vor allem aus Niederschlägen stammen wird, und dass Rheinuferfiltrat nur einen geringen Bestandteil von wenigen Prozent des geförderten Grundwassers ausmachen wird (HOFMANN et al. 1991).

In direkter Nachbarschaft zum geplanten Wasserwerk plant das Land Baden-Württemberg im Rahmen des Integrierten Rheinprogrammes (IRP) die Errichtung des Hochwasserrückhalteraums Bellenkopf/Rappenwört. Das 1988 vom Landtag Baden-Württemberg beschlossene Integrierte Rheinprogramm hat zum Ziel, durch die Schaffung von 13 Hochwasserrückhalteräumen entlang des Rheins den Hochwasserschutz zu stärken und gleichzeitig die Renaturierung und den Erhalt der Oberrheinauen zu erreichen (Regierungspräsidium Freiburg 2009). Entsprechend den Vorgaben des IRP wird der Retentionsraum Bellenkopf/Rappenwört eine Fläche von etwa 510 ha umfassen und ein Rückhaltevolumen von ungefähr 14 Mio. m^3 aufweisen. Zur Minderung extremer Hochwasserereignisse wird er etwa alle 20 Jahre ein Mal geflutet werden müssen (Regierungspräsidium Karlsruhe 2008). Entsprechend der DIN 19700-12 (2004) kann der Retentionsraum in seinem aktuellen Planungsstand als gesteuert betriebenes großes Rückhaltebecken im Nebenschluss klassifiziert werden.

Über die Retentionsflutungen hinaus soll der Retentionsraum mehrere Tage im Jahr entsprechend der natürlichen Rheinwasserstände mit Rheinwasser geflutet werden. Bei diesen so genannten ökologischen Flutungen bleiben die Überstauhöhen meist gering, so dass oft nur die tiefer liegenden Bereiche des Retentionsraums betroffen sind. Die ökologischen Flutungen sollen dazu führen, dass sich die Natur im Retentionsraum an die Flutungszustände gewöhnen und anpassen kann, und sich so eine naturnahe Aue im Retentionsraum ausbilden kann. Nach derzeitigem Kenntnisstand können dadurch die bei einer der seltenen Retentionsflutungen entstehenden Schäden an der Natur im Retentionsraum deutlich gemindert werden (Regierungspräsidium Freiburg 2009).

Die Antragsunterlagen für das Wasserwerk Kastenwört wurden im Frühjahr 2009 bei den zuständigen Behörden eingereicht, der Antrag auf Planfeststellung für den Retentionsraum erfolgte im Frühjahr 2011.

5.1.2 Klima und Grundwasserneubildung

Die Jahresmitteltemperatur in Karlsruhe betrug zwischen 1961 und 1990 10,3 °C. Die höchsten Monatsmitteltemperaturen traten dabei mit durchschnittlich 19,6 °C im Juli auf, die niedrigsten mit durchschnittlich 1,2 °C im Januar (DWD 2009).

Im Zeitraum 1961 bis 2005 betrug der durchschnittliche jährliche Niederschlag im Einzugsgebiet des geplanten Wasserwerks Kastenwört 919 mm. Aus dem Niederschlag resultiert im selben Gebiet eine durchschnittliche jährliche Grundwasserneubildung von 278 mm, also ca. 30 % des Niederschlags (KÜHLERS & ROLLI 2008). Die zur Berechnung verwendeten Daten basieren auf dem Modell GWN-BW (GIT Hydros Consult 2004) der Landesanstalt für Umwelt, Messung und Naturschutz Baden-Württemberg (LUBW) zur Berechnung der Grundwasserneubildung in Baden-Württemberg, dessen

Vorläuferversion (ARMBRUSTER 2002) für die Erstellung des Wasser- und Bodenatlasses Baden-Württemberg (WaBoA 2004) verwendet wurde.

5.1.3 Geologie

Das Untersuchungsgebiet liegt im etwa 300 km langen und 40 km breiten Oberrheingraben. Der Oberrheingraben ist ein zentraler Teil des Europäischen Känozoischen Grabensystems, das sich auf einer Länge von etwa 1500 km vom Mittelmeer bis zur Nordsee erstreckt (KOSTER 2005).

Als Ursache der Grabenbildung wird oft eine bereits im Jura beginnende großskalige Aufdomung mit Zentrum des heutigen Kaiserstuhls angenommen. Die dabei auftretenden Spannungen führten zum Versagen der Erdkruste und damit zum Einsinken des zentralen Bereichs sowie der Hebung der Grabenschultern (PFLUG 1982, BORCHERDT 1993). Andere Autoren sehen die Grabenbildung in Zusammenhang mit der Kollision der Adriatischen Mikroplatte mit der Europäischen Platte im Eozän und der dadurch verursachten alpinen Orogenese (PFLUG 1982, PREUSSER 2005). Bezogen auf die Grabenschultern ist die zentrale Grabenscholle nahezu um 5.000 m abgesunken. Geodätische Feinnivellements belegen, dass auch heute noch einzelne Teilstücke des Grabens bis zu 0,7 mm/a absinken (HENNINGSEN & KATZUNG 1992).

Während seiner Entstehung wurde der Graben kontinuierlich mit Sedimenten aufgefüllt. Zunächst handelte es sich ausschließlich um Material, das von den herausgehobenen Grabenschultern erodiert wurde. Seit dem Pliozän erfolgte die Füllung auch mit kalkhaltigem Material der Alpen (TRUNKÓ 1984).

Im Quartär kam es aufgrund der Eiszeiten zu mehrfachen Wechseln zwischen Ablagerungen grobkörniger und feinkörniger Sedimente. Heute geht man davon aus, dass während der Wechsel von Kalt- zu Warmzeiten vorwiegend die eher kiesigen Sedimentfolgen abgelagert wurden, während die schluffig bis tonigen Sedimente wahrscheinlich Aue- und Flutlehmablagerungen der Warmzeiten sind (WATZEL & OHNEMUS 1997).

5.1.4 Hydrogeologischer Aufbau des Untergrundes

Im Untersuchungsgebiet können vier Porengrundwasserleiter bzw. Lockergesteinsgrundwasserleiter unterschieden werden (Abbildung 5-2). Sie lagern mit einer Gesamtmächtigkeit von etwa 100 m über verfestigten Sedimenten des Oberrheingrabens. Trotz drei zwischengeschalteter Grundwassergeringleiter sind sie im Bereich Kastenwört hydraulisch nicht vollständig voneinander getrennt (HGK Karlsruhe-Speyer 1988, 2007). Die hydrogeologischen Einheiten werden nach lithologischen Gesichtspunkten voneinander abgegrenzt. Eine chronostratigraphische Einordnung kann bei derzeitigem Kenntnisstand nicht vorgenommen werden (WATZEL & OHNEMUS 1997).

Die oberen beiden Grundwasserleiter sind im Raum Karlsruhe derzeit die einzigen Grundwasserleiter, die wasserwirtschaftlich genutzt werden dürfen. Sie sind mit Durchlässigkeitsbeiwerten zwischen etwa $2 \cdot 10^{-4}$ m/s und $1{,}5 \cdot 10^{-3}$ m/s im Untersuchungsgebiet höher durchlässig als die darunter liegenden Grundwasserleiter Das Verhältnis von horizontaler zu vertikaler Durchlässigkeit wird auf 4:1 bis 5:1 geschätzt (HGK Karlsruhe-Speyer 1988).

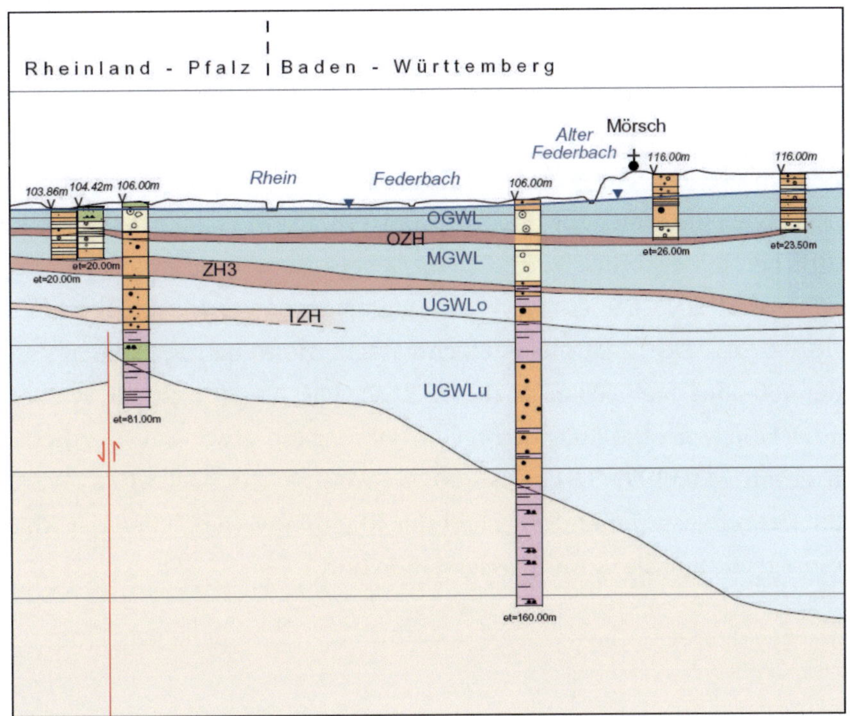

Abbildung 5-2: Hydrogeologischer Querschnitt durch das Gebiet Kastenwört (HGK Karlsruhe-Speyer 2007, verändert)

5.1.5 Böden

Die früheren Auenwälder des Kastenwört entstanden im 15. Jahrhundert in der Folge von Verlandungsprozessen des Rheins (ELL 1968). Bis in das Jahr 1822 durchfloss der Rhein in seiner Mäanderzone den Kastenwört, ohne dass maßgebliche Eingriffe in die intakte Auendynamik erfolgten. Dabei veränderte er in seinem vier bis zwölf Kilometer breiten Bett in weit ausgezogenen Schlingen ständig seinen Lauf. Zwischen 1817 und 1876 wurde der Rhein vom Ingenieur Johann Gottfried Tulla und seinen Nachfolgern begradigt und schiffbar gemacht.

Die räumlich und zeitlich stark variierenden Sedimentations- und Erosionsprozesse führten zu einem sehr kleinräumigen Bodenmosaik. Auf den meist grundwasserbeeinflussten Standorten der Rheinniederung befinden sich vorwiegend Auengleye, oft in der Ausprägung von Vega-Auengleyen. Nassgleye, stellenweise auch Anmoorgleye, entstanden durch ganzjährig hoch anstehendes Grundwasser in Schluten sowie in den quellbürtigen Bereichen der Hochgestadekante. Auf höher gelegenen, oft sandigen Rücken, bildeten sich Vegen, seltener Kalkpaternien aus. Die Böden im Kastenwört sind fast durchweg kalkhaltig, die für die Rheinaue stellenweise typischen Kalkanreicherungshorizonte („Rheinweiß") treten im Untersuchungsgebiet jedoch nicht auf. Auf anmoorigen Standorten sind die Kalkgehalte im oberen Profilbereich vermindert. (WIRSING 2006)

5.1.6 Oberflächengewässer

5.1.6.1 Der Rhein

Das bedeutendste Fließgewässer im Untersuchungsraum ist der Rhein. Er stellt die Hauptvorflut der gesamten umgebenden Region dar. Da sein Haupteinzugsgebiet in den Alpen und im Alpenvorland liegt, wird er bezüglich der Oberrheinebene als Fremdling im hydrologischen Sinn bezeichnet. Dementsprechend werden die höchsten Abflüsse meist in den Sommermonaten als Folge der Schneeschmelze in den Alpen erreicht. Aufgrund der Zuflüsse aus den Mittelgebirgsregionen treten jedoch oft auch im Frühjahr Nebenmaxima auf (HGK Rastatt 1987). Am Pegel Maxau bei Karlsruhe weist er einen durchschnittlichen Jahresabfluss von 1.260 m³/s bei einem Pegelstand von 5,04 m auf. Der niedrigste zwischen 1980 und 2003 gemessene Wasserstand am Pegel Maxau beträgt 3,17 m bei einem Durchfluss von 370 m³/s. Der 2-jährliche Hochwasserabfluss betrug 3100 m³/s, der 10-jährliche 4100 m³/s und der 100-jährliche 5300 m³/s (HVZ 2009). Die Amplitude der Wasserstände zwischen Niedrigwasser- und Hochwasserabfluss beträgt im Jahresgang etwa 4 m. Der höchste je gemessene Wasserstand betrug am 14.05.1999 8,84 m bei einem Abfluss von 4540 m³/s (WSA-MA 2009). Aufgrund seiner guten Grundwasseranbindung stellt der Rhein in weiten Teilen der Rheinniederung eine maßgebliche Einflussgröße auf die Grundwasserstände dar.

5.1.6.2 Der Federbach

Der heutige Federbach entstand 1850, als der Alte Federbach, der durch Rückstau infolge von Rheinhochwässern immer wieder Überflutungen verursachte, verlegt und auf direkterem Weg durch den Kastenwört in den Altrhein geleitet wurde (Bürgerverein Daxlanden 2007). Als Flachlandbach durchfließt er mit geringem Gefälle das Untersuchungsgebiet und verläuft dort in etwa einem Kilometer Entfernung parallel zum Rhein (Abbildung 5-1). Bei mittleren Wasserständen beträgt der Abfluss im Untersuchungsgebiet etwa 2,6 m³/s. Die Differenz der Wasserstände bei Mittelwasser (103,91 m+NN im September 1988) und Hochwasser (106,03 m+NN im Mai 1978) beträgt im Untersuchungsgebiet nur etwa 2,1 m (WALD et al. 1991) und ist damit weit geringer als die Amplitude der Wasserstände des Rheins. Vom ursprünglichen Alten Federbach sind noch Teilstücke erhalten, eines davon verläuft östlich der geplanten Brunnen des Wasserwerks Kastenwört an der Gestadekante entlang und mündet in der Nähe des Karlsruher Rheinhafens in den Federbach.

5.1.7 Grundwasser

Im rechtsrheinischen Oberrheingraben bei Karlsruhe verläuft die großräumige Grundwasserströmung in nordwestlicher Richtung vom Schwarzwald in Richtung Rhein. In der Rheinniederung besteht im Untersuchungsgebiet bis in ca. 800 m Entfernung zum Rhein eine im Mittel rheinparallele Grundwasserströmung. Diese ist auf das umfangreiche Grabensystem und die rheinparallel verlaufenden Nebengewässer zurückzuführen.

Das Untersuchungsgebiet ist bezüglich der Grundwasserströmung zweigeteilt. Östlich des Federbachs strömt das Grundwasser konstant in nordwestlicher Richtung zum Federbach, der die Vorflut für dieses Grundwasser mit einer verhältnismäßig konstanten Höhe darstellt. Zwischen Federbach und Rhein strömt das Grundwasser meist in ungefähr rheinparalleler Richtung. Je nach Wasserstand des Rheins hat es dabei eine Richtungskomponente vom Rhein zum Federbach oder vom Federbach zum Rhein (AUE 2008) (Abbildung 5-3). Östlich des Federbachs sind anthropogene Einflüsse auf das Grundwasser, mit Ausnahmen begrenzter Kontaminationsfahnen aus vereinzelten Punktquellen, unmaßgeblich. Westlich des Federbachs befinden sich aufgrund der gezeigten Strömungssituation signifikante Uferfiltratanteile des Rheins im Grundwasser, insbesondere im Oberen Grundwasserleiter. Daher sind in diesem Bereich einige typische anthropogene Inhaltsstoffe des Rheins, beispielsweise der Komplexbildner EDTA und das Antiepileptikum Carbamazepin, im Grundwasser nachweisbar (AUE 2008).

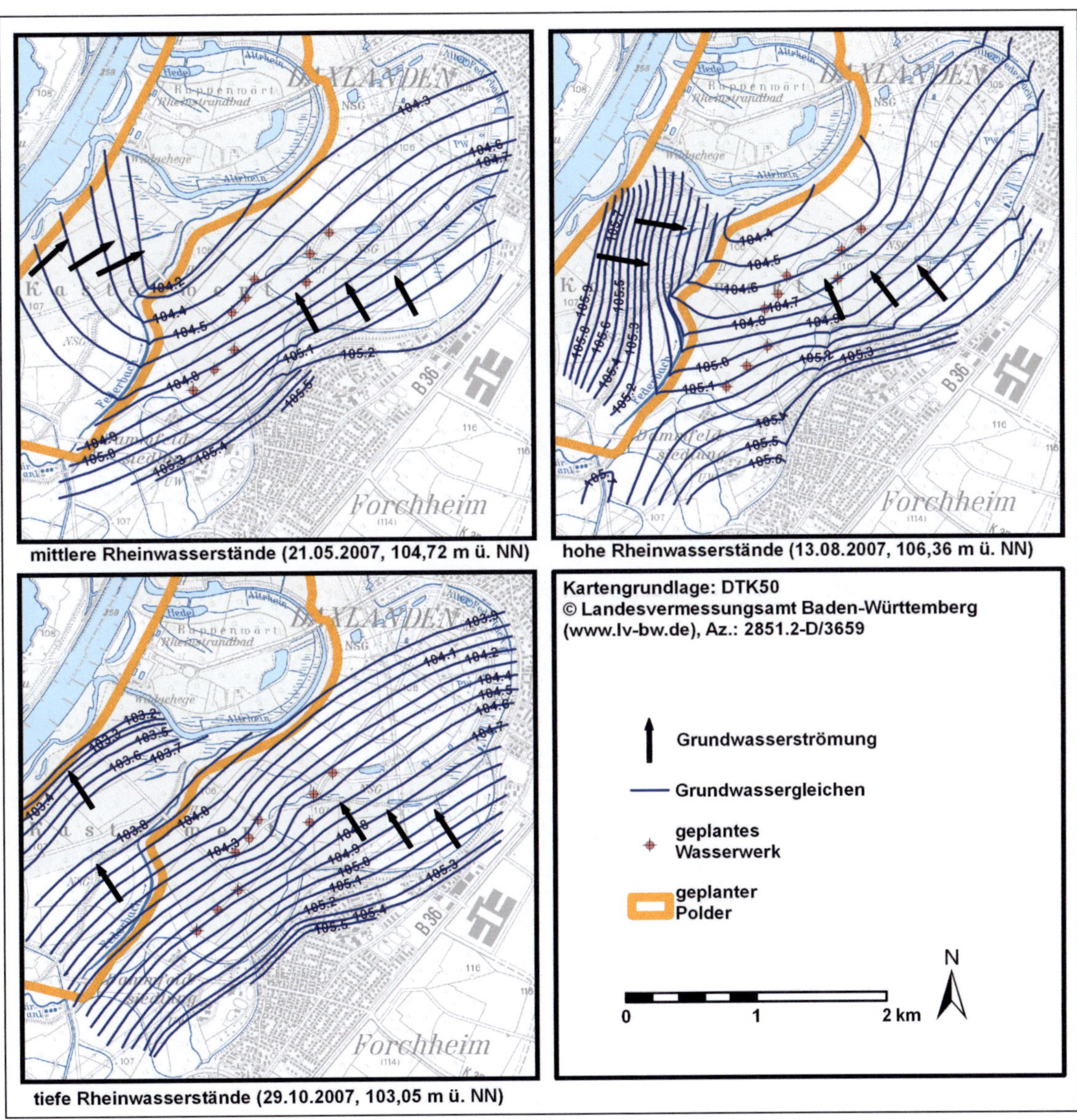

Abbildung 5-3: Grundwassergleichen bei mittleren, hohen und tiefen Rheinwasserständen (AUE 2008, verändert)

5.2 Anforderungen an den Aquifersimulator

Da der aufzubauende Aquifersimulator nicht nur prinzipielle Verhaltensweisen erklären, sondern auch verlässliche quantitative Ergebnisse liefern soll, gelten für ihn zur realitätsnahen Berechnung von Strömung und Transport zwischen einem Wasserwerk und einem Retentionsraum erhöhte Anforderungen. Da die grundsätzlichen Anforderungen an einen Aquifersimulator im DVGW-Arbeitsblatt W107 (2004) beschrieben werden, werden nachfolgend nur die besonderen Anforderungen an einen Aquifersimulator, mit dem die zu erwartenden Fließgewässeranteile in Entnahmebrunnen nahe eines Hochwasserretentionsraums berechnet werden sollen, erläutert.

5.2.1 Modellgebiet

Das Modellgebiet muss den Absenktrichter und das Einzugsgebiet des betroffenen Wasserwerks vollständig beinhalten, insbesondere, wenn das Modell die hydraulische Wirkung des Wasserwerks auf den Grundwasserleiter prognostizieren soll. Weiterhin muss auch der grundwasserhydraulische Wirkungsbereich des Retentionsraums im Modell vollständig enthalten sein, wenn die Wirkung seiner Flutung auf die Grundwasserstände durch das Modell prognostiziert werden soll.

Die Grenzen des Modellgebiets sollen möglichst einfache und nachvollziehbare Randbedingungen erhalten. Natürliche Grenzen des modellierten Grundwasserkörpers eignen sich daher beispielsweise sehr gut als Grenzen des Modellgebiets. Um das Modell später kalibrieren zu können, muss mindestens ein wesentlicher, bekannter Volumenstrom im Modellgebiet enthalten sein, beispielsweise die bekannten Entnahmeraten eines größeren Wasserwerks.

Das für den exemplarisch aufgebauten Aquifersimulator des Standorts Kastenwört resultierende Modellgebiet wird in Abbildung 5-4 dargestellt. Im Nordwesten ist das Modell durch den Rhein, im Südosten durch den Beginn der Vorbergzone des Schwarzwaldes begrenzt. Diese beiden Grenzen stellen natürliche Grenzen des Grundwasserkörpers dar. Da im Südwesten und Nordosten keine natürlichen Grenzen des Grundwasserkörpers existieren, wurde das Modell dort mit konstruierten Randstromlinien abgegrenzt. Das Modellgebiet erstreckt sich auf einer Länge von etwa 11 km entlang des rechtsrheinischen Oberrheingrabens, den es mit einer Breite von etwa 11 km auf dieser Strecke vollständig beinhaltet. Es umfasst damit eine Fläche von ungefähr 118 km².

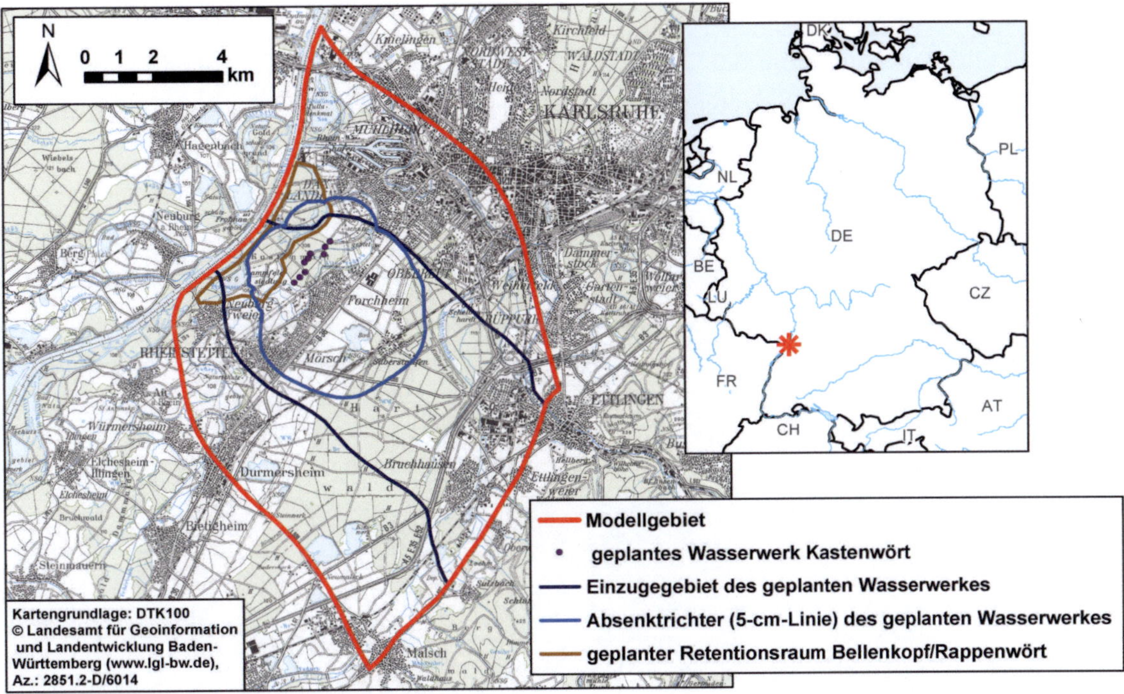

Abbildung 5-4: Modellgebiet des Aquifersimulators

5.2.2 Räumliche Diskretisierung

Die räumliche Diskretisierung des Modellgebiets sollte zumindest in Teilbereichen, in denen Stofftransport stattfindet, sehr fein gewählt werden, damit über die Einhaltung des Peclet-Kriteriums (Gleichung (3.63)) die numerische Dispersion bei der Stofftransportsimulation minimiert und die numerische Stabilität gewährleistet werden kann. Selbst wenn die Anforderungen des Peclet-Kriteriums nicht eingehalten werden können, so dass eine signifikante numerische Dispersion in Kauf genommen werden muss, und die numerische Stabilität des Modells durch eine upwind-Berechnung gestützt werden muss, ist erfahrungsgemäß immer noch eine verhältnismäßig feine räumliche Diskretisierung zur Verhinderung numerischen Oszillationen notwendig.

Beim für den Standort Kastenwört exemplarisch aufgebauten Aquifersimulator sollten die Elementgrößen aufgrund des Peclet-Kriteriums (Gleichung (3.63)) bei einer angenommenen Längsdispersivität von 18 m (HOFMANN et al. 1990) in Bereichen, in denen Stofftransport berechnet wird, folglich höchstens 36 m betragen. Bezogen auf eine angenommene Querdispersion von 0,18 m sollten die Elementgrößen sogar unter 0,5 m liegen (Gleichung (3.64)). Aufgrund des großen Modellgebiets hätten Elementgrößen im oben geforderten Größenbereich jedoch zu einem nicht mehr zu bewältigenden Rechenaufwand zur Durchführung eines Simulationslaufes geführt. Daher wurden etwas größere Elemente gewählt und gleichzeitig das Auftreten einer signifikanten numerischen Dispersion, insbesondere quer zur Strömungsrichtung, in Kauf genommen. Indem die Berechnungen zeitlich streamline-upwind (DIERSCH et al. 2009), also mit Rückwärtsdifferenzen, durchgeführt wurden, konnten aber trotz Nichteinhaltung des Peclet-Kriteriums stabile Simulationsergebnisse erreicht werden. Da das Peclet-Kriterium nur in Bereichen von Bedeutung ist, in denen Stofftransport simuliert wird, wurde das Modellgebiet in drei Bereiche mit unterschiedlich feiner Diskretisierung aufgeteilt (Abbildung

5-5). Im Bereich 1 betrugen die Kantenlängen der Elemente 30 – 60 m (5 – 15 m im Nahbereich der Rheindämme und Entnahmebrunnen), im Bereich 2 90 –180 m (20 m im Nahbereich der Brunnen) und im Bereich 3 200 – 250 m. Zur Diskretisierung wurde der Triangle-Algorithmus von SHEWCHUK (2002, 2009) verwendet.

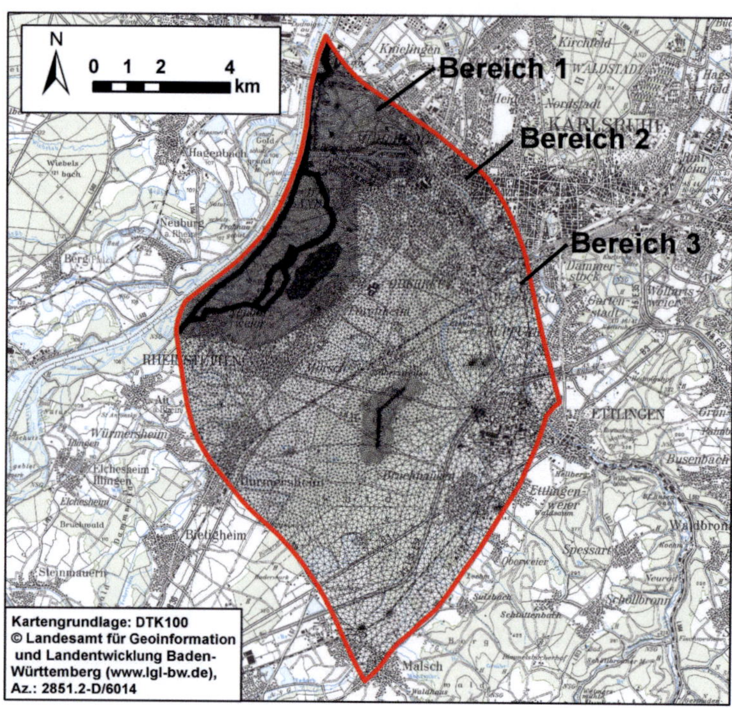

Abbildung 5-5: Horizontale Diskretisierung des Modellgebiets

Um den Retentionsraum im Modell abzubilden, ist entsprechend den Erfahrungen mit dem Prinzipmodell ein 3-dimensionaler Modellansatz notwendig (Kapitel 4.3.2.6). Im aufgebauten Aquifersimulator wurde der modellierte Grundwasserleiter vertikal entsprechend den hydrogeologischen Gegebenheiten in acht Ebenen und sieben Schichten diskretisiert (KÜHLERS & MAIER 2009). Wie die horizontale Diskretisierung genügte auch die vertikale Diskretisierung nicht dem Peclet-Kriterium (Gleichung (3.64)). Daher war mit einer signifikanten numerischen Dispersion in vertikaler Richtung zu rechnen. Dementsprechend konnten mit dem Aquifersimulator vertikal differenzierte Konzentrationsunterschiede, wie sie von AUE (2008) im Modellgebiet oder beispielsweise von MASSMANN et al. (2008) für Uferfiltrat der Wassergewinnung Berlin gemessen wurden, nicht berechnet werden.

Der für den Standort Kastenwört exemplarisch aufgebaute Aquifersimulator hatte insgesamt 529 060 Elemente (75 580 Elemente pro Schicht) und 304 904 Knoten (38 113 Knoten pro Ebene).

5.2.3 Modellzeitraum

Der Modellzeitraum des instationären numerischen Modells sollte sich über mehrere Jahrzehnte erstrecken, damit auch die langfristigen Auswirkungen von Flutungen des Retentionsraums auf das Wasserwerk, wie sie in Kapitel 4.3 aufgezeigt wurden, im Modell abgebildet werden können. Ein großer Modellzeitraum hat den zusätzlichen Vorteil, dass bei der Kalibrierung des Modells aufgrund der Vielzahl der integrierten unterschiedlichen hydrologischen Bedingungen eine höhere Güte erreicht werden kann.

Der für den exemplarisch aufgebauten Aquifersimulator des Standorts Kastenwört resultierende Modellzeitraum reichte von Anfang 1960 bis Ende 2005. Begrenzend wirkte vor allem die Verfügbarkeit der Daten zur Grundwasserneubildung. Abbildung 5-6 zeigt, dass im Modellzeitraum sehr unterschiedliche hydraulische Situationen beinhaltet waren, beispielsweise ausgeprägte Niedrigwasserphasen Mitte der 60er und 70er Jahre, aber auch Phasen sehr hoher Grundwasserstände, wie beispielsweise 1983 oder 2002.

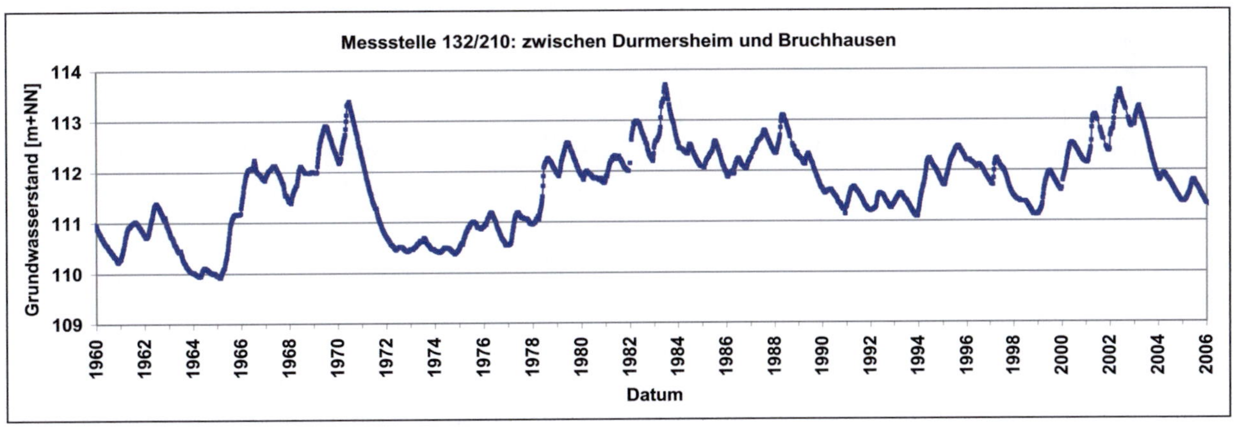

Abbildung 5-6: gemessene Grundwasserstände im Modellzeitraum des Aquifersimulators

5.2.4 Zeitliche Diskretisierung

Die zeitliche Diskretisierung des Modells muss zumindest in ausgewählten Zeiträumen verhältnismäßig fein erfolgen, um die schnellen Änderungen der hydrologischen Randbedingungen während eines Hochwasserereignisses simulieren zu können. Das Courant-Kriterium (Gleichung (3.69)) und das Neumann-Kriterium (Gleichung (3.72)) müssen nicht immer zwingend eingehalten werden, ihre Einhaltung garantiert jedoch, dass keine numerischen Instabilitäten aufgrund zu grober zeitlicher Diskretisierung auftreten können.

Bei der Berechnung des für den Standort Kastenwört exemplarisch aufgebauten Aquifersimulators erfolgte die zeitliche Diskretisierung automatisch durch die zur Simulation verwendete Software FEFLOW mittels des predictor-corrector Adams-Bashforth/trapezoid (AB/TR) Schemas (DIERSCH et al. 2006). Der Algorithmus zur automatischen Zeitschrittwahl hat zum Ziel, möglichst große Zeitschritte zu erlauben, ohne die numerische Stabilität durch zu große Zeitschritte zu gefährden. Die größten gewählten Zeitschritte betrugen 7 Tage, der kleinste Zeitschritt etwa 1 Minute. Die arithmetisch durchschnittliche Zeitschrittlänge betrug etwa 3 Tage, der Median etwa 2,5 Tage. Der Modellzeitraum von 36 Jahren wurde mit insgesamt 5633 Zeitschritten diskretisiert. Die automatisch gewählten Zeitschritte hielten das Courant-Kriterium und das Neumann-Kriterium nicht immer ein. Es war dem verwendeten Algorithmus demzufolge möglich, in Zeitabschnitten geringer Änderungen im Stofftransport die Zeitschrittlängen größer zu wählen, ohne dass die Simulation dadurch instabil wurde.

5.2.5 Konsequenz der Anforderungen

Zum Aufbau eines Aquifersimulators, der gleichzeitig einen Hochwasserretentionsraum und ein Wasserwerk beinhaltet, ist ein instationäres, 3-dimensionales, numerisches Modell mit einem großen Modellgebiet und einem großen Modellzeitraum bei gleichzeitig feiner räumlicher und zeitlicher Diskretisierung notwendig. Dadurch ergeben sich hohe Anforderungen an die Rechenleistung und Speicherkapazität der verwendeten Hardware sowie ein hoher Zeitbedarf für jeden durchzuführenden Simulationslauf.

Ein vollständiger Simulationslauf des für den Standort Kastenwört exemplarisch aufgebauten Aquifersimulators, bei dem gleichzeitig die Strömungs- und die Stofftransportberechnung durchgeführt wurde, dauerte unter Verwendung eines Personal Computers (Pentium 4, 2,8 GHz, 2 GB RAM) etwa 12 Tage.

5.3 Geeignete Methoden zum Aufbau des Aquifersimulators

5.3.1 Einbindung von Fließgewässern

Bei der Einbindung von Fließgewässern in das numerische Grundwassermodell ist zunächst zu unterscheiden, ob eine einfache Kopplung gewählt werden kann, oder ob eine rückgekoppelte Verbindung geschaffen werden muss.

5.3.1.1 Einfache Kopplung

Bei einer Einbindung von Fließgewässern in das Grundwassermodell mittels einfacher Kopplung können die berechneten Grundwasserstände die Wasserstände im Fließgewässer im numerischen Modell nicht beeinflussen, obwohl dies aufgrund der Austauschvorgänge zwischen Fließgewässer und Grundwasser real der Fall ist. Eine einfache Kopplung darf folglich nur für Fließgewässer gewählt werden, bei denen die Austauschraten zwischen Fließgewässer und Grundwasser im Verhältnis zu den Durchflussraten des Fließgewässers gering sind, oder wo die Grundwasserstände sich in Szenarien- und Prognoseläufen nicht wesentlich ändern, und dadurch auch keine signifikante Änderung im Wasserstand des Fließgewässers zu erwarten ist. Erfahrungsgemäß treffen diese Voraussetzungen häufig auf die Fließgewässer in einem Grundwassermodell zu. Eine einfache Kopplung bei der Einbindung von Fließgewässern in ein Grundwassermodell kann daher oft selbst dann verwendet werden, wenn explizit die Wechselwirkungen zwischen Oberflächengewässer und Grundwasser untersucht werden sollen (z.B. ARUMI et al. 2008, WORAKIJTHAMRONG & CLUCKIE 2008, SCIBEK et al. 2007, MOHRLOK et al. 2000).

Im Fall des exemplarisch aufgebauten Aquifersimulators konnten alle im Modellgebiet bestehenden Fließgewässer mit einer einfachen Kopplung in das numerische Grundwassermodell integriert werden. Bis auf den Rhein, der aufgrund seiner dominierenden Wirkung auf die nahen Grundwasserstände als Dirichlet-Randbedingung (Randbedingung erster Art, Kapitel 3.1.8) am nordwestlichen Modellrand vorgegeben wurde, wurde für die Modellierung aller weiteren Fließgewässer im Aquifersimulator die Cauchy-Randbedingung (Randbedingung dritter Art, Kapitel 3.1.8) gewählt. Fließgewässer, für die entsprechende Daten vorhanden waren, wurden mit zeitvarianten Wasserständen in das Modell integriert. Bei der Wahl der Leakagekoeffizienten wurde zunächst von den Leakagekoeffizienten eines bestehenden Grundwassermodells der Stadtwerke Karlsruhe (DEINLEIN 2006) ausgegangen, die entsprechend der angenommenen Fläche der Gewässersohle korrigiert wurden (KÜHLERS & MAIER 2009).

5.3.1.2 Rückgekoppelte Verbindung

Für Fließgewässer, für die in Szenarienberechnungen eine signifikante Änderung ihrer Wasserstände aufgrund geänderter Grundwasserstände erwartet wird, muss eine rückgekoppelte Einbindung in das numerische Grundwassermodell gewählt werden. Dadurch können die Wasserstände im Fließgewässer zur Laufzeit des numerischen Grundwassermodells entsprechend den berechneten Grundwasserständen angepasst werden. Beim Aufbau eines Aquifersimulators, der einen Retentionsraum beinhaltet, gilt dies in der Regel für die Abzugsgräben um den geplanten Retentionsraum, da die Wasserstände in den Abzugsgräben maßgeblich von den noch unbekannten, durch den Retentionsraum veränderten Grundwasserständen in ihrer Umgebung beeinflusst werden. Zudem zeigten die Ergebnisse der Prinzipmodelle, dass Abzugsgräben um einen Retentionsraum zwar meist nur geringe Auswirkungen auf die resultierenden Fließgewässeranteile an den nahen Entnahmebrunnen haben, in einigen Fällen aber doch eine signifikante Wirkung vorhanden ist (Kapitel 4.3.8). Um die quantitative Aussagekraft des Aquifersimulators nicht zu gefährden, sollten daher für die Wasserstände in den Abzugsgräben nicht einfach Schätzwerte verwendet und mit einer einfachen Kopplung in das Grundwassermodell integriert werden.

Zur rückgekoppelten Einbindung der Abzugsgräben in das numerische Grundwassermodell kann eine für diesen Fall entwickelte Methode (Kapitel 3.5), bei der die Wasserstände der Fließgewässer nicht zur Laufzeit des Grundwassermodells berechnet werden, sondern näherungsweise bereits vorher berechnet wurden, verwendet werden.

Am Standort Kastenwört liegen um den geplanten Retentionsraum drei geplante Abzugsgräben (kup 2006, Abbildung 5-7). Damit die Abzugsgräben möglichst wenig Einfluss auf die umliegende Natur nehmen, solange keine Flutung des Retentionsraums vorliegt, liegt die Sohle der Gräben 1 und 3 ungefähr auf der mittleren Höhe des Grundwasserspiegels, die Sohle des Grabens 2 sogar deutlich darüber (kup 2006). Der Graben 1 mündet in den Federbach, während die Gräben 2 und 3 jeweils an einem Pumpwerk enden, das die abgeführten Wassermengen über den Deich zurück in den Retentionsraum pumpt.

Für alle drei Abzugsgräben wurde jeweils ein hydrodynamisch-numerisches Modell (Kapitel 3.4) aufgebaut. Die Geometrie der Gräben, bestehend im Wesentlichen aus den Sohlhöhen, Sohlbreiten und Böschungsneigungen, konnte entsprechend der bestehenden Planungen in die hydrodynamisch-numerischen Modelle eingegeben werden. Beim Graben 1 wurde zusätzlich der Abschnitt des Federbachs zwischen der Mündung des Grabens 1 und dem geplanten Pumpwerk am Deich des Retentionsraums mit den bekannten Geometrien (WALD et al. 1991) in das Modell integriert. Für die Gräben wurde entsprechend einer Abschätzung nach COWAN (1956, aus LfU 2002a) ein einheitlicher Manning-Beiwert von n = 0,03 vorgegeben. Für den integrierten Federbachabschnitt wurde entsprechend den Untersuchungen von WALD et al. (1991) ein einheitlicher Manning-Beiwert von n = 0,035 vorgegeben.

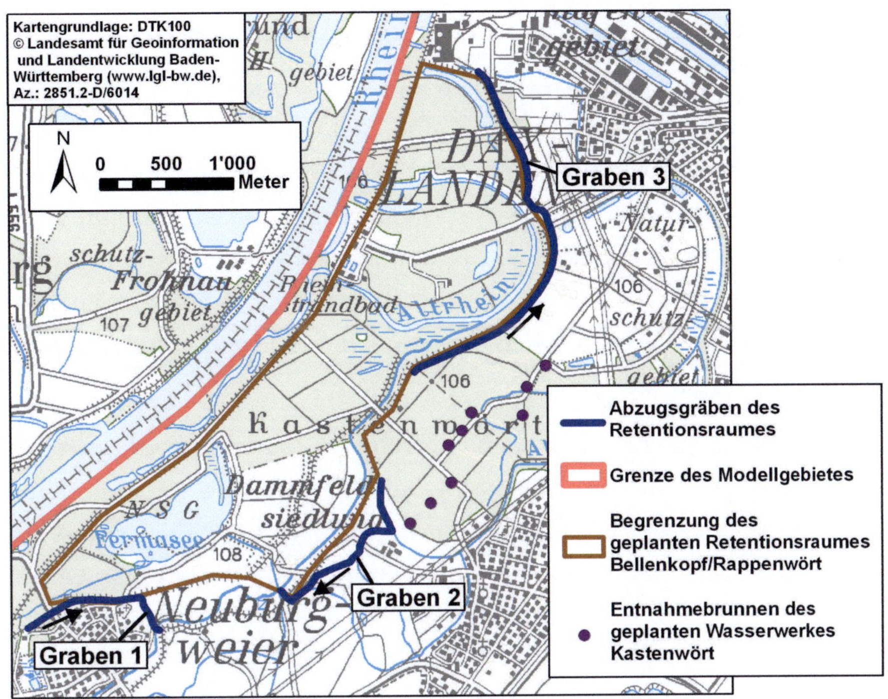

Abbildung 5-7: Lage der geplanten Abzugsgräben

Für die verwendete Methode mussten für unterschiedliche Abflüsse und unterschiedliche Verteilungen der Exfiltration entlang der Fließgewässer die resultierenden Wasserspiegellagen bereits vor der Laufzeit des numerischen Grundwassermodells berechnet werden. Um das auftretende Spektrum der Gesamtabflüsse vollständig abzudecken, wurden die Wasserspiegellagenberechnungen jeweils mit 16 Varianten des Gesamtabflusses durchgeführt: $0{,}01 \, m^3/s$, $0{,}05 \, m^3/s$, $0{,}1 \, m^3/s$, $0{,}2 \, m^3/s$, $0{,}5 \, m^3/s$, $1 \, m^3/s$, $2 \, m^3/s$, $4 \, m^3/s$, $6 \, m^3/s$, $8 \, m^3/s$, $10 \, m^3/s$, $12 \, m^3/s$, $14 \, m^3/s$, $16 \, m^3/s$, $18 \, m^3/s$ und $20 \, m^3/s$.

Zur Beschreibung der Verteilung der Exfiltration von Grundwasser in die Gräben entlang deren Längsprofilen wurde jeder Graben mittig in zwei Abschnitte geteilt. Im System Graben-1-Federbach wurde die Teilung an der Mündung des Grabens 1 in den Federbach vorgenommen. In verschiedenen Varianten der Wasserspiegellagenberechnungen wurde dann von unterschiedlichen prozentualen Anteilen der gesamten Exfiltration bzw. des gesamten Abflusses in den beiden Abschnitten ausgegangen. Innerhalb eines Abschnittes wurde jeweils eine gleichverteilte Exfiltration angenommen. Um das auftretende Spektrum der Verteilungen vollständig abzudecken, wurden die Wasserspiegellagenberechnungen jeweils mit 5 Varianten durchgeführt: 0 %, 25 %, 50 %, 75 % und 100 % der Gesamt-Exfiltration in der oberen Hälfte.

Insgesamt wurden für jeden Graben folglich eine Matrix mit 16 x 5 = 80 Varianten der Wasserspiegellagen berechnet. Die jeweilige Wirkung der beiden maßgeblichen Parameter Gesamtabfluss und Verteilung der Exfiltration am Beispiel des Graben 3 zeigen die Abbildung 3-6 und die Abbildung 3-7.

5.3.2 Kalibrierung des numerischen Grundwassermodells

Es kann im Allgemeinen nicht davon ausgegangen werden, dass alle für den Aufbau eines Aquifersimulators benötigten Parameter im Detail bekannt sind. Stattdessen existieren für viele Parameter nur ungenaue Näherungen und Schätzungen. Zunächst weichen die mit dem Simulator berechneten Grundwasserstände daher stark von den im Modellgebiet und Modellzeitraum gemessenen Grundwasserständen ab. Aus diesem Grund wird eine Kalibrierung des Aquifersimulators durchgeführt, bei der seine Parameter zielgerichtet innerhalb plausibler Grenzen verändert werden, bis die berechneten Grundwasserstände möglichst gut mit den im Modellgebiet und Modellzeitraum gemessenen Grundwasserständen übereinstimmen.

Aufgrund der in Kapitel 5.1 beschriebenen außergewöhnlich hohen Anforderungen an den Aquifersimulator können die Rechenzeiten für einen Simulationslauf mit bis zu mehreren Tagen pro Lauf sehr hoch werden. Dadurch kann die Kalibrierung des Modells, die üblicherweise mehrere Dutzend Simulationsläufe erfordert, in einem angemessenen Zeitraum nicht mehr ohne weiteres durchgeführt werden.

5.3.2.1 Methoden zur Reduzierung des Zeitaufwands

Zur Reduzierung des Zeitaufwands bei der Kalibrierung eines komplexen, instationären Grundwassermodells wurden bereits verschiedene Methoden publiziert (VERMEULEN & HEEMINK 2006):

- o Verwendung eines effizienteren Gleichungslösers. Diese Methode wurde beim exemplarisch aufgebauten Aquifersimulator angewendet, indem mit dem algebraischen Mehrgitterverfahren SAMG (Kapitel 3.3.4) ein Lösungsverfahren auf dem aktuellen Stand der Technik benutzt wird.

- o Verwendung von lokal unterschiedlichen Knotenabständen bei der Diskretisierung des Modellgebiets. Diese Methode wurde beim exemplarisch aufgebauten Aquifersimulator angewendet (Kapitel 5.2.2).

- o Mathematische Reduzierung des dem Grundwassermodell zugrunde liegende Gleichungssystems, indem die Funktion der Grundwasserstände in eine raumabhängige Komponente und eine zeitabhängige Komponente aufgeteilt wird (VERMEULEN & HEEMINK 2006). Diese Methode wurde beim exemplarisch aufgebauten Aquifersimulator nicht angewendet, da sie darauf aufbaut, dass die Beschreibung der räumlichen Verteilung der Grundwasserstände deutlich komplexer als die zeitabhängige Komponente ist, wovon aber beim exemplarisch aufgebauten Aquifersimulator nicht ausgegangen werden kann.

- o Reduzierung des instationären Modells auf einen stationären Zustand, so dass einige seiner Parameter in einem ersten Schritt mit deutlich geringerem Aufwand kalibriert werden können (SONNENBORG et al. 2003). Ein Nachteil dieser Methode ist, dass in einem stationären Modell im Gegensatz zu einem instationären Modell teilweise vergleichbare Ergebnisse bei der Anpassung der Grundwasserstände durch Änderungen an unterschiedlichen Datensätzen (beispielsweise hydraulische Leitfähigkeit des Aquifers und Leakagekoeffizienten der Fließgewässer) erzielt werden können. Dadurch muss im ungünstigsten Fall eine vollständige erneute Anpassung aller Datensätze erfolgen, wenn das Modell wieder auf instationäre Verhältnisse erweitert wird (KÜHLERS 2000). Diese Methode wurde daher beim exemplarisch aufgebauten Aquifersimulator nicht angewendet.

Da die vorgestellten Methoden nicht ausreichten, um die Kalibrierung des für den Standort Kastenwört exemplarisch aufgebauten Aquifersimulator in einem angemessenen Zeitrahmen zu ermöglichen, wurde zur Kalibrierung des Modells eine Methode entwickelt, bei der die Kalibrierung mit einer alternativen Diskretisierung des Modellgebiets durchgeführt wird. Da während der Kalibrierung des Modells keine Stofftransportsimulationen durchgeführt werden müssen, und bis auf einen Vergleich der berechneten Grundwasserstände mit den gemessenen Grundwasserständen auch keine weiterführenden Auswertungen vorgenommen werden müssen, können die Elemente bei der neuen Diskretisierung bis zur Grenze der numerischen Stabilität vergrößert werden. Die Randbedingungen und sonstigen Parameter werden ohne Änderungen aus dem ursprünglichen Modell übernommen. Zur weiteren Reduzierung der Rechenlaufzeit kann für die Simulationsläufe der Kalibrierung teilweise zusätzlich ein kürzerer Modellzeitraum gewählt werden.

Bevor das gröber diskretisierte Modell zur Kalibrierung eingesetzt werden darf, muss überprüft werden, ob die mit ihm berechneten Grundwasserstände mit denen des ursprünglichen Modells vergleichbar sind. Beim exemplarisch aufgebauten Aquifersimulator für den Standort Kastenwört stellte sich bei dieser Überprüfung beispielsweise heraus, dass der dreidimensionale Aufbau des Modells mit seiner vertikalen Diskretisierung erhalten bleiben musste.

Das gröber diskretisierte Modell kann aufgrund der kürzeren Rechenlaufzeiten in der Regel mit einem angemessenen Zeitaufwand kalibriert werden. Nach Abschluss der Kalibrierung müssen die dabei veränderten und angepassten Parameter wieder auf das ursprüngliche, feiner diskretisierte Modell übertragen werden. In einem abschließenden Rechenlauf des ursprünglichen, auch für Stofftransportsimulationen geeigneten Modells muss gezeigt werden, dass die mit ihm berechneten Grundwasserstände mit den gemessenen Grundwasserständen übereinstimmen.

5.3.2.2 Umsetzung im exemplarisch aufgebauten Aquifersimulator

Das zur Kalibrierung des exemplarisch aufgebauten Aquifersimulators verwendete Strömungsmodell wurde horizontal mit nur 6 516 Elementen und 3 346 Knoten diskretisiert (Abbildung 5-8). Für das Gesamtmodell ergaben sich damit 45.612 Elemente und 26.768 Knoten. Die Zeit zur Berechnung der Grundwasserströmung betrug unter Verwendung eines Personal Computers (Pentium 4, 2,8 GHz, 2 GB RAM) mit diesem vereinfachten Modell nur etwa 6,5 Stunden, und war damit viel kürzer als die zur Berechnung des ursprünglichen Strömungsmodells (Abbildung 5-5) benötigten 3,5 Tage. Obwohl in diesem Modell in Rheinnähe vereinzelt numerische Instabilitäten auftraten, konnte es in etwa 70 Rechenläufen gut kalibriert werden. Bei der Kalibrierung wurden die Datensätze der Durchlässigkeitsbeiwerte, der entwässerbaren Porositäten, der Leakagekoeffizienten der Fließgewässer sowie des Grundwasserzustroms am südöstlichen Modellrand angepasst. Die dabei ermittelten Parameterverteilungen wurden danach wieder auf den ursprünglichen Aquifersimulator übertragen.

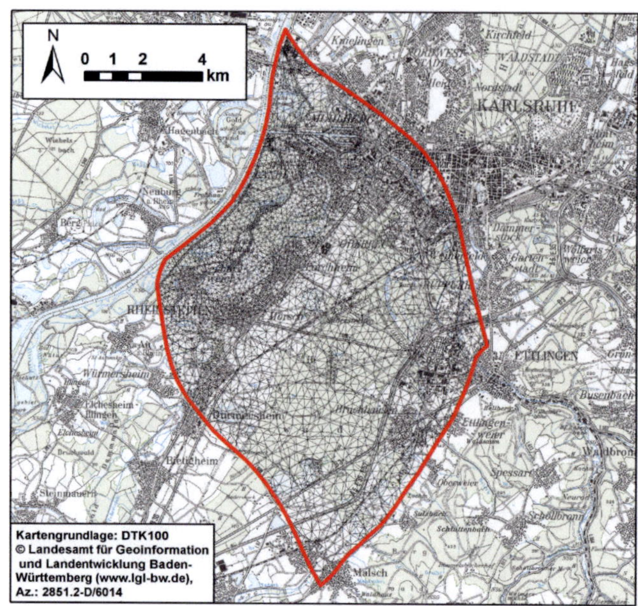

Abbildung 5-8: Diskretisierung des zur Kalibrierung verwendeten gröberen Modells

Zum Vergleich der berechneten Grundwasserstände mit den gemessenen Grundwasserständen wurden insgesamt 99 Grundwassermessstellen im Modellgebiet ausgewählt. Das Ergebnis der Kalibrierung wird in Abbildung 5-9 beispielhaft an drei Grundwassermessstellen gezeigt.

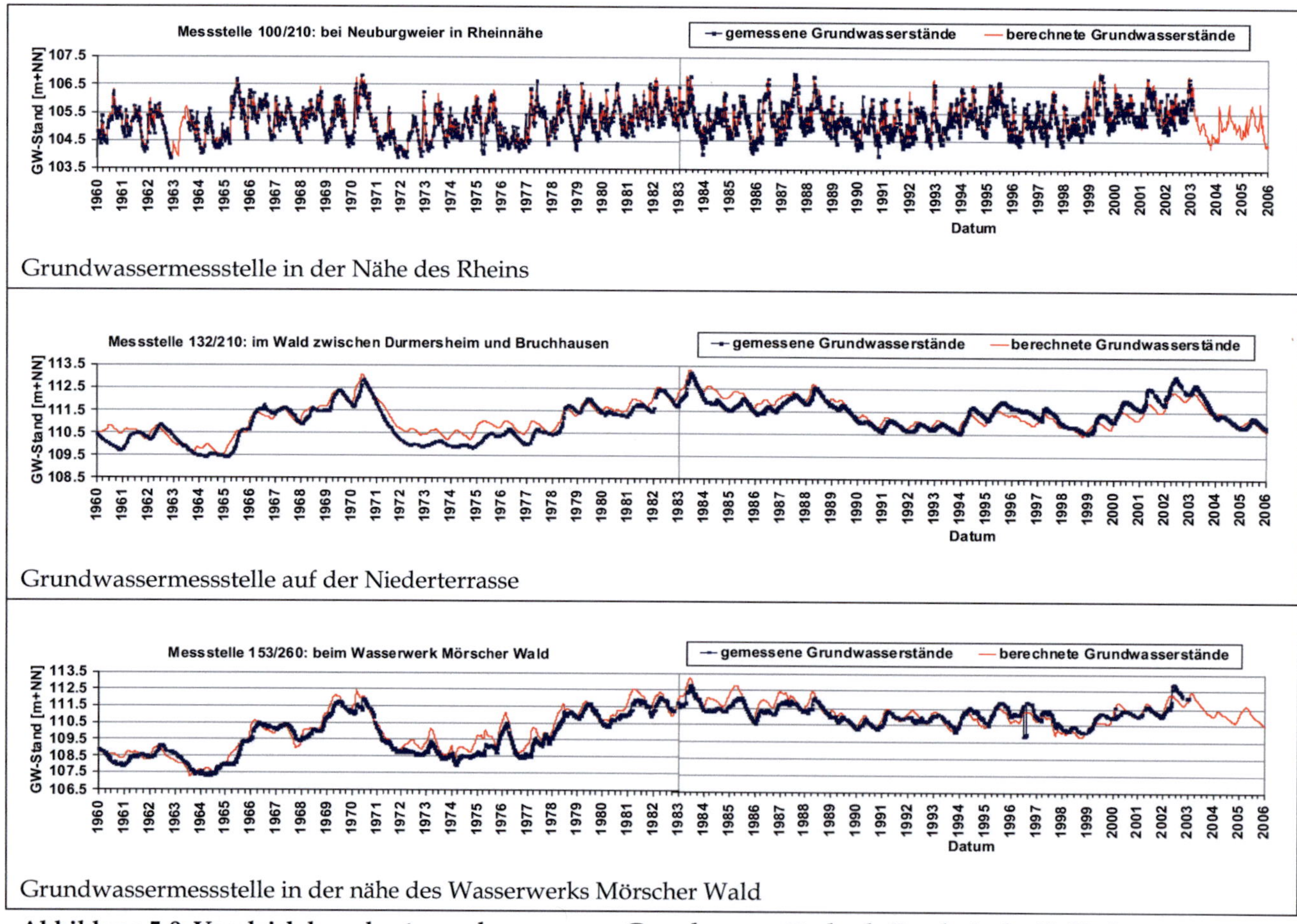

Abbildung 5-9: Vergleich berechneter und gemessener Grundwasserstände als Ergebnis der Kalibrierung

Es ist zu erkennen, dass das Modell in drei Gebieten mit unterschiedlicher Charakteristik der Grundwasserstandsganglinien jeweils gut angepasst ist, da die berechneten Grundwasserstände die gemessenen Grundwasserstände gut abbilden. Ein Vergleich der gemessenen mit den berechneten Grundwasserständen an allen Grundwassermessstellen als Ergebnis der Kalibrierung ist KÜHLERS & MAIER (2009) zu entnehmen. Dort wird auch die zusätzliche Validierung des Modells am Großpumpversuch Kastenwört 1989 (HOFMANN et al. 1990) und durch eine Stofftransportmodellierung ausführlich dargestellt.

Bei der Kalibrierung eines prognosefähigen Grundwassermodells ist es nicht allein ausreichend, die berechneten und gemessenen Grundwasserstände zu vergleichen, da sonst mit verschiedenen Parametersätzen gleiche Ergebnisse erzielt werden könnten. Stattdessen muss mindestens ein wesentlicher Volumenstrom im Modell bekannt sein. Dies kann beispielsweise eine dokumentierte Entnahme bei einem großen Pumpversuch oder besser an einem Wasserwerk sein. Alternativ könnte beispielsweise auch die dokumentierte Infiltration von Grundwasser in ein Fließgewässer, die durch Abflussmessungen bestimmt wurde, verwendet werden.

Im Fall des exemplarisch aufgebauten Aquifersimulators war eine Vielzahl öffentlicher und privater Grundwasserentnahmen im Modellgebiet dokumentiert, die größte davon am Wasserwerk Mörscher Wald der Stadtwerke Karlsruhe (Abbildung 5-10), das mit seinen monatlichen Entnahmeraten in das Grundwassermodell eingegeben wurde. Die stark unterschiedlichen Entnahmen am Wasserwerk innerhalb des Modellzeitraums in Verbindung mit der guten Anpassung der berechneten Grundwasserstände an die gemessenen Grundwasserstände garantierten die gute Prognosefähigkeit des Aquifersimulators.

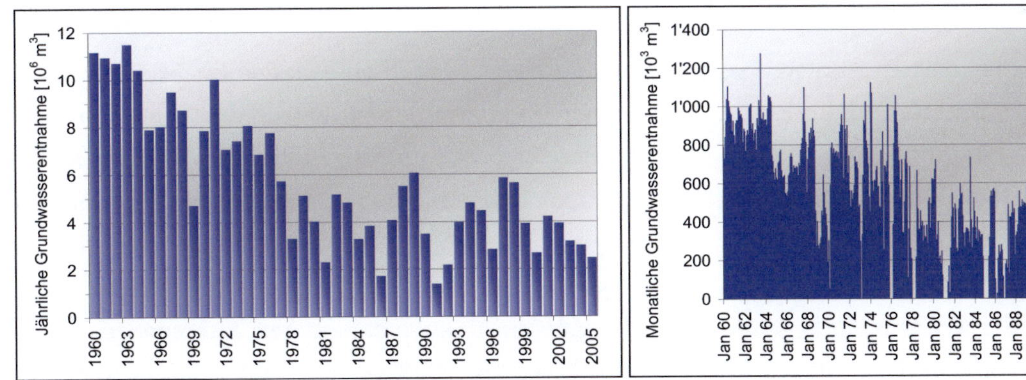

Abbildung 5-10: Jährliche und monatliche Grundwasserentnahmen am Wasserwerk Mörscher Wald

5.3.3 Markierung des Flusswassers

Die Berechnung des Fließgewässeranteils im Aquifer oder in den Brunnen eines Wasserwerks lässt sich – wie in Kapitel 4.3.2.4 bezüglich des verwendeten Prinzipmodells bereits beschrieben – am einfachsten realisieren, indem am betreffenden Fließgewässer, im Fall des exemplarisch aufgebauten Aquifersimulators der Rhein, eine Dirichlet-Randbedingung der Stofftransportmodellierung (Kapitel

3.2.8) mit einer Konzentration von 100 vorgegeben wird. Dadurch kann der jeweilige Uferfiltratanteil in Prozent aus den mit der Stofftransportsimulation berechneten Konzentrationen ohne weitere Berechnung abgelesen werden.

5.3.4 Vorgabe des Retentionsraums

Die Vorgabe des Retentionsraums in den Aquifersimulator erfolgt am einfachsten und mit den plausibelsten Resultaten wie bereits im Rahmen des Aufbaus des Prinzipmodells beschrieben (Kapitel 4.3.2.5 und 4.3.2.6) mit einer Kombination aus einer Cauchy-Randbedingung der Strömung (Kapitel 3.1.8) und einer Dirichlet-Randbedingung des Stofftransports (Kapitel 3.2.8), bzw. mit einer Cauchy-Randbedingung der Strömung und einer Cauchy-Randbedingung des Stofftransports (Kapitel 3.2.8), falls die zur Modellierung verwendete Software das Zu- und Abschalten einer Randbedingung während der Laufzeit eines Modells nicht unterstützt.

Zur Abbildung des Retentionsraums im für den Standort Kastenwört exemplarisch aufgebauten Aquifersimulator wurde allen Knoten der obersten Ebene des Modells innerhalb der Abgrenzung des geplanten Retentionsraums jeweils eine Cauchy-Randbedingung der Strömung zugewiesen. Grundlagen der vorgegebenen Randbedingungen waren bezüglich der Leakagekoeffizienten die Untersuchungsergebnisse des Instituts für Hydromechanik (IfH) des Karlsruher Instituts für Technologie (KIT) zur Mächtigkeit und Durchlässigkeit der Bodenzone im betreffenden Retentionsraum (MOHRLOK et al. 2009, BETHGE 2009), sowie bezüglich der Wasserstände die stationären hydrodynamischen Modellierungen des Instituts für Wasser und Gewässerentwicklung (IWG) des KIT (MOHRLOK et al. 2009) bzw. des Ingenieurbüros Ludwig zu den Wasserständen im betreffenden Retentionsraum bei unterschiedlichen Abflüssen des Rheins.

Um nicht für jeden einzelnen Knoten des Retentionsraums im Modell eine eigene Funktion der Wasserstände bei einer Überflutung im Modellzeitraum erstellen zu müssen, wurde der Retentionsraum zunächst in Polygone mit näherungsweise homogenen Eigenschaften bezüglich des Einsetzens der Überflutung (abhängig von der Geländehöhe) und dem hydrodynamisch berechneten Wasserstand während der Überflutung unterteilt. Für die Polygone wurden anschließend jeweils Beziehungen zwischen ihrem hydrodynamisch simulierten Wasserstand und dem Abfluss des Rheins entwickelt. Um die Anzahl der Wasserstands-Abfluss-Beziehungen in einem vertretbaren Rahmen zu halten, wurden die Polygone, deren mittlerer Wasserstand bei einem Abfluss von 5000 m³/s im Rhein bei Maxau um weniger als 5 cm voneinander abwich, diesbezüglich zu einer Klasse zusammengefasst (Abbildung 5-11). Für den südlichsten Teil des Retentionsraums, für das Rheinstrandbad und für die Hermann-Schneider-Allee wurden keine Cauchy-Randbedingungen vorgegeben, da dort nicht oder nur sehr selten Überflutungen auftreten.

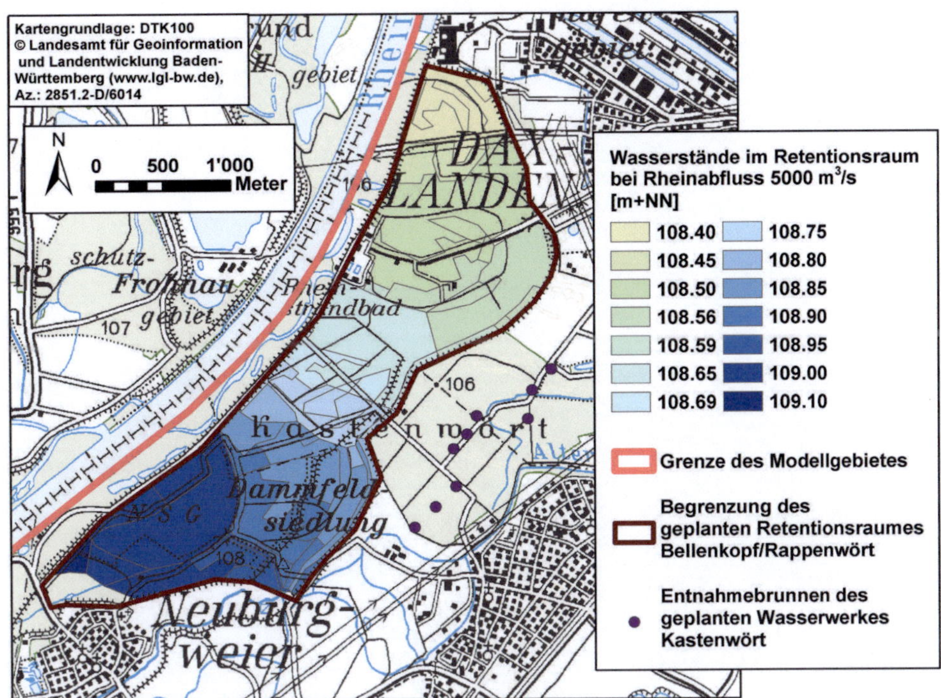

Abbildung 5-11: Im Aquifersimulator vorgegebene Wasserstände im Retentionsraum bei einem Abfluss von 5000 m³/s des Rheins

Aus der Ganglinie der Tagesmittelwerte des Abflusses des Rheins bei Maxau wurden anschließend für die Polygone unter Verwendung der ermittelten Wasserstands-Abfluss-Beziehungen Ganglinien der mittleren Wasserstände in den Polygonen auf Tagesbasis berechnet. Diese Wasserstandsganglinien konnten dann im Modell vorgegeben werden.

Als Nebenbedingung der Cauchy-Randbedingung (Kapitel 3.3.6) wurde die Geländehöhe eingegeben. Solange der Grundwasserspiegel darunter bleibt, wird zur Berechnung der Infiltration nicht die Potentialdifferenz zwischen dem Wasserstand im Retentionsraum und dem Grundwasserspiegel herangezogen, sondern die Differenz zwischen dem Wasserstand im Retentionsraum und der Geländehöhe.

Die Nahbereiche des Federbachs, des Rappenwörter Altrheins und des Panzergrabens wurden bei der Vorgabe der Überflutungswasserstände und der Leakagekoeffizienten des Retentionsraums ausgespart, da sie unverändert als normales Fließgewässer modelliert wurden. Während der Überflutungen des Retentionsraums wurden für diese Gewässer lediglich die Leakagekoeffizienten der Exfiltration auf Null gesetzt, um die Entwässerungswirkung dieser Gewässer während den Überflutungen auszuschalten.

Die Leakagekoeffizienten der Cauchy-Randbedingungen wurden aus den oben genannten Untersuchungsergebnissen zur Mächtigkeit und Durchlässigkeit der Bodenzone im Retentionsraum berechnet und für die Polygone des Retentionsraums jeweils gemittelt (Abbildung 5-12). Außerhalb der Überflutungszeiten wurden die Leakagekoeffizienten innerhalb des Retentionsraums auf Null gesetzt, damit die Wasserstände der Cauchy-Randbedingungen dann keinen Einfluss mehr auf das Modell haben.

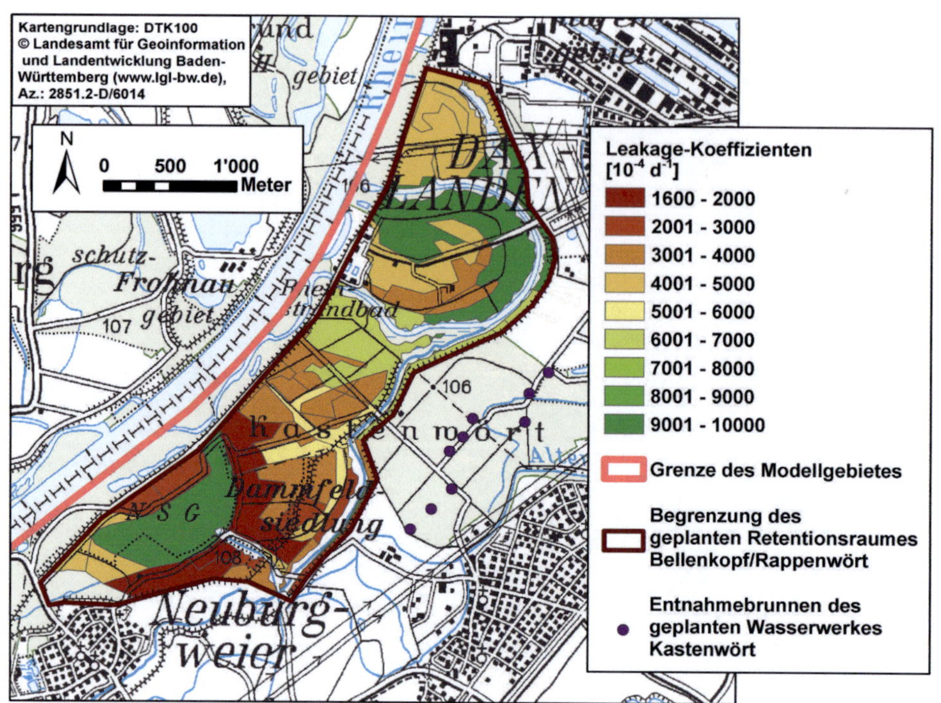

Abbildung 5-12: Leakagekoeffizienten im Retentionsraum

Der Retentionsraum wurde als Deichrückverlegung in den Aquifersimulator eingegeben. Entsprechend der Klassifizierung von DIN 19700-12 (2004) wurde der Retentionsraum folglich als ungesteuert betriebenes großes Rückhaltebecken im Nebenschluss im Modell abgebildet. Ab einem Abfluss von 2200 m³/s im Rhein bei Maxau kann Wasser aus dem Rhein in den Retentionsraum einfließen. Flächenhafte Überflutungen finden erst ab einem Abfluss von 3000 m³/s statt, viele höher gelegene Flächen werden erst ab einem Abfluss von etwa 4000 m³/s überflutet. Zwischen 1960 und 2005 wurden insgesamt 59 Überflutungsereignisse im Retentionsraum simuliert (Abbildung 5-13).

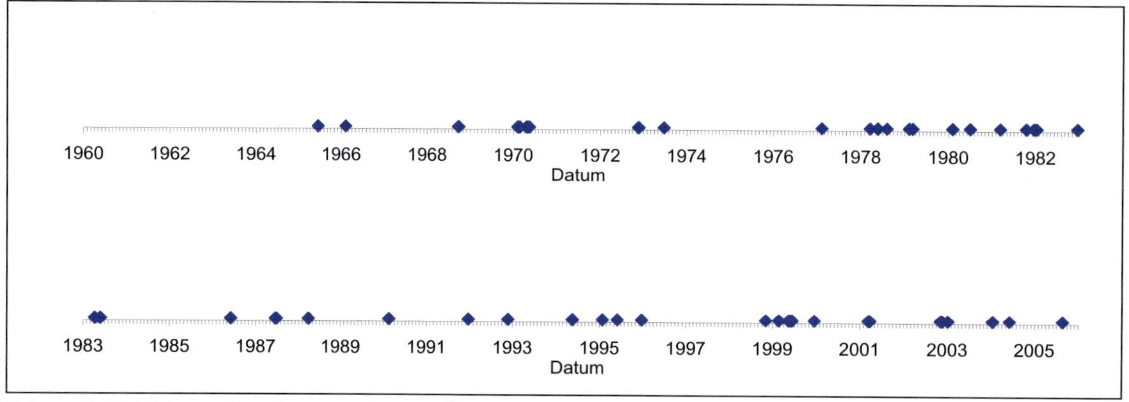

Abbildung 5-13: Zeitpunkte der simulierten Überflutungsereignisse des modellierten ungesteuerten Retentionsraums Bellenkopf/Rappenwört

Die Markierung des über den Hochwasserretentionsraum infiltrierenden Wassers erfolgte analog zur in Kapitel 4.3.2.6 beschriebenen Vorgehensweise, indem an allen Knoten der obersten Ebene des Retentionsraums eine Cauchy-Randbedingung des Stofftransports mit einer Konzentration von 100 und während der Flutungen des Retentionsraums ein sehr hoher Leakagekoeffizient ($100\ \text{s}^{-1}$) vorgegeben wurde.

5.4 Ergebnis der Aquifersimulation

Mit dem für den Standort Kastenwört exemplarisch aufgebauten Aquifersimulator wurde ein hypothetisches Szenario berechnet, in dem sowohl das geplante Wasserwerk als auch der geplante Retentionsraum (ungesteuert als Dammrückverlegung) 1960 in Betrieb gingen. Zu Vergleichszwecken wurde ein weiteres Szenario berechnet, in dem 1960 nur das Wasserwerk in Betrieb ging, der Retentionsraum aber nicht berücksichtigt wurde. Das Wasserwerk wurde entsprechend dem vorliegenden Planungsstand mit einer Jahresentnahme von 7,4 Mio. m³ pro Jahr im Modell vorgegeben. Die 9 Brunnen des Wasserwerks haben unterschiedliche Anteile an der Gesamtentnahme, wodurch der Grundwasseranstrom von der östlich gelegenen Niederterrasse optimal genutzt und der Rheinwasseranteil im Wasserwerk minimiert wurden (DEINLEIN 2009).

Durch die Markierung des Rheinwassers im Stofftransportmodell am Rhein selbst (Kapitel 5.3.3) und im überfluteten Retentionsraum (Kapitel 5.3.4) kann mit dem Aquifersimulator der Rheinwasseranteil in den Brunnen des geplanten Wasserwerks berechnet werden. In Tabelle 5-1 sind die durchschnittlichen simulierten Rheinwasseranteile von 1975 bis 2005 in den einzelnen Entnahmebrunnen aufgeführt. Die bei Weitem höchsten Rheinwasseranteile wurden für die drei zentralen Brunnen berechnet, welche aber entsprechend den Vorgaben zusammen nur 9 % der Gesamtentnahme des Wasserwerks darstellen.

Tabelle 5-1: Durchschnittlicher simulierter Rheinwasseranteil (1975 bis 2005) im geplanten Wasserwerk Kastenwört bei einer Entnahme von 7,4 Mio. m³/Jahr

Brunnen	Rheinwasseranteil ohne Retentionsraum	Rheinwasseranteil mit Retentionsraum	Anteil an der Gesamt-Förderung
Brunnen 1 (nördlichster)	0,0 %	1,7 %	12,3 %
Brunnen 2	11,4 %	35,0 %	12,3 %
Brunnen 3	0,5 %	1,2 %	12,3 %
Brunnen 4	32,5 %	52,4 %	3 %
Brunnen 5	21,2 %	38,6 %	3 %
Brunnen 6	35,4 %	57,4 %	3 %
Brunnen 7	11,0 %	18,2 %	18 %
Brunnen 8	4,5 %	14,2 %	18 %
Brunnen 9 (südlichster)	0,0 %	0,4 %	18 %
Wasserwerk Gesamt	6,9 %	15,3 %	100 %

Die zeitliche Entwicklung der Rheinwasseranteile im Wasserwerk zwischen 1960 und 2006 zeigt die Abbildung 5-14. Die rote Linie stellt den zeitlichen Verlauf des prozentualen Rheinwasseranteils im Wasserwerk dar, wenn sowohl das geplante Wasserwerk als auch der geplante Retentionsraum (ungesteuert als Dammrückverlegung) 1960 in Betrieb gegangen wären. Die grüne Linie stellt dazu vergleichend den zeitlichen Verlauf des prozentualen Rheinwasseranteils im Wasserwerk dar, wenn 1960 nur das geplante Wasserwerk in Betrieb gegangen wäre, nicht aber der geplante Retentionsraum.

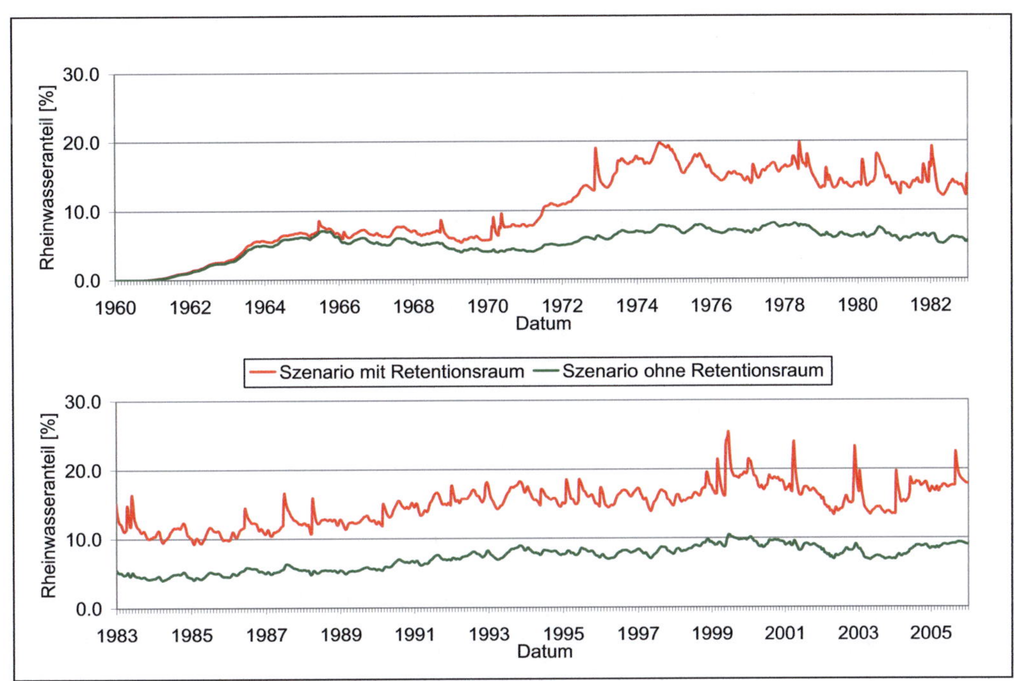

Abbildung 5-14 Simulierter Rheinwasseranteil im Wasserwerk Kastenwört bei einer Entnahme von 7,4 Mio. m³/Jahr

Im Zeitraum der ersten 5 Jahre hatte der Betrieb des Hochwasserretentionsraums keine signifikante Wirkung auf den Rheinwasseranteil im geförderten Grundwasser, da der Rheinwasserstand in diesem Zeitraum nicht so weit anstieg, dass eine Flutung des Retentionsraums stattgefunden hätte (Abbildung 5-13). Der geringfügig erhöhte Rheinwasseranteil im Szenario, das den Betrieb des geplanten Retentionsraums berücksichtigte, ist folglich auf die simulierten Abzugsgräben als einzige Änderung zwischen den beiden Szenarien zurückzuführen.

Auch in den darauf folgenden 5 Jahren war die Wirkung des Hochwasserretentionsraums auf den Rheinwasseranteil im geförderten Grundwasser gering, obwohl in diesem Zeitraum 3 Mal eine Flutung des Retentionsraums stattfand. Im Szenario mit Betrieb des Retentionsraums lag der Rheinwasseranteil im Wasserwerk im Zeitraum der Jahre 6 bis 10 im Mittel nur um etwa 1 % höher als im Szenario ohne Retentionsraum. Gleichzeitig zeigten sich im Szenario mit Hochwasserretentionsraum bis zum Ende der ersten 10 Jahre 3 kurzzeitige Spitzen des Rheinwasseranteils, die bis zu 3 % über dem Rheinwasseranteil im Szenario ohne Retentionsraum lagen.

Nach weiteren etwa 5 Jahren lag der Rheinwasseranteil im Szenario mit Betrieb des Retentionsraums kontinuierlich um etwa 5 % bis 10 % höher als ohne den Betrieb des Retentionsraums. Zusätzlich sind immer wieder Spitzen des Rheinwasseranteils zu erkennen. Für das Hochwasser 1999, dem bisher höchsten und längsten am Rhein bei Maxau gemessenen Hochwasserereignis, wurde unter Berücksichtigung des geplanten Retentionsraums der insgesamt höchste Rheinwasseranteil von dann etwa 25 % berechnet, etwa 15 % mehr als ohne Betrieb des Retentionsraums.

Es ist zu beachten, dass die in Abbildung 5-14 gezeigten Ganglinien der zu erwartenden Rheinwasseranteile im entnommenen Grundwasser nicht ohne weiteres auf eine konkrete im Rhein vorhandene Substanz übertragen werden dürfen. Soweit es sich bei der Substanz nicht um einen idealen Tracer handelt, können auch die Retardation sowie der mikrobiologische und der chemische Abbau der Substanz eine signifikante Wirkung beim Transport der Substanz im Grundwasser haben. Diese Prozesse können zu einer erheblichen Verringerung der zu messenden Substanzkonzentration in den Entnahmebrunnen führen. Weiterhin ist bei der Betrachtung einer konkreten Substanz zu berücksichtigen, dass diese in der Regel nicht mit einer konstanten Konzentration im Fließgewässer vorliegt (KÜHLERS et al. 2010).

6 Diskussion

6.1 Vergleich der Ergebnisse der Ersteinschätzung eines Standorts und des Aquifersimulators

Die aus Kapitel 4 resultierenden Erkenntnisse und Methoden erlauben bereits vor Beginn einer numerischen Simulation eine erste Einschätzung darüber, ob in einem Wasserwerk nahe eines Hochwasserretentionsraums Fließgewässeranteile zu erwarten sind, bzw. ob der Retentionsraum einen Einfluss darauf hat. Durch einen Vergleich dieser Ersteinschätzung mit dem Ergebnis der Aquifersimulation am Beispiel des Standorts Kastenwört (Kapitel 5) können die Möglichkeiten und Grenzen der in Kapitel 4 vorgestellten Methode aufgezeigt werden. Ebenso können die gegenüber der Ersteinschätzung zusätzlichen aus einer Aquifersimulation resultierenden Erkenntnisse herausgestellt werden.

6.1.1 Einschätzung zur Größe des Einzugsgebiets des geplanten Wasserwerks

Für das geplante Wasserwerk ist eine Grundwasserentnahme von bis zu 7,4 Mio. m³ pro Jahr vorgesehen. Daraus ergibt sich eine anzusetzende durchschnittliche Entnahmerate von 0,235 m³/s. Das Grundwasser soll an insgesamt 9 Brunnen mit einem Abstand von jeweils etwa 200 m zueinander entnommen werden. Die für die Berechnung des Einzugsgebiets zu berücksichtigende Linienentnahme hat folglich eine Länge L_E von 1800 m (Kapitel 4.1.3.1). Die Mächtigkeit M_{GW} des Grundwasserleiters beträgt im Bereich des geplanten Wasserwerks etwa 30 m, der Durchlässigkeitsbeiwert k_f etwa $1{,}2 \cdot 10^{-3}$ m/s (DEINLEIN 2006). Der Gradient I des ungestörten Grundwasserspiegels im Bereich des geplanten Wasserwerks liegt bei etwa 1 ‰ (AUE 2008).

Unter Verwendung der Gleichungen (4.1) und (4.37) ergibt sich daraus eine Breite y_b des Einzugsgebiets von etwa 6500 m, und ein Abstand $x_{u,l}$ des unteren Kulminationspunktes von der Brunnenlinie von etwa 770 m. Da der Abstand der Brunnen zueinander kleiner ist als $y_b/(2 \cdot 9)$, kann von einem zusammenhängenden Einzugsgebiet mit nur einem unteren Kulminationspunkt ausgegangen werden. Der Abstand des unteren Kulminationspunktes eines Einzelbrunnens vom Brunnen (Gleichung (4.2)) ist mit etwa 115 m deutlich geringer und daher nicht zu berücksichtigen.

Die Berechnung der Größe des Einzugsgebiets des Wasserwerks ergibt zunächst, dass das Einzugsgebiet nordwestlich der Entnahmebrunnen bis über den Federbach hinaus reicht. Damit überschneiden sich das Einzugsgebiet des Wasserwerks und der geplante Retentionsraum, der Rhein ist jedoch nicht im Einzugsgebiet enthalten (Abbildung 6-1, Schätzung A). Da jedoch zwischen Rhein und Federbach die Grundwasserströmung im Untersuchungsgebiet im Mittel vom Rhein zum Federbach verläuft, so dass sich im Aquifer zwischen den beiden Fließgewässern im wesentlichen infiltriertes Rheinwasser befindet (Kapitel 5.1.7), muss die Schätzung zum Einzugsgebiet des Wasserwerks dementsprechend angepasst werden. Es muss daher davon ausgegangen werden, dass der Rhein im Einzugsgebiet des geplanten Wasserwerks enthalten ist (Abbildung 6-1, Schätzung B).

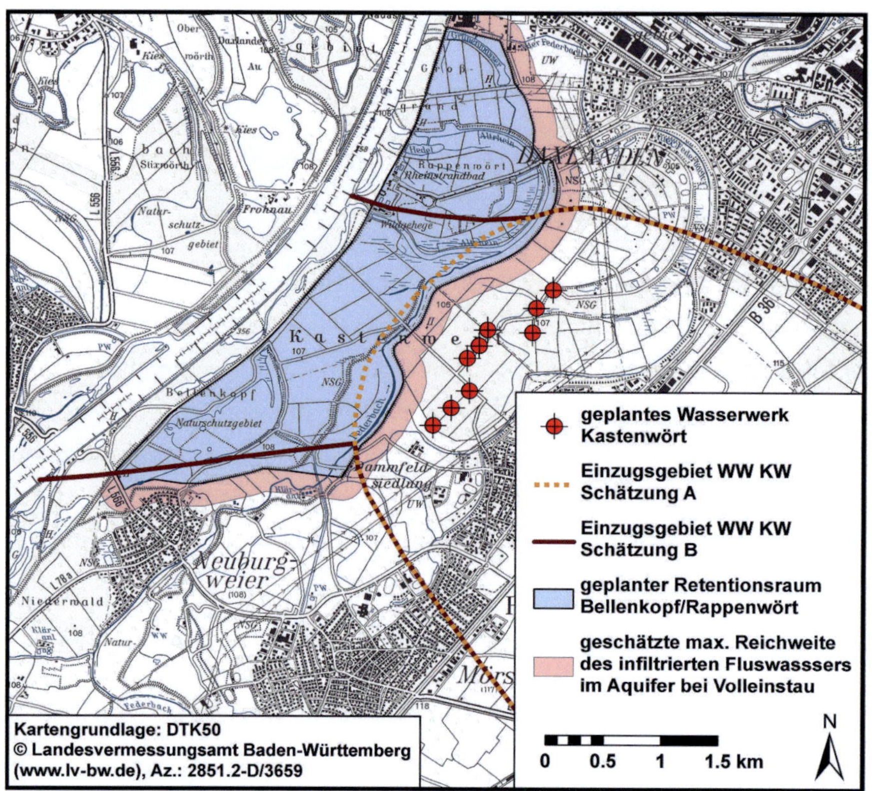

Abbildung 6-1: Ersteinschätzung zum Einfluss des Retentionsraums auf das Wasserwerk Kastenwört

6.1.2 Einschätzung zur Reichweite von infiltriertem Flusswasser im Grundwasserleiter während der Flutung des geplanten Retentionsraums

Die entwässerbare Porosität n wird entsprechend MAROTZ (1968) (Gleichung (4.49)) mit 16 % angegeben. Für die durchflusswirksame Porosität n_e wurde im Rahmen des kombinierten Großpump- und Markierungsversuchs 1989 am Standort des geplanten Wasserwerks Kastenwört ein Wert von 6,1 % ermittelt (HOFMANN et al. 1990). Bei dieser Auswertung wurde von einer Aquifermächtigkeit von 52 m ausgegangen. Da die Aquifermächtigkeit nach derzeitigem Kenntnisstand jedoch bei ungefähr 30 m liegt, muss die damals ermittelte durchflusswirksame Porosität mit dem Faktor (52/30 = 1,7) korrigiert werden. Sie beträgt demnach etwa 10,5 %. Für die Längsdispersivität wurde mit dem genannten Versuch ein Wert von 18 m ermittelt.

Für den geplanten Retentionsraum ergibt sich entsprechend seines Retentionsvolumens von 14 Mio. m³ und seiner Fläche von 510 ha (Kapitel 5.1.1) eine durchschnittliche Überflutungshöhe von 2,75 m. Der mittlere Flurabstand wird auf 1 m geschätzt. Bei einem Volleinstau wird demnach von einem Anstieg H_H der Grundwasserdruckhöhe um maximal 3,75 m ausgegangen. Weiterhin wird davon ausgegangen, dass die Dauer T_H des Volleinstaus nicht länger als 3 Tage beträgt.

Mit den vorgestellten Annahmen kann unter Verwendung der Gleichung (4.42) abgeschätzt werden, dass die Reichweite des während einer Flutung des Retentionsraums in den Aquifer infiltrierten Flusswassers durch advektiven Transport bis zu etwa 50 m beträgt. Durch den zusätzlich stattfindenden dispersiven Transport kann das infiltrierte Flusswasser mit einem Anteil von bis zu 20 % bis zu einer maximalen Entfernung von ca. 90 m vom Retentionsraum angetroffen werden (Gleichung (4.48)), mit einem Anteil von bis zu 10 % bis zu einer maximalen Entfernung von ca. 110 m vom Retentionsraum(Gleichung (4.47)).

Im Rahmen einer Worst-Case-Betrachtung wird angenommen, dass das infiltrierte Flusswasser nicht bis zur Untergrenze des Aquifers eindringt und daher nur in den obersten 10 m des Aquifers transportiert wird. Weiterhin wird eine Einstaudauer von 7 Tagen angenommen. Unter diesen Randbedingungen beträgt die advektive Transportweite des infiltrierten Flusswassers etwa 140 m und es ist mit einem Anteil von 20 % (bzw. 6,7 % bezogen auf die gesamte Aquifermächtigkeit) noch bis in eine Entfernung von etwa 200 m zu erwarten (Abbildung 6-1).

6.1.3 Resultierende Einschätzung des Systemverhaltens

Aufgrund der geschätzten Größe und Lage des Einzugsgebiets des geplanten Wasserwerks (Kapitel 6.1.1) ist am Standort Kastenwört ein Systemverhalten zu erwarten, das dem in Kapitel 4.4 beschriebenen Fall C entspricht, bzw. dem in Kapitel 4.3 anhand der Modellszenarien S3A und S3B gezeigten Systemverhalten ähnelt: Bereits bei mittleren hydrologischen Bedingungen wird ein geringer Rheinwasseranteil in den Entnahmebrunnen des geplanten Wasserwerks vorhanden sein. Während einer Flutung des Retentionsraums wird der Rheinwasseranteil in den Entnahmebrunnen ansteigen, da der Gradient des Grundwasserspiegels zwischen Retentionsraum und Entnahmebrunnen größer wird. Da die Reichweite des infiltrierten Flusswassers im Aquifer aber nicht groß genug ist, um die Entnahmebrunnen während des Hochwasserereignisses zu erreichen (Kapitel 6.1.2, Abbildung 6-1), handelt es sich bei den erhöhten Rheinwasseranteilen während der Flutung des Retentionsraums um Rheinwasseranteile, die sich bereits vor dem Hochwasserereignis in der Nähe der Entnahmebrunnen befunden haben. Nach Entleerung des Retentionsraums wird der Rheinwasseranteil aufgrund des sich normalisierenden Gradienten des Grundwasserspiegels zunächst wieder zurückgehen. Im Nachgang der Flutung wird der Rheinwasseranteil in den Entnahmebrunnen aber noch mal langfristig ansteigen, da das im Einzugsgebiet des Wasserwerks während der Flutung über den Retentionsraum ins Grundwasser infiltrierte Rheinwasser nach der Flutung zwangsläufig (wenn auch aufgrund der geringen Gradienten verhältnismäßig langsam) in Richtung der Wasserwerksbrunnen strömen wird.

6.1.4 Vergleich mit dem Ergebnis der Aquifersimulation

Das Ergebnis der Aquifersimulation zeigt, dass nach Inbetriebnahme des Wasserwerks der Rheinwasseranteil im geförderten Grundwasser in beiden Szenarien zunächst in einem Zeitraum von 5 Jahren auf etwa 7 % anstieg (Abbildung 5-14). Danach blieb der Rheinwasseranteil im geförderten Grundwasser in beiden Szenarien zunächst verhältnismäßig konstant zwischen 5 % und 10 %. Daraus lässt sich schließen, dass es etwa 5 Jahre dauerte, bis das Rheinuferfiltrat, das sich vor Inbetriebnahme des Wasserwerks im Grundwasserleiter zwischen Rhein und Federbach befand (Kapitel 5.1.7), die Wasserwerksbrunnen durch advektiven Transport erreichte. Der langsame Anstieg ist zum einen durch den dispersiven Transport zu erklären, zum anderen dadurch, dass die Entnahmebrunnen in unterschiedlichen Entfernungen zum Federbach lagen. Der verhältnismäßig große Zeitraum von 5 Jahren hatte seine Ursache im geringen Gradienten zwischen den Wasserwerksbrunnen und dem Federbach, wie er in der Regel auf der Abstromseite von Grundwasser-Entnahmebrunnen vorliegt (Kapitel 4.1, Kapitel 4.3.5).

Etwa 3 bis 5 Jahre nach Inbetriebnahme des Wasserwerks war der Rheinwasseranteil im Szenario mit Betrieb des Retentionsraums geringfügig höher als ohne Betrieb des Retentionsraums. Da der einzige Unterschied zwischen den beiden Szenarien im betreffenden Zeitraum die Simulation der Abzugsgräben um den Retentionsraum war, konnte diese leichte Erhöhung des Rheinwasseranteils nur von den Abzugsgräben verursacht worden sein. Diese führten offenbar dazu, dass das zwischen Rhein und Federbach vorhandene Rheinuferfiltrat schneller in Richtung der Wasserwerksbrunnen verlagert wurde. Die leichte Erhöhung des Rheinwasseranteils liegt in Übereinstimmung mit den in Kapitel 4.3.8 dargestellten Simulationsergebnissen des Prinzipmodells bezüglich der Wirkung von Abzugsgräben um einen Retentionsraum.

Im Zeitraum der Jahre 6 bis 10 nach Inbetriebnahme des Wasserwerks gab es im Szenario mit Retentionsraum 3 kleine Spitzen des Rheinwasseranteils, die bis zu etwa 3 % über dem Rheinwasseranteil im Szenario ohne Retentionsraum lagen. Diese Spitzen wurden verursacht durch den temporären Anstieg des Gradienten zwischen dem Hochwasserretentionsraum und den Wasserwerksbrunnen während einer Flutung des Hochwasserretentionsraums, wie es im Kapitel 4.3.7 anhand der Szenarien S3A und S3B allgemein beschrieben wurde, und bereits im Kapitel 6.1.3 auch für den Standort Kastenwört prognostiziert wurde.

Die insgesamt geringen Unterschiede von meist weniger als 1 % zwischen den Rheinwasseranteilen des Szenarios ohne Hochwasserretentionsraum und des Szenarios mit Hochwasserretentionsraum in den Jahren 6 bis 10 nach Inbetriebnahme des Wasserwerks, in denen bereits 3 Flutungen des Retentionsraums stattfanden (Abbildung 5-13), bestätigen die Überlegung aus Kapitel 6.1.3, dass während einer Flutung des Retentionsraums infiltriertes Rheinwasser nicht direkt in die Entnahmebrunnen des Wasserwerks gelangen kann.

Im Zeitraum zwischen 10 Jahren und 15 Jahren nach Inbetriebnahme des Wasserwerks und des Retentionsraums, bzw. etwa 5 bis 10 Jahre nach der ersten Flutung des Retentionsraums, gab es im Szenario mit dem Retentionsraum einen deutlichen Anstieg des Rheinwasseranteils im geförderten Grundwasser auf etwa 20 %. Danach blieb der Rheinwasseranteil im Szenario mit Retentionsraum verhältnismäßig konstant auf einem Niveau zwischen 10 % und 20 %, und damit etwa 5 % bis 10 % höher als im Szenario ohne Retentionsraum. Dieser Anstieg wurde verursacht durch das während der Flutungen des Retentionsraums in den Grundwasserleiter infiltrierte Rheinwasser, das nach den Flutungen mit der normalen Grundwasserströmung zu den Wasserwerksbrunnen transportiert wird. Ein solcher Anstieg in teilweise großem zeitlichem Abstand zu Flutungsereignissen wurde bereits in den Kapiteln 4.3.6 und 4.3.7 anhand der Szenarien S2A bis S3B allgemein beschrieben und im Kapitel 6.1.3 für den Standort Kastenwört prognostiziert.

Das bei Flutungen des Retentionsraums Bellenkopf/Rappenwört in den Grundwasserleiter infiltrierte Rheinwasser brauchte im mit dem Aquifersimulator berechneten Szenario folglich etwa 5 Jahre, bis es die Wasserwerksbrunnen durch advektiven Transport erreichte. Diese Zeitspanne stimmt mit der Transportdauer nach Inbetriebnahme des Wasserwerks überein, da der Rand des Retentionsraums sich in der Nähe des Federbachs befindet (s.o.).

Bei den Untersuchungen in Kapitel 4.3 zum Anstieg des Flusswasseranteils in zeitlichem Abstand zum Hochwasserereignis ging der Flusswasseranteil im geförderten Grundwasser nach Durchschreiten eines Maximums immer wieder auf die Ausgangskonzentration zurück. Dies ist im Ergebnis der Aquifersimulation nicht zu beobachten, bei dem der Rheinwasseranteil im Szenario mit Retentionsraum nach dem erfolgten Anstieg beständig etwa 5 % bis 10 % über dem Rheinwasseranteil des Szenarios ohne Retentionsraum verblieb. Der Unterschied kann damit erklärt werden, dass bei den Untersuchungen in Kapitel 4.3 immer nur jeweils ein Hochwasserereignis betrachtet wurde, im Aquifersimulator der Retentionsraum aber immer wieder geflutet wurde. Das im Aquifersimulator berechnete konstant höhere Niveau des geförderten Rheinwasseranteils resultierte folglich aus den immer wieder auftretenden Flutungen des Retentionsraums, wodurch sich die langfristigen Wirkungen der Flutungen überschnitten. Wenn die langfristige Wirkung einer Flutung abnahm, war die Wirkung einer nachfolgenden Flutung bereits im Anstieg begriffen, so dass insgesamt der Eindruck eines erhöhten Niveaus entstand.

Auch auf dem mit dem Aquifersimulator berechneten erhöhten Niveau des geförderten Rheinwasseranteils waren immer wieder kurzzeitige Spitzen während Flutungen des Retentionsraums zu beobachten, die durch die temporär erhöhten Gradienten zwischen dem Hochwasserretentionsraum und den Wasserwerksbrunnen verursacht wurden.

Die ohne Aquifersimulation erreichte Ersteinschätzung der Situation am Standort Kastenwört (Kapitel 6.1.3) auf der Grundlage der in Kapitel 4 vorgestellten Untersuchungen anhand von Prinzipmodellen stimmt folglich sehr gut mit dem Ergebnis der Aquifersimulation überein. Bereits ohne aufwendige Aquifersimulation konnte prognostiziert werden, dass Flutungen des Retentionsraums sowohl kurzfristige Spitzen des Rheinwasseranteils im geförderten Grundwasser als auch einen längerfristig erhöhten Rheinwasseranteil im geförderten Grundwasser in zeitlichem Abstand zu den Hochwasserereignissen zur Folge haben. Ebenfalls konnte richtig eingeschätzt werden, dass das während einer Flutung des Retentionsraums infiltrierte Rheinwasser die Entnahmebrunnen nicht direkt während des Hochwasserereignisses erreichen kann.

Über die Höhe des Einflusses des Hochwasserretentionsraums auf den Rheinwasseranteil im geförderten Grundwasser konnte ohne die Aquifersimulation jedoch keine Aussage gemacht werden. Erst durch die aufwendige Aquifersimulation konnte prognostiziert werden, dass bei Vollauslastung des Wasserwerks durch den Betrieb des Retentionsraums das geförderte Grundwasser einen Rheinwasseranteil von dauerhaft etwa 10 % bis 20 %, in Spitzen bis 25 % enthalten wird, und dass der Rheinwasseranteil damit dauerhaft um etwa 5 % bis 10 %, in Spitzen bis 15 % höher sein wird als ohne den Betrieb des Retentionsraums.

6.2 Maßnahmen zur Reduzierung des Fließgewässeranteils in den Entnahmebrunnen eines Wasserwerks

Mit den auf der Basis der Prinzipmodellierung gewonnenen Erkenntnissen zur Grundwasserströmung zwischen einem Hochwasser-Retentionsraum und den Entnahmebrunnen eines Wasserwerks (Kapitel 4.3) lassen sich Maßnahmen zur Minderung oder Vermeidung des Fließgewässeranteils in den Entnahmebrunnen des Wasserwerks entwickeln und bewerten. Nicht alle Maßnahmen sind jedoch für jeden Standort geeignet. Für den Standort Kastenwört, der bereits für die Aquifersimulation als Beispiel diente (Kapitel 5), wird exemplarisch die Umsetzbarkeit der aufgezeigten Maßnahmen diskutiert.

6.2.1 Minderung der maximalen Einstauhöhe

Die in Kapitel 4.3 berechneten Modellszenarien S2A bis S3B zeigen, dass das während eines Hochwasserereignisses über die Bodenzone des Retentionsraums in den Grundwasserleiter infiltrierte Wasservolumen maßgeblich die Höhe der später an den Brunnen des Wasserwerks feststellbaren Fließgewässeranteile beeinflusst. Die Infiltrationsrate von Oberflächenwasser in das Grundwasser ist direkt vom Potentialgradienten zwischen dem Oberflächenwasser im Retentionsraum und dem jeweiligen Grundwasserspiegel an der gleichen Stelle abhängig. Eine geringere Einstauhöhe führt daher zu einem geringeren Potentialgradienten, was zu einer geringeren Infiltrationsrate führt und damit geringere Fließgewässeranteile im Wasserwerk zur Folge hat.

Zusätzlich bedingt eine größere Einstauhöhe auch einen höheren Gradienten des Grundwasserspiegels zwischen Retentionsraum und Wasserwerk während der Flutung, der in den Modellszenarien S3A und S3B den während der Flutung kurzfristig erhöhten Fließgewässeranteil verursacht. Eine geringere Einstauhöhe kann daher an Standorten, die den Modellszenarien S3A und S3B entsprechen, auch die während der Flutung des Hochwasserretentionsraums auftretenden Spitzen des Fließgewässeranteils im Wasserwerk mindern.

In der Regel kann die maximale Einstauhöhe im Retentionsraum jedoch nicht frei gewählt werden, da sie bei einer festgelegten Fläche des Retentionsraums direkt vom erforderlichen Retentionsvolumen abgeleitet wird. Eine Vergrößerung der Fläche des Retentionsraums zur Beibehaltung des Retentionsvolumens bei geringerer Einstauhöhe ist zur Minderung der Fließgewässeranteile in den Grundwasser-Entnahmebrunnen nur dann sinnvoll, wenn die zusätzliche Fläche sich außerhalb des Einzugsgebiets des Wasserwerks befindet, da die Infiltrationsrate auch von der überstauten Fläche abhängt.

Am Standort Kastenwört ist das Einstauvolumen des geplanten Hochwasserretentionsraums Bellenkopf/Rappenwört durch das übergeordnete Integrierte Rheinprogramm vorgegeben. Gleichzeitig ist die für den Retentionsraum verfügbare Fläche beschränkt und wird maximal genutzt. Es besteht daher beim Beispiel des Hochwasserretentionsraums Bellenkopf/Rappenwört keine Möglichkeit, die Einstauhöhe zu reduzieren.

6.2.2 Minderung von Dauer und Häufigkeit bzw. Verzicht nicht zum Hochwasserschutz benötigter Flutungen

Die in Kapitel 4.3 berechneten Modellszenarien S2A bis S3B zeigen, dass das während Hochwasserereignissen über die Bodenzone des Retentionsraums in den Grundwasserleiter infiltrierte Wasservolumen maßgeblich die Höhe der später an den Brunnen des Wasserwerks feststellbaren Fließgewässeranteile beeinflusst. Das in den Grundwasserleiter infiltrierte Volumen kann minimiert werden, indem die Dauer und die Häufigkeit der Flutungen des Retentionsraums so gering wie möglich gehalten werden. Dadurch wird auch das Ansteigen des Gradienten des Grundwasserspiegels zwischen Retentionsraum und Wasserwerk, der in den Modellszenarien S3A und S3B den während der Flutung kurzfristig erhöhten Fließgewässeranteil verursacht, so selten und kurz wie möglich gehalten.

Während die Häufigkeit von Retentionsflutungen zur Reduzierung extremer Hochwasserspitzen nicht vermindert werden kann, besteht zum Teil die Möglichkeit, die Dauer der Flutungen zu verkürzen, indem das eingestaute Wasser beim zurückgehenden Hochwasser weiter unterstrom in das Fließgewässer eingeleitet wird. Weiterhin ist es zur Minimierung der Beeinflussung der Grundwasserbeschaffenheit an den Brunnen des nahen Wasserwerks sinnvoll, außer den notwendigen Retentionsflutungen keine weiteren Flutungen des Retentionsraums zuzulassen.

Für den am Beispielstandort Kastenwört geplanten Hochwasserretentionsraum Bellenkopf/Rappenwört wird die Möglichkeit eingeplant, das eingestaute Wasser nach einer Retentionsflutung weiter unterstrom (über die Alb) in den Rhein zurückzuleiten, um die Dauer der Retentionsflutungen zu minimieren. Andererseits sind nach derzeitigem Planungsstand ökologische Flutungen vorgesehen, um die Natur innerhalb des Retentionsraums an Überflutungen zu gewöhnen. Ob diese ökologischen Flutungen naturschutzrechtlich verpflichtend zur Minimierung des Eingriffs in den Naturhaushalt durchgeführt werden, oder ob zur Minimierung der zu erwartenden Rheinwasseranteile in den Grundwasser-Entnahmebrunnen der geplanten Trinkwassergewinnung darauf verzichtet wird, wird im Planfeststellungsverfahren des Retentionsraums von der zuständigen Behörde unter Berücksichtigung der Verhältnismäßigkeit aller Belange abgewogen werden.

6.2.3 Optimierte Lage des Retentionsraums und Oberflächenabdichtung

Alle in Kapitel 4.3 dargestellten Simulationen zeigen, dass Oberflächenwasser während der Flutung des Retentionsraums vor allem am Rand des Retentionsraums in den Grundwasserleiter infiltriert. Wenn dort geringmächtige Bodenschichten mit nur geringen Gehalten von organischem Kohlenstoff auftreten, so ist ein erhöhtes Risiko der Verlagerung eines Schadstoffs in den Grundwasserleiter während einer Retentionsflutung gegeben (BETHGE 2009, KÜHLERS et al. 2009).

Durch eine räumlich differenzierte Aufnahme der Bodenparameter am Standort des Retentionsraums können Bereiche ausgewiesen werden, in denen ein erhöhtes Risiko des Transports von Schadstoffen durch die Bodenzone in den Grundwasserleiter besteht. Diese Informationen könnten bereits bei der Planung eines Retentionsraums berücksichtigt werden, so dass Bereiche, für die eine mögliche Infiltration von Schadstoffen in den Grundwasserleiter während einer Überflutung als wahrscheinlich angenommen wird, nicht in den Retentionsraum mit einbezogen werden, oder zumindest nicht in den Randbereichen des geplanten Retentionsraums zu liegen kommen. Falls dies nicht möglich sein sollte, könnte eine mögliche Infiltration von Oberflächenwasser in den Grundwasserleiter in besonders gefährdeten Bereichen auch durch das Aufbringen einer Oberflächenabdichtung reduziert werden.

Im Fall des geplanten Retentionsraums Bellenkopf/Rappenwört am Standort Kastenwört ist die Lage des Retentionsraums durch die bereits bestehenden Dämme vorgegeben und kann daher nicht frei gewählt werden. Eventuelle Änderungen der Oberflächenbeschaffenheit sind im dort vorhandenen sensiblen Naturraum naturschutzrechtlich nicht zulässig. Diesbezüglich besteht am Beispielstandort Kastenwört daher keine Möglichkeit zur Reduzierung des Rheinwasseranteils in den Entnahmebrunnen des geplanten Wasserwerks.

6.2.4 Spundwand im Deich des Hochwasserretentionsraums

Die im Kapitel 4.3.11 diskutierten Simulationen mit dem Prinzipmodell zeigen, dass eine Spundwand im Deich eines Hochwasserretentionsraums in einigen Fällen die Fließgewässeranteile in einem nahen Wasserwerk vermindert, sie in anderen Fällen aber erhöht. Vor dem Einbringen einer Spundwand in den Deich zum Zweck der Minderung der Fließgewässeranteile in nahen Grundwasser-Entnahmebrunnen ist daher eine Einzelfallprüfung mit einem Aquifersimulator unbedingt durchzuführen.

Die Spundwand verursacht einen höheren Gradienten des Grundwasserspiegels unter dem Deich. Dadurch wird der Potentialgradient zwischen Oberflächenwasser und Grundwasserspiegel im Retentionsraum deutlich reduziert, insbesondere am Rand des Retentionsraums, wo in der Regel die höchste Infiltration von Oberflächenwasser in den Grundwasserleiter während einer Flutung des Retentionsraums stattfindet. Dies führt zu einer signifikanten Reduzierung der Infiltration von Oberflächenwasser in den Grundwasserleiter während der Flutung des Retentionsraums und hat dementsprechend geringere Fließgewässeranteile in nahen Grundwasser-Entnahmebrunnen zur Folge.

Andererseits führt die Spundwand, wenn sie bis in den Grundwasserleiter hinein reicht, zu einer geringeren durchschnittlichen Durchlässigkeit des Grundwasserleiters und damit zu einer Vergrößerung des Einzugsgebiets des Wasserwerks. Dadurch wird in der Regel der Überschneidungsbereich des Einzugsgebiets und des Hochwasserretentionsraums größer, so dass infolgedessen auch die während einer Flutung des Retentionsraums in den Grundwasserleiter infiltrierte Menge Oberflächenwasser im Einzugsgebiet des Wasserwerks größer wird. Dies führt zu höheren Fließgewässeranteilen in den Wasserwerksbrunnen. Je nachdem, welche der beiden vorgestellten Wirkungen der Spundwand im Deich überwiegt, steigt oder vermindert sich die Höhe der Fließgewässeranteile in den Entnahmebrunnen.

Am Beispielstandort Kastenwört werden Spundwände im Deich nicht als wirtschaftlich sinnvolle Maßnahme bewertet, so dass deren Einsatz dort nicht vorgesehen ist.

6.2.5 Größere räumliche Entfernung zwischen Wasserwerk und Hochwasserretentionsraum

Ein wesentliches Ergebnis der in Kapitel 4.3 durchgeführten Untersuchungen ist, dass die Höhe der Fließgewässeranteile in den Entnahmebrunnen eines Wasserwerks aufgrund des Betriebs eines nahen Retentionsraums im Wesentlichen davon abhängt, ob das für mittlere hydrologische Bedingungen definierte Einzugsgebiet des Wasserwerks einen Teil des Retentionsraums beinhaltet. Wenn die Entnahmebrunnen des Wasserwerks und der Hochwasserretentionsraum so weit voneinander entfernt platziert werden können, dass sich das Einzugsgebiet des Wasserwerks nicht mehr mit dem Retentionsraum überschneidet, so kann damit das Auftreten von über die Bodenzone des Retentionsraums in den Grundwasserleiter infiltrierten Oberflächenwassers in den Entnahmebrunnen des Wasserwerks vermieden werden.

Auch wenn eine Überschneidung des Einzugsgebiets des Wasserwerkes mit dem Hochwasserretentionsraum durch eine größere räumliche Entfernung nicht vollständig vermieden werden kann, so führt eine größere Entfernung im Allgemeinen zu einer geringeren Überschneidungsfläche. Dadurch infiltriert während eines Hochwasserereignisses weniger Flusswasser im Einzugsgebiet des Wasserwerkes in den Grundwasserleiter, wodurch sich wiederum im Nachgang des Hochwasserereignisses in den Entnahmebrunnen sowohl das gesamte Volumen infiltrierten Oberflächenwassers als auch seine maximale Konzentration verringern. Weiterhin führt eine größere Entfernung zwischen Grundwasser-Entnahmebrunnen und Hochwasserretentionsraum zu einer größeren Verdünnung durch Dispersion, wodurch die Fließgewässeranteile in den Entnahmebrunnen ebenfalls abnehmen.

Für das geplante Wasserwerk Kastenwört wurden bereits im Vorfeld der Planungen die Standorte der Entnahmebrunnen optimiert, so dass sie einerseits einen möglichst großen Abstand zum geplanten Retentionsraum haben, andererseits aber nicht zu nahe an der Stadt Rheinstetten auf der Zustromseite der Entnahmebrunnen positioniert werden (DEINLEIN 2006).

6.2.6 Geringere Entnahmerate des Wasserwerks

Die Größe des Einzugsgebiets des Wasserwerks hängt maßgeblich von der Entnahmerate der Grundwasserbrunnen ab. Falls die Entnahme dauerhaft so weit eingeschränkt werden kann, dass das Einzugsgebiet den Retentionsraum nicht mehr beinhaltet, so können damit entsprechend den Ergebnissen des Kapitels 4.3 Fließgewässeranteile in den Entnahmebrunnen des Wasserwerks vermieden werden. Auch wenn die Entnahmerate nicht so weit gesenkt werden kann, dass das Einzugsgebiet des Wasserwerkes und der Retentionsraum vollständig getrennt sind, führt eine geringere Entnahmerate entsprechend den Ausführungen des voran gegangenen Kapitels 6.2.5 im Allgemeinen zu geringeren Fließgewässeranteilen im Wasserwerk. Zudem kann in manchen Fällen die Verteilung der Gesamtentnahme auf die verschiedenen Brunnen so optimiert werden, dass ein geringerer Flusswasseranteil erreicht wird.

Eine temporäre Stilllegung der Grundwasserentnahme während der Flutung des Retentionsraums hat, wie die in Kapitel 4.3.10 diskutierten Simulationen zeigen, im Allgemeinen nicht die gewünschte positive Wirkung. Die Infiltration von Oberflächenwasser in den Grundwasserleiter während der Flutung wird durch das Abschalten der Brunnen nur geringfügig gemindert. Mit der Wiederinbetriebnahme der Brunnen nach dem Hochwasserereignis wird das infiltrierte Oberflächenwasser dann unbeeinflusst von der temporären Abschaltung zu den Entnahmebrunnen transportiert (Modellszenarien S2A und S2B des Kapitels 4.3.10). Wenn bereits während des Hochwasserereignisses erhöhte Fließgewässeranteile in den Wasserwerksbrunnen zu erwarten sind (Modellszenarien S3A und S3B des Kapitels 4.3.10), so können diese durch eine temporäre Außerbetriebnahme zunächst vermieden werden. Zum Teil wird durch die erhöhten Gradienten des Grundwasserspiegels während der Flutung des Retentionsraums jedoch trotz Abschaltung vermehrt infiltriertes Oberflächenwasser in Richtung der Brunnen transportiert, so dass sich beim Wiedereinschalten der Brunnen höhere Fließgewässeranteile im geförderten Grundwasser befinden, als wenn die Entnahme nicht unterbrochen worden wäre.

Die Entnahmerate des geplanten Wasserwerks Kastenwört wird sich am Trinkwasserbedarf der zu versorgenden Bevölkerung orientieren. Daher besteht keine Möglichkeit, die Entnahmerate des Wasserwerks im Gesamten zu reduzieren. Die Planungen für die Entnahmeraten der einzelnen Brunnen wurden jedoch bereits im Vorfeld so angepasst, dass das geförderte Grundwasser einen möglichst geringen Rheinwasseranteil enthält (Tabelle 5-1). Temporäre Außerbetriebnahmen bei Flutungen des Retentionsraums sind entsprechend den obigen Ausführungen für das Wasserwerk nicht geplant.

6.2.7 Abzugsgräben außerhalb des Retentionsraums

Die in Kapitel 4.3.8 diskutierten Simulationen zeigen, dass ein Abzugsgraben um den Retentionsraum in der Regel nicht geeignet ist, um die Fließgewässeranteile in den Entnahmebrunnen eines Wasserwerks zu mindern. Zum einen mindert der Abzugsgraben außerhalb des Retentionsraums nicht die Infiltration von Oberflächenwasser in das Grundwasser während der Flutung des Retentionsraums. Durch die vom Abzugsgraben verursachten niedrigeren Grundwasserstände wird am äußeren Rand des Retentionsraums der Potentialgradient zwischen Oberflächenwasser und Grundwasserspiegel höher, wodurch insgesamt sogar mehr Wasser während des Hochwasserereignisses in den Grundwasserleiter infiltriert. Ein Teil des infiltrierten Wassers wird andererseits zwar wieder vom Abzugsgraben abgeführt, die Simulationen zeigen jedoch, dass ein Abzugsgraben in der Regel zu netto mehr infiltriertem Oberflächenwasser führt. Um die Umweltauswirkungen der Abzugsgräben möglichst gering zu halten, sind sie in der Regel so angelegt, dass ihre Gewässersohle über dem mittleren Grundwasserstand liegt, so dass sie möglichst nur während der Flutung des Retentionsraums aktiv sind. Nach dem Hochwasserereignis wird das infiltrierte Oberflächenwasser folglich vom Abzugsgraben ungehindert zu den Entnahmebrunnen transportiert.

Auch das direkt während des Hochwasserereignisses in den Entnahmebrunnen des Wasserwerks auftretende Maximum von Flusswasser wird durch den Abzugsgraben meist nur wenig abgeschwächt. Zum Einen liegt die Gewässersohle, wie bereits erwähnt, oft über dem mittleren ungestörten Grundwasserspiegel, zum Anderen führen die nahen Grundwasser-Entnahmebrunnen des Wasserwerks zu einer Grundwasserabsenkung und damit zu einer zusätzlichen Differenz zwischen Grundwasserspiegel und Gewässersohle des Abzugsgrabens. Bei einer Flutung des Retentionsraums und gleichzeitigem Betrieb des Wasserwerks muss der Grundwasserspiegel folglich zuerst verhältnismäßig stark ansteigen, bevor der Abzugsgraben aktiv wird. Der Gradient des Grundwasserspiegels zwischen Retentionsraum und Entnahmebrunnen, der für das Ansteigen der Fließgewässeranteile in den Entnahmebrunnen in der Regel allein verantwortlich ist, wird durch einen Abzugsgraben daher meist nur wenig verringert.

Am Standort Kastenwört sind entlang von Teilbereichen des Deichs des geplanten Retentionsraums Abzugsgräben vorgesehen, um den Anstieg der Grundwasserstände bzw. die Vernässung von Flächen außerhalb des Retentionsraums während der Flutungen des Retentionsraums zu minimieren. Signifikante Auswirkungen der Abzugsgräben auf die Rheinwasseranteile in den geplanten Entnahmebrunnen werden wie oben ausgeführt nicht erwartet.

6.2.8 Abwehrbrunnen zwischen Retentionsraum und Wasserwerk

An Abwehrbrunnen, die zwischen Retentionsraum und Wasserwerk angeordnet werden, kann Wasser infiltriert oder entnommen werden.

Indem Wasser aus dem Wasserwerk in die Abwehrbrunnen eingeleitet wird, kann durch die damit verbundene Anhebung der Grundwasserstände im Grundwasserleiter eine hydraulische Barriere erzeugt werden, die verhindert, dass Wasser aus der Richtung des Retentionsraums in die Entnahmebrunnen gelangt. Ein Teil des an den Abwehrbrunnen eingeleiteten Wassers fließt in Richtung des Retentionsraums, ein anderer (oft größerer) Teil fließt wieder den Entnahmebrunnen des Wasserwerks zu. Während der Flutung des Retentionsraums ist jedoch damit zu rechnen, dass die Grundwasserstände insgesamt stark ansteigen. Wenn die Grundwasserstände an den Abwehrbrunnen dadurch über die Geländeoberkante ansteigen, ist eine weitere Einleitung von Wasser dort nicht mehr möglich. Daher ist diese Möglichkeit der Vermeidung von infiltriertem Flusswasser in den Entnahmebrunnen eines Wasserwerks in vielen Fällen insbesondere während eines Hochwasserereignisses keine geeignete Maßnahme.

Wenn an den Abwehrbrunnen andererseits Wasser entnommen wird, das dann wieder in den Retentionsraum oder in das nahe Fließgewässer eingeleitet wird, so wird dadurch das vom Retentionsraum oder vom Fließgewässer kommende Grundwasser abgefangen, so dass es nicht zu den Entnahmebrunnen des Wasserwerks vordringen kann.

Um wirksam zu sein, werden die Abwehrbrunnen oft in relativ geringen Abständen voneinander und mit verhältnismäßig hohen Infiltrations- bzw. Entnahmeraten benötigt. Es ist daher nur in wenigen Fällen damit zu rechnen, dass diese Maßnahme umweltverträglich gestaltet und wirtschaftlich betrieben werden kann. Zur Prüfung der Umsetzbarkeit dieser Maßnahme müssen in der Regel alle hydraulischen Eigenschaften des jeweiligen Standorts berücksichtigt werden. Daher muss die Prüfung mit einem numerischen Aquifersimulator erfolgen.

Für den Standort Kastenwört ergaben Untersuchungen des Ingenieurbüros kup Prof. Kobus und Partner, das die Grundwassermodellierung für den geplanten Retentionsraum Bellenkopf/Rappenwört durchführt, dass Abwehrbrunnen zwischen Retentionsraum und Wasserwerksbrunnen keine geeignete Maßnahme sind, um den Rheinwasseranteil in den Entnahmebrunnen signifikant zu reduzieren. Am Standort Kastenwört wurde diese Maßnahme daher nicht weiter verfolgt.

7 Zusammenfassung und Ausblick

Der Einfluss eines Hochwasserretentionsraums auf den Anteil infiltrierten Flusswassers in nahen Grundwasser-Entnahmebrunnen wurde mittels numerischer Grundwasserströmungs- und Stofftransportmodellierung untersucht. Hierzu wurde zum einen mit numerischen Prinzipmodellen ein allgemeingültiges Prozessverständnis der Strömung und des Stofftransports im Grundwasserleiter zwischen Retentionsraum und Entnahmebrunnen entwickelt. Zum anderen wurde zur quantitativen Prognose des Einflusses eines geplanten Retentionsraums auf die Beschaffenheit des Grundwassers an einem geplanten Wasserwerk exemplarisch ein Aquifersimulator für den Standort Kastenwört am Rhein bei Karlsruhe aufgebaut.

Die Berechnungen mit den numerischen Prinzipmodellen ergaben, dass an einem Wasserwerk, dessen Einzugsgebiet räumlich vom nahen Retentionsraum getrennt ist, in der Regel auch infolge einer Flutung des Retentionsraums mit keinen oder nur sehr geringen Anteilen von Oberflächenwasser im geförderten Grundwasser zu rechnen ist. Eine Ausnahme von dieser Gesetzmäßigkeit kann für den Sonderfall auftreten, dass infiltriertes Oberflächenwasser bereits während des Hochwasserereignisses bis in die Nähe der Entnahmebrunnen transportiert wird. Das geförderte Grundwasser eines Wasserwerks, dessen Einzugsgebiet einen Teil des Retentionsraums beinhaltet, wird aufgrund der Flutung des Retentionsraums längerfristig einen signifikanten Fließgewässeranteil enthalten, der aber in der Regel erst in zeitlichem Abstand zum Hochwasserereignis zu beobachten ist. Wenn das Einzugsgebiet des Wasserwerks zusätzlich einen Abschnitt des Fließgewässers beinhaltet, wird zusätzlich zur langfristigen Wirkung auch kurzfristig während der Flutung des Retentionsraums der Fließgewässeranteil im geförderten Grundwasser ansteigen.

Um für einen konkreten Standort mit verhältnismäßig geringem Aufwand einschätzen zu können, welche der oben beschriebenen Verhaltensweisen auf ihn zutrifft, wurden Methoden entwickelt, mit denen die Größe des Einzugsgebiets einer Brunnenlinie und die Reichweite von über einen Retentionsraum ins Grundwasser infiltriertem Oberflächenwasser im Grundwasserleiter abgeschätzt werden können. Eine geeignete Vorgehensweise zur Einschätzung eines Standorts wurde zusammenfassend beschrieben.

Mögliche Maßnahmen zur Reduzierung des Einflusses eines Retentionsraums auf den Anteil infiltrierten Flusswassers in nahen Grundwasser-Entnahmebrunnen umfassen entsprechend den Ergebnissen der Berechnungen mit den Prinzipmodellen die Minimierung der Dauer, Häufigkeit und Einstauhöhe der Flutungen des Retentionsraums, die optimierte Standortwahl von Retentionsraum und Wasserwerk, die dauerhafte Senkung der Entnahmerate des Wasserwerks, Oberflächenabdichtungen im Retentionsraum und in einigen Fällen eine Spundwand im Deich des Retentionsraums. Eine temporäre Abschaltung der Entnahmebrunnen während eines Flutungsereignisses oder das Anlegen von Abzugsgräben außerhalb des Retentionsraums haben sich entsprechend der Simulationsergebnisse nicht als geeignete Maßnahmen erwiesen, um eventuelle Fließgewässeranteile in den Entnahmebrunnen zu senken.

Da die durchgeführten Prinzip-Berechnungen eine qualitative Charakterisierung der Strömung und des Stofftransports im Grundwasserleiter zwischen einem Retentionsraum und einem nahen Wasserwerk erlauben, quantitative Abschätzungen mit ihnen jedoch nicht durchgeführt werden können, muss eine quantitative Prognose mit einem an einen konkreten Standort angepassten Aquifersimulator erfolgen.

Die Anforderungen an einen solchen numerischen Simulator wurden dargstellt. Um mit den hohen Anforderungen an den Aquifersimulator umgehen zu können, wurde eine Methode zur Kalibrierung des numerischen Modells entwickelt, bei der eine alternative, gröbere Diskretisierung verwendet wird. Weiterhin wurde eine Methode zur rückgekoppelten Anbindung der Abzugsgräben um den Retentionsraum in das Grundwassermodell entwickelt, bei der die Wasserstände der Abzugsgräben nicht zur Laufzeit des Grundwassermodells, sondern näherungsweise vorher berechnet werden.

Mit dem für den Standort Kastenwört aufgebauten Aquifersimulator konnte prognostiziert werden, dass der Rheinwasseranteil im geförderten Grundwasser des dort geplanten Wasserwerks durch den Betrieb des dort geplanten Retentionsraums um langfristig 5 % bis 10 % des Gesamtvolumens ansteigen wird, mit kurzfristigen Spitzen von bis zu 15 % während der Flutungen des Retentionsraums.

In dieser Arbeit wurden Methoden entwickelt und vorgestellt, um den aufgrund des Betriebs eines Hochwasserretentionsraums zu erwartenden Anteil infiltrierten Flusswassers in den Entnahmebrunnen eines Wasserwerks zu prognostizieren. Für den Betreiber eines Wasserwerks ist in der Regel jedoch nicht der Fließgewässeranteil im entnommenen Grundwasser an sich von Interesse, sondern die Konzentration eines oder mehrerer im Flusswasser enthaltener Substanzen, deren Konzentration er im von ihm abgegebenen Trinkwasser entsprechend den Vorgaben der Trinkwasserverordnung (BGBl 2001) zu minimieren hat.

Aus dem prognostizierten Fließgewässeranteil in Verbindung mit den betreffenden Stoffkonzentrationen im Fließgewässer und im Grundwasser kann berechnet werden, welche jeweiligen Stoffkonzentrationen maximal im entnommenen Grundwasser zu erwarten sind. Hierbei muss jedoch beachtet werden, dass Stoffkonzentrationen im Fließgewässer einen ausgeprägten zeitlichen Verlauf aufweisen können, insbesondere im Zusammenhang mit Hochwasserereignissen (KÜHLERS et al. 2010). Die Wirkung einer kurzfristig erhöhten Stoffkonzentration im Rhein auf ufernahe Wasserwerke wurde zwar bereits von SONTHEIMER (1991) beschrieben (Kapitel 2.2), allerdings weist die Infiltration von Oberflächenwasser in den Grundwasserleiter über einen Retentionsraum davon abweichende Besonderheiten auf (z.B. keine konstante Infiltration des Oberflächenwassers, kein Abdichten der Oberfläche durch mechanische Kolmation), so dass die Ergebnisse nicht ohne weiteres übertragen werden können.

Weiterhin ist zu berücksichtigen, dass beim Transport eines Stoffes im Grundwasser im Allgemeinen auch die Prozesse der Retardation sowie des mikrobiologischen und chemischen Abbaus stattfinden, so dass die im entnommenen Grundwasser vorhandenen Stoffkonzentrationen deutlich geringer sein können, als durch den Fließgewässeranteil prognostiziert. Häufig fehlen aber gerade für die sehr mobilen und gleichzeitig persistenten Substanzen, die für die Wasserwerksbetreiber besonders interessant sind, da sie zum Einen bei der Infiltration des Flusswassers in den Grundwasserleiter nicht sehr stark in der Bodenzone zurückgehalten werden und zum Anderen auch nach mehreren Jahren im Grundwasserleiter noch nachweisbar sind, Daten in ausreichender Güte, um ein numerisches Modell für die Berechnung des Transports dieser Substanz parametrieren zu können.

So werden beispielsweise Versuche zur Abbaubarkeit von Substanzen üblicherweise nur etwa 30 bis 45 Tage lang betrieben, obwohl es Substanzen (z.B. Methyldesphenylchloridazon) gibt, die Halbwertszeiten von mehr als 200 Tagen aufweisen (BRAUCH & FLEIG 2009). Außerdem können die in einem Grundwasserleiter vorliegenden chemisch-physikalischen Randbedingungen in diesen Versuchen häufig nicht abgebildet werden, schon gar nicht in der möglichen Bandbreite, die notwendig wäre, um allgemeingültige Ergebnisse zu erzeugen.

Die durchgeführten Simulationen zeigen, dass der Transport von Substanzen im Grundwasserleiter zwischen einem Hochwasserretentionsraum und den Entnahmebrunnen eines Wasserwerks einen sehr langen Zeitraum, unter Umständen mehrere Jahre, in Anspruch nehmen kann. Darüber hinaus zeigen die Untersuchungen von AUE (2008), dass Substanzen, die als nicht abbaubar gelten, in einem Grundwasserleiter bei sehr langen zur Verfügung stehenden Zeiträumen offenbar doch abgebaut werden können.

Es besteht folglich noch erheblicher Forschungsbedarf, bevor die aufgrund des Betriebs eines Hochwasserretentionsraums zu erwartenden Stoffkonzentrationen in den Entnahmebrunnen eines Wasserwerks zuverlässig prognostiziert werden können.

Literaturverzeichnis

ARMBRUSTER, V. (2002): Grundwasserneubildung in Baden-Württemberg. Freiburger Schriften zur Hydrologie, Bd. 17, Freiburg

ARUMI, J. L., RIVERA, D., HOLZAPFEL, E. & FERNALD, A. (2008): Effect of an irrigation canal network on surface and groundwater connections in an agricultural valley in Central Chile. Proceedings of Symposium HS1002 at IUGG2007, IAHS Publication 321, S. 197-203

AUE, H. (2008): Untersuchung des jungquartären Grundwasserleiters in der Rheinniederung südlich von Karlsruhe bezüglich Verteilung und Ausprägung des rheinbürtigen Anteils des Grundwassers. Diplomarbeit am Institut für Landschaftsökologie der Westfälischen Wilhelms-Universität Münster

BAKKER, M. (2008): Derivation and relative performance of strings of line elements for modeling (un)confined and semi-confined flow. Advances in Water Resources 31(6), S. 906–914

BEAR, J. (1972): Dynamics of fluids in porous media. New York

BEAR, J. (1979): Hydraulics of groundwater. New York

BETHGE, E. (2009): Risikoberechnung zum Schadstoffeintrag aus Hochwasserretentionsräumen in einen Grundwasserleiter. Dissertation am Institut für Hydromechanik, Universität Karlsruhe (TH)

BEYER, W. (1964): Zur Bestimmung der Wasserdurchlässigkeit von Kiesen und Sanden aus der Kornverteilung. Wasserwirtschaft-Wassertechnik (WWT),S. 165-169, Berlin-Ost

BFG Bundesanstalt für Gewässerkunde Koblenz (1994): Das Hochwasser 1993/94 im Rheingebiet. BfG-Nr. 0833, Koblenz

BGBl Bundesgesetzblatt (2001): Verordnung zur Novellierung der Trinkwasserverordnung vom 21. Mai 2001. Bundesgesetzblatt Jahrgang 2001 Teil I Nr. 24, ausgegeben zu Bonn am 28. Mai 2001

BMU Bundesministerium für Umwelt, Naturschutz und Reaktorsicherheit (2002): 5-Punkte-Programm der Bundesregierung: Arbeitsschritte zur Verbesserung des vorbeugenden Hochwasserschutzes. http://www.bmu.de/gewaesserschutz/doc/3114.php, Zugriff: 11.03.2009

BÖLKE, A., PLUM, H., WALDMANN, F., SOKOL, G. & WIRSING, G. (1999): Erzeugung von landesweiten Übersichtskarten unter Einsatz eines GIS. In: Landesamt für Geologie, Rohstoffe und Bergbau: Informationen 11 – Anwendung geowissenschaftlicher Informationssysteme. Freiburg

BOLLRICH, G. (1996): Technische Hydromechanik 1. 4. Auflage, Dresden

BORCHERDT, C. (1993): Geographische Landeskunde von Baden-Württemberg. 3. Auflage, Stuttgart

BRAUCH, H.-J. & FLEIG, M. (2009): Schadstoffcharakterisierung und –verhalten in Überflutungsflächen in Folge extremer Hochwasserereignisse. Schlussbericht des Forschungsvorhabens Rimax-HoT TP A, BMBF-Förderkennzeichen: 02WH0691.

Bürgerverein Daxlanden (2007): Daxlanden – Die Ortsgeschichte. Karlsruhe

CARSLAW, H. S. & JAEGER, J. C. (1959): Conduction of Heat in Solids. 2. Auflage, London

COURANT, R., FRIEDRICHS, K. O. & LEWY, H. (1928): Über die partiellen Differenzengleichungen der Mathematischen Physik. Mathematische Annalen 100, S. 32-74

COWAN, W. L. (1956): Estimating Hydraulic Roughness Coefficients. Agricultural Engineering 37(7), S. 473-475

DARCY, H. (1856): Les fontaines publique de la Ville de Dijon. Paris

DEINLEIN, W. (2006): Großräumiges instationäres Grundwassermodell Karlsruhe – Modellaufbau und Kalibrierung für das Einzugsgebiet des geplanten Wasserwerks Kastenwört. Anlage 3.2 des Wasserrechtsantrags Kastenwört der Stadtwerke Karlsruhe GmbH

DEINLEIN, W. (2009): Prognoserechnungen mit dem Grundwassermodell Karlsruhe. Anlage 3.3 des Wasserrechtsantrags Kastenwört der Stadtwerke Karlsruhe GmbH

DIERSCH, H.-J. G. (2005a): FEFLOW® – Reference Manual. Berlin

DIERSCH, H.-J. G. (2005b): Treatment of free surfaces in 2D and 3D groundwater modeling. In: FEFLOW® – White Papers Vol I. Berlin

DIERSCH, H.-J. G., PÖNITZ, A., ETCHEVERRY. D. & ROSSIER, Y. (2006): Reactive multi-species transport. In: FEFLOW® – White Papers Vol IV. Berlin

DIERSCH, H.-J. G., SCHÄTZL, P., GRÜNDLER, R. & CLAUSNITZER, V. (2006): FEFLOW® 5.3 – User's Manual. Berlin

DIERSCH, H.-J. G., SCHÄTZL, P., GRÜNDLER, R. & CLAUSNITZER, V. (2009): FEFLOW® 5.4 – User's Manual. Berlin

DIN Deutsches Institut für Normung e.V., Normenausschuss Wasserwesen (NAW) (1994): DIN 4049 - Hydrologie - Teil Teil 3: Begriffe zur quantitativen Hydrologie. Berlin

DIN Deutsches Institut für Normung e.V., Normenausschuss Wasserwesen (NAW) (2000): DIN 2000 – Zentrale Trinkwasserversorgung – Leitsätze für Anforderungen an Trinkwasser, Planung, Bau, Betrieb und Instandhaltung der Versorgungsanlagen – Technische Regel des DVGW. Berlin

DIN Deutsches Institut für Normung e.V., Normenausschuss Wasserwesen (NAW) (2004): DIN 19700-12 – Stauanlagen – Teil 12: Hochwasserrückhaltebecken. Berlin

DIN Deutsches Institut für Normung e.V., Normenausschuss Sicherheitstechnische Grundsätze (NASG), Deutsche Kommission Elektrotechnik Elektronik Informationstechnik (DKE), Normenausschuss Maschinenbau (NAM) (2004): DIN EN ISO 12100-1 - Sicherheit von Maschinen - Grundbegriffe, allgemeine Gestaltungsleitsätze - Teil 1: Grundsätzliche Terminologie, Methodologie. Berlin

DOMENICO, P. A. & SCHWATZ, F. W. (1990): Physical and chemical hydrogeology. Singapore

DUPUIT, J. (1863): Études theorique et pratique sur le movement des euax dans les canaux découverts et à travers les terrains perméables. 2. Ausgabe, Paris

DVGW Deutsche Vereinigung des Gas- und Wasserfaches e.V. (2004): Aufbau und Anwendung numerischer Grundwassermodelle in Wassergewinnungsgebieten - Technische Regel, Arbeitsblatt W 107, Bonn

DVGW Deutsche Vereinigung des Gas- und Wasserfaches e.V. (2006): Richtlinien Für Trinkwasserschutzgebiete, Teil 1: Schutzgebiete für Grundwasser - Technische Regel, Arbeitsblatt W 101, Bonn

DWD Deutscher Wetterdienst (2009): Ausgabe der Klimadaten-Mittelwerte - Download der Mittelwerte der Temperatur für den Zeitraum 1961-1990. http://www.dwd.de, Zugriff: 11.03.2009

EINSELE, G., BALKE, K. D., AGSTER, G., MUNZ, K. H., NEEB, I. & SCHWABENTHAN, D. (1976): Hydrologische Untersuchungen zur Frage der Einspeisung von Grundwasser aus dem Festgesteinsbereich in die Oberrheinebene zwischen Rastatt und Heidelberg. Bericht der Universität Tübingen im Auftrag der LfU Baden-Württemberg

EINSTEIN, A. (1905): Über die von der molekularkinetischen Theorie der Wärme geforderte Bewegung von in ruhenden Flüssigkeiten suspendierten Teilchen. Annalen der Physik 17, S. 549–560

ELL, H. (1968): Geschichte des Domänenwaldes Kastenwört. Ein Beitrag zur Rheinforschung von Neuburg bis Karlsruhe-Daxlanden, bei Forchheim und bei Mörsch. Karlsruhe

EU (2006): Richtlinie 2006/118/EG des Europäischen Parlaments und des Rates vom 12. Dezember 2006 zum Schutz des Grundwassers vor Verschmutzung und Verschlechterung (Grundwasser-Richtlinie). Amtsblatt der Europäischen Union vom 27.12.2006

FETTER, C. W. (1994): Applied Hydrogeology. 3. Auflage, New York

FETTER, C. W. (1999): Contaminant hydrogeology. 2. Auflage, New Jersey

FICK, A. (1855): Über Diffusion. Poggendorff's Annalen der Physik 94, S. 59–86

FLEIG, M., BRAUCH, H.-J. & KÜHN, W. (2006): Ergebnisse der AWBR-Untersuchungen im Jahr 2005. In: AWBR Arbeitsgemeinschaft Wasserwerke Bodensee-Rhein: Jahresbericht 2005, S. 61-88

FLEIG, M., BRAUCH, H.-J. & KÜHN, W. (2007): Ergebnisse des AWBR-Untersuchungsprogramms im Jahr 2006. In: AWBR Arbeitsgemeinschaft Wasserwerke Bodensee-Rhein: Jahresbericht 2006, S. 49-86

FLEIG, M., BRAUCH, H.-J. & KÜHN, W. (2008): Wesentliche Ergebnisse aus dem AWBR-Untersuchungsprogramm 2007. In: AWBR Arbeitsgemeinschaft Wasserwerke Bodensee-Rhein: Jahresbericht 2007, S. 37-66

FREEZE, R. A. & CHERRY, J. A. (1979): Groundwater. New Jersey

GIEBEL, H. & HOMMES, A. (1988): Zum Austauschvorgang zwischen Fluss- und Grundwasser, Fortführung der Auswertungen im Neuwieder Becken. Deutsche Gewässerkundliche Mitteilungen 32, S. 18-27

GIEBEL, H. & HOMMES, A. (1994): Zum Austauschvorgang zwischen Fluss- und Grundwasser, Fortführung der Auswertungen im Neuwieder Becken. Deutsche Gewässerkundliche Mitteilungen 38, S. 2-10

GIT Hydros Consult (2004): GWN-BW 1.2 – Benutzerhandbuch.

GOLDSCHNEIDER, A. A., HARALAMPIDES, K. A. & MACQUARRIE, K. T. B. (2007): River sediment and flow characteristics near a bank filtration water supply: Implications for riverbed clogging. Journal of Hydrology 344(1), S. 55-69

GRISCHEK, T. (2003): Zur Bewirtschaftung von Uferfiltratfassungen an der Elbe. Dissertation an der Technischen Universität Dresden

HAZEN, A. (1893): Some physical properties of sands and gravels with special reference to their use in filtration. Ann. Rep. Mass. State Bd. Health 24, S. 541-556

HEINEMANN, E. & FELDHAUS, R. (2003): Hydraulik für Bauingenieure. 2. Auflage, Wiesbaden

HENNINGSEN, D. & KATZUNG, G. (1992): Einführung in die Geologie Deutschlands. 4. Auflage, Stuttgart

HGK Karlsruhe-Speyer (1988): Hydrogeologische Kartierung und Grundwasserbewirtschaftung im Raum Karlsruhe-Speyer. Hrsg.: Ministerium für Umwelt Baden-Württemberg & Ministerium für Umwelt und Gesundheit Rheinland-Pfalz, Stuttgart, Mainz

HGK Karlsruhe-Speyer (2007): Hydrogeologische Kartierung und Grundwasserbewirtschaftung im Raum Karlsruhe-Speyer – Fortschreibung 1986 – 2005: Beschreibung der geologischen, hydrogeologischen und hydrologischen Situation. Hrsg.: Umweltministerium Baden-Württemberg & Ministerium für Umwelt, Forsten und Verbraucherschutz Rheinland-Pfalz, Stuttgart, Mainz

HGK Rastatt (1978): Hydrogeologische Kartierung und Grundwasserbewirtschaftung im Raum Rastatt (Karlsruhe – Bühl). Hrsg.: Ministerium für Ernährung, Landwirtschaft und Umwelt Baden-Württemberg, Freiburg i. Br.

HOEHN, E. & MEYLAN, B. (2009): Schutz flussnaher Trinkwasserfassungen bei Flussraum-Aufweitungen in voralpinen Schotterebenen. Grundwasser 14(4), S. 255-263, DOI 10.1007/s00767-009-0111-3

HOFMANN, B., TEUTSCH, G. & KOBUS, H. (1990): Großpump- und Tracerversuch „Kastenwört". Technischer Bericht Nr. 90/5 (HG 123) des Instituts für Wasserbau, Universität Stuttgart im Auftrag der Stadtwerke Karlsruhe

HOFMANN, B., TEUTSCH, G. & KOBUS, H. (1991): Berechnung der Einzugsgebiete für das Wasserwerk Mörscher Wald und das geplante Wasserwerk Kastenwört bei unterschiedlichen Entnahmeszenarien (Variantenrechnungen). Technischer Bericht Nr. 91/7 (HG 142) des Instituts für Wasserbau, Universität Stuttgart im Auftrag der Stadtwerke Karlsruhe

HÖLTING, B. (1996): Hydrogeologie - Einführung in die allgemeine und angewandte Hydrogeologie. 5. Auflage, Stuttgart

HUBBERT, M. K. (1940): The Theory of Groundwater Motion. Journal of Geology 48, S. 785-944

HVZ (2009): Hochwasser-Vorhersage-Zentrale Baden-Württemberg, Pegel Maxau. http://www.hvz.baden-wuerttemberg.de , Zugriff: 09. März 2009.

IAWR Internationale Arbeitsgemeinschaft der Wasserwerke im Rheineinzugsgebiet (2008): Der Rhein. http://www.iawr.org, Zugriff: 26.09.2008

IKSR Internationale Kommission zum Schutz des Rheins & IAWR Internationale Arbeitsgemeinschaft der Wasserwerke im Rheineinzugsgebiet (1998): Rhein-Atlas - mit Ergänzungen: Wasserschutzgebiete. Stuttgart

ISTOK, J. (1989): Groundwater modeling by the finite element method. Washington

JIRKA, G. H. & LANG, C. (2005): Gerinnehydraulik. Skriptum des Instituts für Hydromechanik der Universität Karlsruhe

JUNG, M. & LANGER, U. (2001): Methode der finiten Elemente für Ingenieure: Eine Einführung in die numerischen Grundlagen und Computersimulation. Stuttgart

KASENOW, M. (2001): Applied Ground-Water Hydrology and Well Hydraulics. 2. Auflage, Denver

KÄSS, W. (2004): Geohydrologische Markierungstechnik. Lehrbuch der Hydrogeologie 9, 2. Auflage, Gebrüder Borntraeger, Berlin

KINZELBACH, W. & ACKERER, P. (1986): Modélisation du transport de contaminant dans un champs d'écoulement non-permanent. Hydrogeologie 2, S. 197-206

KINZELBACH, W. (1987): Numerische Methoden zur Modellierung des Transports von Schadstoffen im Grundwasser. München

KINZELBACH, W. & RAUSCH, R. (1995): Grundwassermodellierung - Eine Einführung mit Übungen. Berlin

KOSTER, E. (2005): River Environments, Climate Change and Human Impact. In: Koster, E.: The Physical Geography of Europe, S. 93 – 110, Oxford

KRUSEMAN, G. P. & DE RIDDER, N. A. (1990): Analysis and Evaluation of Pumping Test Data. Ilri public 47, 2. Auflage, Netherlands

KÜHLERS, D. (2000): Instationäre Strömungsmodellierung im Einzugsgebiet Wasserwerk Rheinwald – Eine Studie zu Methode und Machbarkeit. Diplomarbeit am Lehrstuhl für Angewandte Geologie der Universität Karlsruhe

KÜHLERS, D. & ROLLI, I. (2008): Grundwasserneubildung aus Niederschlag im Bewirtschaftungsgebiet der Trinkwasserversorgung Karlsruhe - Auswertung der Daten von 1960 bis 2005. Bericht der Stadtwerke Karlsruhe GmbH

KÜHLERS, D. & MAIER, M. (2009): Numerische Modellierung des Grundwasserstroms und Stofftransports zwischen Retentionsraum und Wasserwerk. Schlussbericht zum Forschungsvorhaben Rimax-Hot – TP A, BMBF-Förderkennzeichen 02WH0690

KÜHLERS, D., BETHGE, E., HILLEBRAND, G., HOLLERT, H., FLEIG, M., LEHMANN, B., MAIER, D., MAIER, M., MOHRLOK, U. & WÖLZ, J. (2009): Contaminant transport to public water supply wells via flood water retention areas. Natural Hazards and Earth System Sciences 9(4), S. 1047 - 1058. Corrigendum: Nat. Hazards Earth Syst. Sci. 9(4), S. 1075.

KÜHLERS, D., BETHGE, E., FLEIG, M., HILLEBRAND, G., HOLLERT, H., LEHMANN, B., MAIER, D., MAIER, M., MOHRLOK, U. & WÖLZ, J. (2010): Spannungsfeld Hochwasserrückhaltung und Trinkwassergewinnung - Ein Leitfaden. Karlsruhe

KÜHN, W. & MÜLLER, U. (2000): Riverbank filtration – an overview. American Water Works Association Journal 92(12), S. 60-69

kup Ingenieurgesellschaft Prof. Kobus und Partner GmbH (2006): Kurzbeschreibung der Grundwassermodellprognosen für Retentionsvariante I und II unter Berücksichtigung der Entnahme durch die Stadtwerke für das Bemessungshochwasser 1882. Bericht, Entwurf Stand 10.04.2006

LANG, U., KEIM, B., MAIER, A. & PFÄFFLIN, H. (2004): Grundwassermodell Bellenkopf/Rappenwört – Stationärer und instationärer Modellaufbau und Modelleichung. Ingenieurgesellschaft kup Prof. Kobus und Partner GmbH, Bericht A172-4 im Auftrag der Gewässerdirektion Nördlicher Oberrhein

LANG, U. & PFÄFFLIN, H. (2009): Grundwassermodellprognosen für den Rheinuferfiltratanteil am geplanten Wasserwerk Kastenwört bei gleichzeitigem Betrieb von Retentionsraum und Wasserwerk bei 7,4 Mio. m³ Jahresentnahme für die hydrologischen Verhältnisse 1999. Ingenieurgesellschaft kup Prof. Kobus und Partner GmbH, Bericht A346-1 im Auftrag des Regierungspräsidiums Karlsruhe und der Stadtwerke Karlsruhe GmbH

LfU Landesanstalt für Umweltschutz Baden-Württemberg (1990): Probestau der Polder Altenheim I und II am 4. und 5. März 1987. Teil A: Textband, Karlsruhe

LfU Landesanstalt für Umweltschutz Baden-Württemberg (1991): Flutungen der Polder Altenheim I und II – Zusammenfassung der bisherigen Untersuchungen – Stand Juli 1991. Heft 1: Text, Materialien zum Integrierten Rheinprogramm, Band 3, Karlsruhe

LfU Landesanstalt für Umweltschutz Baden-Württemberg, Gewässerdirektion Südlicher Oberrhein/Hochrein (1999): Auswirkungen der Ökologischen Flutungen der Polder Altenheim – Ergebnisse des Untersuchungsprogramms 1993-1996. Materialien zum Integrierten Rheinprogramm Band 9, Lahr

LfU Landesanstalt für Umweltschutz Baden-Württemberg (2002a): Hydraulik naturnaher Fließgewässer – Teil 1: Grundlagen und empirische hydraulische Berechnungsverfahren. Oberirdische Gewässer, Gewässerökologie Band 74, Karlsruhe

LfU Landesanstalt für Umweltschutz Baden-Württemberg (2002b): Hydraulik naturnaher Fließgewässer – Teil 2: Neue Berechnungsverfahren für naturnahe Gewässerstrukturen. Oberirdische Gewässer, Gewässerökologie Band 75, Karlsruhe

MAIER, D. (1992): Integriertes Rheinprogramm und Trinkwasserversorgung aus den Grundwässern der Rheinebene. In: IAWR Internationale Arbeitsgemeinschaft der Wasserwerke im Rheineinzugsgebiet: 13. Arbeitstagung 1991 in Scheveningen - Rheinsanierung: Vorbild für Europa?, S. 211-219, Amsterdam

MAIER, D. & WEINDEL, W. (1995): Zur Schadstoffbelastung von Trübstoffen, Sedimenten, Schlämmen und Böden im Einzugsgebiet des Oberrheins. In: AWBR Arbeitsgemeinschaft Wasserwerke Bodensee-Rhein: Jahresbericht 1994, S. 101-113, Karlsruhe

MAIER, D., MAIER, M. & FLEIG, M. (1998): Schwebstoffuntersuchungen im Rhein. In: AWBR Arbeitsgemeinschaft Wasserwerke Bodensee-Rhein: Jahresbericht 1997, S. 137-152, Karlsruhe

MAIER, D., HOFMANN, B., MAIER, M. & LANG, U. (2002): Hochwasserrückhaltung in Wasserschutzgebieten am Rhein. In: AWBR Arbeitsgemeinschaft Wasserwerke Bodensee-Rhein: Jahresbericht 2001, S. 191-224, Karlsruhe

MAROTZ, G. (1968): Technische Grundlagen einer Wasserspeicherung im natürlichen Untergrund. Schriftenreihe des KWK, Heft 18, Hamburg

MARRE, D., WALTHER, W. & ULLRICH, K. (2005): Einfluss des Hochwassers 2002 auf die Grundwasserbeschaffenheit in Dresden. Grundwasser 10(3), S. 146-156

MASSMANN, G., SÜLTENFUß, J., DÜNNBIER, U., KNAPPE, A., TAUTE, T. & PEKDEGER, A. (2008): Investigation of groundwater residence times during bankfiltration in Berlin: a multi-tracer approach. Hydrological Processes 22, S. 788–801, DOI: 10.1002/hyp.6649

MOHRLOK, U., EBERHARDT, E. & JIRKA, G. H. (2000): Modelling groundwater recharge from intermittently flooded areas by calibration of time dependent leakage parameters. Proceedings of ModelCARE 1999, IAHS Publication 265, S. 509-514

MOHRLOK, U., SCHÄFER & D. JIRKA, G. H. (2001): Grundwasserdynamik in Vorland- und Auenbereichen, Teilprojekt des BMBF-Verbundprojekts „Morphodynamik der Elbe„ (Förderkennzeichen 0339566) - Forschungsbericht Nr. 775

MOHRLOK, U., BETHGE, E., LEHMANN, B., HILLEBRAND, G. & MAIER, D. (2009): Bewertung des Sickerwassertransports von Schadstoffen aus Überflutungsflächen ins Grundwasser bei extremen Hochwässern. Schlussbericht zum Forschungsvorhaben Rimax-Hot – TP C, BMBF-Förderkennzeichen 02WH0692

MONNINKHOFF, B. L. & KADEN S. O. (2008): Coupled modelling of groundwater and surface water for renaturation planning in the National Park Lower Odra. Proceedings of Symposium HS1002 at IUGG2007, IAHS Publication 321, S. 181-188

MUNSON, B. R., YOUNG, D. F. & OKIISHI, T. H. (2002): Fundamentals of Fluid Mechanics. 4, Auflage, New York

Oberrheinagentur (1995): Flutungen der Polder Altenheim – Zwischenbericht zur Fortführung der ökologischen Flutungen – Berichtszeitraum 1993. Materialien zum Integrierten Rheinprogramm, Band 5, Lahr

Oberrheinagentur & LfU Landesanstalt für Umweltschutz Baden-Württemberg (1996): Auswirkungen von Überflutungen auf flussnahe Wasserwerke – Auswertung von Literatur und Betriebserfahrungen von Wasserwerken. Materialien zum Integrierten Rheinprogramm, Band 6, Lahr

OGATA, A. & Banks, R. B. (1961): A solution of the differential equation of longitudinal dispersion in porous media. U.S. Geological Survey Professional Paper 411-A

PICKENS, F. J. & GRISAK, E. G. (1980): Scale-dependent dispersion in a stratified granular aquifer. Water Resources Research, 17(4), S. 1191 - 1211

PFLUG, R. (1982): Bau und Entwicklung des Oberrheingrabens. Erträge der Forschung 184, Darmstadt

PREUSSER, F. (2005): All along the river – an excursion down the River Rhine from source to the sea. INQUA Newsletter - Quarternary Perspectives 15(1), S. 224-227

RAY, C., MELIN, G. & LINSKY, R. B. (2002): Riverbank filtration. Dordrecht

Regierungspräsidium Freiburg (2009): Fragen und Antworten zum IRP. http://www.rpbwl.de/freiburg/abteilung5/referat53.3/faq, Zugriff: 12.03.2009

Regierungspräsidium Karlsruhe (2008): Hochwasserrückhalteraum Bellenkopf/Rappenwört. Flyer, Karlsruhe

SAUTY, J.-P. (1980): An analysis of hydrodispersive transfer in aquifers. Water Resources Research 16(1), S. 145-158

SCHEIDEGGER, A. E. (1957): The physics of flow through porous media. Toronto

SCHMIDT, C. K., LANGE, F. T., BRAUCH, H.-J. & KÜHN, W. (2003): Experiences with riverbank filtration and infiltration in Germany. In: Proceedings International Symposium on Artificial Recharge of Groundwater, 14.11.2003 in Dejon, Korea, S. 115-141

SCHMIDT, C. K., LANGE, F. T. & BRAUCH, H.-J. (2004): Verhalten von organischen Spurenstoffen bei der Uferfiltration unter standortspezifischen Bedingungen. In: AWBR Arbeitsgemeinschaft Wasserwerke Bodensee-Rhein: Jahresbericht 2003, S. 207-227, Karlsruhe

SCHUBERT, J., LIEBICH, D., DOMNICK, B., ENGELS, C. & TACKE, T. (1992): Sicherheit der Trinkwassergewinnung aus Rheinuferfiltrat bei Stoßbelastungen, Teilprojekt 3: Stadtwerke Düsseldorf AG – Abschlussbericht (BMFT – Verbundvorhaben 02 – WT 88141)

SCHUBERT, J. (2002): Hydraulic aspects of riverbank filtration – field studies. Journal of Hydrology 266(3), S. 145-161

SCHULZ, H. D. (1992): Pysikalische Grundlagen des Stofftransports im Untergrund. In: Käss, W.: Geohydrologische Markierungstechnik - Lehrbuch der Hydrogeologie Band 9, Berlin

SCIBEK, J., ALLEN, D. M., CANNON, A. J. & WHITFIELD, P. H. (2007): Groundwater–surface water interaction under scenarios of climate change using a high-resolution transient groundwater model. Journal of Hydrology 333(2), S. 165–181

SERRANO, S. & WORKMAN, S. (1998): Modeling transient stream/aquifer interaction with the non-linear Boussinesq equation and its analytical solution. Journal of Hydrology 206, S. 245–255

SHEWCHUK, J. R. (2002): Delaunay Refinement Algorithms for Triangular Mesh Generation. Computational Geometry: Theory and Applications 22, S. 21-74

SHEWCHUK, J. R. (2009): Triangle - A Two-Dimensional Quality Mesh Generator and Delaunay Triangulator. http://www-2.cs.cmu.edu/~quake/triangle.html, Zugriff: 08.06.2009

SONNENBORG, T. O., CHRISTENSEN, B. S. B., NYEGAARD, P., HENRIKSEN, H. J. & REFSGAARD, J. C. (2003): Transient modeling of regional groundwater flow using parameter estimates from steady-state automatic calibration. Journal of Hydrology 273, S. 188–204

SONTHEIMER, H. (1991): Trinkwasser aus dem Rhein? – Bericht über ein vom Bundesminister für Forschung und Technologie gefördertes Verbundforschungsvorhaben zur Sicherheit der Trinkwassergewinnung aus Rheinuferfiltrat bei Stoßbelastungen. Sankt Augustin

STÜBEN, K. & CLEES, T. (2005): SAMG – User's Manual. Fraunhofer Institute SCAI, Sankt Augustin

TRÄNKLER, H.R. & FISCHERAUER, G. (2008): Messtechnik. In: Czichos, H. & Hennecke, M.: Hütte – Das Ingenieurwissen, 33. Auflage, Berlin

TRUNKÓ, L. (1984): Karlsruhe und Umgebung - Nördlicher Schwarzwald, südlicher Kraichgau, Rheinebene, Ostrand des Pfälzer Waldes und der Nordvogesen. Sammlung Geologischer Führer, Band 78, Berlin, Stuttgart

UBELL, K. (1987): Austauschvorgänge zwischen Fluss- und Grundwasser, Teil 1. Deutsches Gewässerkundliche Mitteilungen 31, S. 119-125

UMBW Ministerium für Ernährung, Landwirtschaft fund Umwelt Baden-Württemberg (1985): Leitfaden für die Beurteilung und Behandlung von Grundwasserverunreinigungen durch leichtflüchtige Chlorkohlenwasserstoffe. 2. Auflage, Stuttgart

Umweltamt Karlsruhe (2001): Naturführer Karlsruhe: Auenwald - Zu Fuß und mit dem Fahrrad durch die Natur. 4. Auflage, Karlsruhe

U.S. Army Corps of Engineers - Institute for Water Resources - Hydrologic Engineering Center (2006): HEC-RAS River Analysis System - User's Manual - Version 4.0 Beta. Davis, California

VERMEULEN, P. T. M. & HEEMINK, A. W. (2006): Inverse modelling of groundwater flow using model reduction. Proceedings of ModelCARE 2005, IAHS Publication 304, S. 113-119

VERSTRAETEN, I. M., THURMAN, E. M., LINDSEY, M. E., LEE, E. C. & SMITH, R. D. (2002): Changes in concentrations of triazine and acetamide herbicides by bank filtration, ozonation, and chlorination in a public water supply. Journal of Hydrology 266(3), S. 190-208

WABOA (2004): Wasser- und Bodenatlas Baden-Württemberg. Hrsg.: Ministerium für Umwelt und Verkehr Baden-Württemberg & Landesanstalt für Umweltschutz Baden-Württemberg (LfU). 2. Auflage, Freiburg

WALD, J., SCHIFFLER, G. R. & KIRSAMER, P. (1991): Hydrologische-wasserwirtschaftliche Untersuchung der Abflussverhältnisse am Federbach zwischen Malsch und Karlsruhe als Grundlage für die naturnahe Umgestaltung des Federbachs. Gutachten des Ingenieurbüro Wald & Corbe im Auftrag des Regierungspräsidiums Karlsruhe

WANG, H. F. & ANDERSON, M. P. (1982): Introduction to groundwater modeling – Finite Difference and Finite Element Methods. New York

WATZEL, R. & OHNEMUS, J. (1997): Hydrogeologische Kartierung Karlsruhe-Speyer - Fortschreibung des Hydrogeologischen Baus im baden-württembergischen Teil. Gutachten des Geologischen Landesamts Baden-Württemberg im Auftrag der Landesanstalt für Umweltschutz Baden-Württemberg, AZ: 3531.01/96-4763

WETT, B., JAROSCH, H. & INGERLE, K. (2002): Flood induced infiltration affecting a bank filtrate well at the River Enns, Austria. Journal of Hydrology 266(3), S. 222-234

WIRSING, T. (2006): Erstellung von Bodenfunktionskarten zur Bewertung des Bodenwasserhaushaltes im Wassersicherstellungsgebiet Kastenwört mittels eines GIS. Diplomarbeit am Institut für Geographie und Geoökologie (IfGG I) der Universität Karlsruhe (TH)

WIRSING, T. & DEINLEIN, W. (2007): Modellierung des Bodenwasserhaushalts im Wassersicherstellungsgebiet Kastenwört. Anlage 5.9 des Wasserrechtsantrags Kastenwört der Stadtwerke Karlsruhe GmbH

WOESSNER, W. W. (2000): Stream und Fluvial Plain Ground Water Interactions: Rescaling Hydrogeologic Thought. Ground Water 38(3), S. 423-429

WORAKIJTHAMRONG, S. & CLUCKIE, I. (2008): Groundwater-river interaction in the context of inter-basin transfer. Proceedings of Symposium HS1002 at IUGG2007, IAHS Publication 321, S. 39-45

WORKMAN, S., SERRANO, S. E.& LIBERTY, K. (1997): Development and application of an analytical model of stream/aquifer interaction. Journal of Hydrology 200, S. 149-163.

WSA-MA (2009): Wasser und Schifffahrtsamt Mannheim, Pegel Maxau Rhein. http://www.wsa-ma.wsv.de/ wasserstrassen/wasserstrassenueberwachung/hydrologie/pegel/maxau/ index.html, Zugriff: 09. März 2009

WÜLSER, R. & PFÄNDLER, S. (2007): Revitalisierungen im Einflussbereich von Trinkwasserfassungen. In: AWBR Arbeitsgemeinschaft Wasserwerke Bodensee-Rhein: Jahresbericht 2006, S. 137-169, Karlsruhe

ZANKE, U. C. E. (2002): Hydromechanik der Gerinne und Küstengewässer, Berlin

ZHENG, C. & BENNETT, G. D. (1995): Applied Contaminant Transport Modeling: Theory and Practice. New York

ZIENKIEWICZ, O.C. & TAYLOR, R. L. (2000): The Finite Element Method, Volume 1: The Basis. 5. Auflage, Oxford

Anhang A: Programmcode

Quelltexte der in C++ für den IFM (FEFLOW) geschriebenen Funktionen zur Kopplung des numerischen Fließgewässermodells mit dem numerischen Grundwassermodell

```cpp
1   #include <ifm/module.h>
2   #include <ifm/graphic.h>
3   #include <ifm/document.h>
4   #include <ifm/archive.h>
5
6   #include <math.h>
7   #include <fstream>
8   #include <iostream>
9   #include <string>
10  using namespace std;
11
12  double Bilineare_Interpolation(double x, double y, double x1, double x2, double y1, double y2, double h11, double h12, double h21, double
13          h22);
14  double Interpolation(double x, double x1, double y1, double x2, double y2);
15
16  /* --- IFMREG_BEGIN --- */
17  /* -- Do not edit! -- */
18
19  static void OnEditDocument (IfmDocument, Widget);
20  static void PreSimulation (IfmDocument);
21  static void PostSimulation (IfmDocument);
22  static void PostTimeStep (IfmDocument);
23
24  static const char szDesc[] =
25    "Einfuegen der vorberechneten Entwaesserungsgraeben des Retentionsraums Bellenkopf-Rappenwoert in das Rimax-Hot-
26          Grundwassermodell";
27
28  #ifdef __cplusplus
29  extern "C"
30  #endif /* __cplusplus */
31  #ifdef WIN32
32  __declspec(dllexport)
33  #endif /* WIN32 */
34
35  IfmResult RegisterModule(IfmModule pMod)
36  {
37    if (IfmModuleVersion (pMod) < IFM_CURRENT_MODULE_VERSION)
38      return False;
39    IfmRegisterModule (pMod, "SIMULATION", "ENTWAESSERUNG_B_R_V1", "Entwaesserung_B_R_V1", 0x1000);
40    IfmSetDescriptionString (pMod, szDesc);
41    IfmSetCopyrightPath (pMod, "Entwaesserung_B_R_V1.txt");
42    IfmSetHtmlPage (pMod, "Entwaesserung_B_R_V1.htm");
43    IfmSetPrimarySource (pMod, "Entwaesserung_B_R_V1.cpp");
44    IfmRegisterProc (pMod, "OnEditDocument", 1, (IfmProc)OnEditDocument);
45    IfmRegisterProc (pMod, "PreSimulation", 1, (IfmProc)PreSimulation);
46    IfmRegisterProc (pMod, "PostSimulation", 1, (IfmProc)PostSimulation);
47    IfmRegisterProc (pMod, "PostTimeStep", 1, (IfmProc)PostTimeStep);
48    return True;
49  }
50  /* --- IFMREG_END --- */
51
52
53  static void OnEditDocument (IfmDocument pDoc, Widget wParent)
54  {
55    /*
56     * TODO: Add your own code here ...
57     */
58          IfmInfo(pDoc,"Das Modul 'Entwässerungsgräben V1.2' ist aktiv");
59          IfmInfo(pDoc,"Das Modul funktioniert nur mit dem Kastenwörtmodell,");
60          IfmInfo(pDoc,"wenn die Gräben als stationäre Cauchy-Randbedingung eingegeben sind.");
61  }
62
63  static void PreSimulation (IfmDocument pDoc)
64  {
65    /*
66     * TODO: Add your own code here ...
67     */
68
69          // Einlesen der Vorberechneten Wasserstände
70
71          // Felder im Feflow-Adressraum für vorberechnete Wasserstände initialisieren.
72          IfmInfo(pDoc,"IFM: Speicherbereiche werden bereitgestellt");
73
74          const int FAKTORENZAHL = 5;
75          const int DURCHFLUSSZAHL = 16;
76          const int STATIONENZAHLFED = 9;
77          const int STATIONENZAHLOFE = 2;
78          const int STATIONENZAHLGR1 = 17;
79          const int STATIONENZAHLGR2 = 18;
80          const int STATIONENZAHLGR3 = 32;
81
82          double Faktoren[FAKTORENZAHL] = {0.0, 0.25, 0.5, 0.75, 1};
83          double Durchfluesse[DURCHFLUSSZAHL] = {0.01, 0.05, 0.1, 0.2, 0.5, 1.0, 2.0, 4.0, 6.0, 8.0, 10.0, 12.0, 14.0, 16.0, 18.0, 20.0};
84          double StationenFed[STATIONENZAHLFED] = {0.0, 127.0, 259.0, 422.0, 647.0, 736.0, 809.0, 951, 1101};
85          double StationenOFe[STATIONENZAHLOFE] = {1101, 1220};
```

Zeilen 1 bis 10:
Registrierung zusätzlich benötigte Objekte, Prozeduren und Funktionen

Zeilen 12 bis 14:
Registrierung eigener zusätzlicher Funktionen

Zeilen 16 bis 50
Verwaltung des Moduls innerhalb des IFM (automatisch erstellt von Feflow)

**Funktion 0 - Zeilen 53 bis 61:
Anweisungen können während der Bearbeitung eines FE-Problems ausgeführt werden.**
Der Ladezustand des Moduls kann geprüft werden.

**Funktion 1 - Zeilen 63 bis 381:
Anweisungen werden direkt vor Beginn einer Simulation ausgeführt.**
Die mit dem HN-Modell berechneten Wasserstände werden aus einer vorbereiteten Datei eingelesen, und die in Feflow betroffenen Knoten des GW-Modells werden aus einer vorbereiteten Datei eingelesen.

Zeilen 74 bis 92:
Initialisierung aller notwendigen Konstanten.

```
86    double StationenGr1[STATIONENZAHLGR1] = {0.0, 17.0, 57.0, 117.0, 217.0, 317.0, 417.0, 517.0, 617.0, 717.0, 817.0, 917.0,
87    1017.0, 1117.0, 1217.0, 1317.0, 1417.0};
88    double StationenGr2[STATIONENZAHLGR2] = {0.0, 90.0, 190.0, 260.0, 290.0, 390.0, 490.0, 590.0, 690.0, 790.0, 890.0, 990.0,
89    1090.0, 1190.0, 1290.0, 1390.0, 1490.0, 1590.0};
90    double StationenGr3[STATIONENZAHLGR3] = {0.0, 80.0, 150.0, 180.0, 280.0, 380.0, 480.0, 580.0, 680.0, 780.0, 880.0, 980.0,
91    1080.0, 1180.0, 1280.0, 1380.0, 1480.0, 1580.0, 1680.0, 1780.0, 1880.0, 1980.0, 2080.0, 2180.0, 2280.0, 2380.0, 2480.0, 2580.0,
92    2680.0, 2780.0, 2880.0, 2980.0};
93
94    double*** WasserstaendeFed = NULL;
95    double*** WasserstaendeOFe = NULL;
96    double*** WasserstaendeGr1 = NULL;
97    double*** WasserstaendeGr2 = NULL;
98    double*** WasserstaendeGr3 = NULL;
99
100   IfmAllocMem3D (pDoc, &WasserstaendeFed, STATIONENZAHLFED, DURCHFLUSSZAHL, FAKTORENZAHL, sizeof(double),
101   False);
102   IfmAllocMem3D (pDoc, &WasserstaendeOFe, STATIONENZAHLOFE, DURCHFLUSSZAHL, FAKTORENZAHL, sizeof(double),
103   False);
104   IfmAllocMem3D (pDoc, &WasserstaendeGr1, STATIONENZAHLGR1, DURCHFLUSSZAHL, FAKTORENZAHL, sizeof(double),
105   False);
106   IfmAllocMem3D (pDoc, &WasserstaendeGr2, STATIONENZAHLGR2, DURCHFLUSSZAHL, FAKTORENZAHL, sizeof(double),
107   False);
108   IfmAllocMem3D (pDoc, &WasserstaendeGr3, STATIONENZAHLGR3, DURCHFLUSSZAHL, FAKTORENZAHL, sizeof(double),
109   False);
110
111   //Felder im Feflow-Adressraum für Knotenlisten initialisieren. (3D wegen gemeinsamen Übertrag in andere Callbacks)
112
113   const int KNOTENZAHLFED = 27;
114   const int KNOTENZAHLGR1 = 50;
115   const int KNOTENZAHLGR2 = 54;
116   const int KNOTENZAHLGR3 = 245;
117
118   double*** KnotenFed = NULL;
119   double*** KnotenGr1 = NULL;
120   double*** KnotenGr2 = NULL;
121   double*** KnotenGr3 = NULL;
122
123   IfmAllocMem3D (pDoc, &KnotenFed, KNOTENZAHLFED, 5, 1, sizeof(double), False);
124   IfmAllocMem3D (pDoc, &KnotenGr1, KNOTENZAHLGR1, 5, 1, sizeof(double), False);
125   IfmAllocMem3D (pDoc, &KnotenGr2, KNOTENZAHLGR2, 5, 1, sizeof(double), False);
126   IfmAllocMem3D (pDoc, &KnotenGr3, KNOTENZAHLGR3, 5, 1, sizeof(double), False);
127
128
129   //Die Zeiger auf die Felder im Dokument speichern, damit sie später wieder abrufbar sind
130
131   double**** Wasserstandszeiger = 0;
132
133   IfmAllocMem (pDoc, &Wasserstandszeiger, 9, sizeof(double ***), false);
134
135   Wasserstandszeiger[0] = WasserstaendeFed;
136   Wasserstandszeiger[1] = WasserstaendeOFe;
137   Wasserstandszeiger[2] = WasserstaendeGr1;
138   Wasserstandszeiger[3] = WasserstaendeGr2;
139   Wasserstandszeiger[4] = WasserstaendeGr3;
140   Wasserstandszeiger[5] = KnotenFed;
141   Wasserstandszeiger[6] = KnotenGr1;
142   Wasserstandszeiger[7] = KnotenGr2;
143   Wasserstandszeiger[8] = KnotenGr3;
144
145   IfmDocumentSetUserData (pDoc, Wasserstandszeiger);
146
147   //Kontrollausgabe
148   IfmInfo(pDoc,"IFM: Daten werden eingelesen ...");
149
150
151   //Ab hier einlesen der vorberechneten Wasserstandsdaten
152
153   String fileName = "C:\\depot\\RimaxHoT\\fem\\import+export\\HN_Modell\\Wasserspiegellagen.csv";
154
155   ifstream fin(fileName);
156
157   string str;
158   const char *str2;
159
160   getline(fin,str,'\n');                        //Erste Zeile verwerfen
161
162     size_t position;
163     int count = 1;
164     int i = 0;
165     int j = 0;
166     int k = 0;
167 //
168 ////                          Hier Federbach einlesen
169     for (i=0;i<=STATIONENZAHLFED-1;i++)
170     {
171             for (j=0;j<=FAKTORENZAHL-1;j++)
```

Zeilen 94 bis 126:
Die notwendigen Speicherbereiche werden innerhalb des Feflow-Adressraums reserviert.

Zeilen 131 bis 145:
Die Adressen für die reservierten Speicherbereiche werden so abgespeichert, dass sie auch an anderer Stelle in Feflow wieder abrufbar sind.

Zeilen 153 bis 252:
Die mit dem HN-Modell berechneten Wasserstände werden aus einer ASCII-Datei ausgelesen und in den reservierten Speicherbereichen abgelegt.

```
172                                 {
173                                         for (k=0;k<=DURCHFLUSSZAHL-1;k++)
174     ////                                    while ((str = din->ReadLine()) != nullptr)
175                                         {
176     //                                          str = din->ReadLine();
177
178                                                 getline(fin,str,'\n');
179                                                 position = str.find_last_of(';');
180                                                 str.erase(0,position+1);
181                                                 str2 = str.c_str();
182                                                 WasserstaendeFed[i][k][j] = strtod(str2,NULL);
183
184                                         }
185                                 }
186                         }
187
188     ////                            Hier Oberer Federbach einlesen
189             for (i=0;i<=STATIONENZAHLOFE-1;i++)
190             {
191                     for (j=0;j<=FAKTORENZAHL-1;j++)
192                     {
193                             for (k=0;k<=DURCHFLUSSZAHL-1;k++)
194                             {
195                                     getline(fin,str,'\n');
196                                     position = str.find_last_of(';');
197                                     str.erase(0,position+1);
198                                     str2 = str.c_str();
199                                     WasserstaendeOFe[i][k][j] = strtod(str2,NULL);
200                             }
201                     }
202             }
203
204     ////                            Hier Graben 1 einlesen
205             for (i=0;i<=STATIONENZAHLGR1-1;i++)
206             {
207                     for (j=0;j<=FAKTORENZAHL-1;j++)
208                     {
209                             for (k=0;k<=DURCHFLUSSZAHL-1;k++)
210                             {
211                                     getline(fin,str,'\n');
212                                     position = str.find_last_of(';');
213                                     str.erase(0,position+1);
214                                     str2 = str.c_str();
215                                     WasserstaendeGr1[i][k][j] = strtod(str2,NULL);
216                             }
217                     }
218             }
219
220     ////                            Hier Graben 2 einlesen
221             for (i=0;i<=STATIONENZAHLGR2-1;i++)
222             {
223                     for (j=0;j<=FAKTORENZAHL-1;j++)
224                     {
225                             for (k=0;k<=DURCHFLUSSZAHL-1;k++)
226                             {
227                                     getline(fin,str,'\n');
228                                     position = str.find_last_of(';');
229                                     str.erase(0,position+1);
230                                     str2 = str.c_str();
231                                     WasserstaendeGr2[i][k][j] = strtod(str2,NULL);
232                             }
233                     }
234             }
235
236     ////                            Hier Graben 3 einlesen
237             for (i=0;i<=STATIONENZAHLGR3-1;i++)
238             {
239                     for (j=0;j<=FAKTORENZAHL-1;j++)
240                     {
241                             for (k=0;k<=DURCHFLUSSZAHL-1;k++)
242                             {
243                                     getline(fin,str,'\n');
244                                     position = str.find_last_of(';');
245                                     str.erase(0,position+1);
246                                     str2 = str.c_str();
247                                     WasserstaendeGr3[i][k][j] = strtod(str2,NULL);
248                             }
249                     }
250             }
251
252             fin.close();
253
254             //Ab hier Einlesen der betreffenden Knotennummern
255
256             fileName = "C:\\depot\\RimaxHoT\\fem\\import+export\\HN_Modell\\Knotenliste.csv";
257
```

Zeilen 256 bis 377:
Die Nummern und Standorte der Knoten, deren Wasserstand vorgegeben werden soll, werden aus einer ASCII-Datei ausgelesen und in den reservierten Speicherbereichen abgelegt.

```
258     fin.open(fileName);
259     getline(fin,str,'\n'); //Erste Zeile verwerfen
260
261     string str_copy;
262
263     //Federbach-Knoten einlesen
264      for (i=0;i<=KNOTENZAHLFED-1;i++)
265         {
266                         getline(fin,str,'\n');
267
268                         //Entfernung von Mündung einlesen
269                         position = str.find_last_of(';');
270                         str_copy = str;
271                         str_copy.erase(0,position+1);
272                         str2 = str_copy.c_str();
273                         KnotenFed[i][2][0] = strtod(str2,NULL);
274
275                         //Knotennummer slice2 einlesen
276                         position = str.find_first_of(';');
277                         str_copy = str;
278                         str_copy.erase(position);
279                         str2 = str_copy.c_str();
280                         KnotenFed[i][0][0] = strtod(str2,NULL) - 1.0; //-1, da die ausgelesenen Knotennummern immer um 1 zu
281     hoch sind
282
283                         //Knotennummer slice3 einlesen
284                         str.erase(0,position+1);
285                         position = str.find_first_of(';');
286                         str_copy = str;
287                         str_copy.erase(position);
288                         str2 = str_copy.c_str();
289                         KnotenFed[i][1][0] = strtod(str2,NULL) - 1.0;
290         }
291
292     //Graben1-Knoten einlesen
293      for (i=0;i<=KNOTENZAHLGR1-1;i++)
294         {
295                         getline(fin,str,'\n');
296
297                         //Entfernung von Mündung einlesen
298                         position = str.find_last_of(';');
299                         str_copy = str;
300                         str_copy.erase(0,position+1);
301                         str2 = str_copy.c_str();
302                         KnotenGr1[i][2][0] = strtod(str2,NULL);
303
304                         //Knotennummer slice2 einlesen
305                         position = str.find_first_of(';');
306                         str_copy = str;
307                         str_copy.erase(position);
308                         str2 = str_copy.c_str();
309                         KnotenGr1[i][0][0] = strtod(str2,NULL) - 1.0;
310
311                         //Knotennummer slice3 einlesen
312                         str.erase(0,position+1);
313                         position = str.find_first_of(';');
314                         str_copy = str;
315                         str_copy.erase(position);
316                         str2 = str_copy.c_str();
317                         KnotenGr1[i][1][0] = strtod(str2,NULL) - 1.0;
318         }
319
320     //Graben2-Knoten einlesen
321      for (i=0;i<=KNOTENZAHLGR2-1;i++)
322         {
323                         getline(fin,str,'\n');
324
325                         //Entfernung von Mündung einlesen
326                         position = str.find_last_of(';');
327                         str_copy = str;
328                         str_copy.erase(0,position+1);
329                         str2 = str_copy.c_str();
330                         KnotenGr2[i][2][0] = strtod(str2,NULL);
331
332                         //Knotennummer slice2 einlesen
333                         position = str.find_first_of(';');
334                         str_copy = str;
335                         str_copy.erase(position);
336                         str2 = str_copy.c_str();
337                         KnotenGr2[i][0][0] = strtod(str2,NULL) - 1.0;
338
339                         //Knotennummer slice3 einlesen
340                         str.erase(0,position+1);
341                         position = str.find_first_of(';');
342                         str_copy = str;
343                         str_copy.erase(position);
```

```
344                                    str2 = str_copy.c_str();
345                                    KnotenGr2[i][1][0] = strtod(str2,NULL) - 1.0;
346                        }
347
348              //Graben3-Knoten einlesen
349                  for (i=0;i<=KNOTENZAHLGR3-1;i++)
350                        {
351                                    getline(fin,str,'\n');
352
353                                    //Entfernung von Mündung einlesen
354                                    position = str.find_last_of(';');
355                                    str_copy = str;
356                                    str_copy.erase(0,position+1);
357                                    str2 = str_copy.c_str();
358                                    KnotenGr3[i][2][0] = strtod(str2,NULL);
359
360                                    //Knotennummer slice2 einlesen
361                                    position = str.find_first_of(';');
362                                    str_copy = str;
363                                    str_copy.erase(position);
364                                    str2 = str_copy.c_str();
365                                    KnotenGr3[i][0][0] = strtod(str2,NULL) - 1.0;
366
367                                    //Knotennummer slice3 einlesen
368                                    str.erase(0,position+1);
369                                    position = str.find_first_of(';');
370                                    str_copy = str;
371                                    str_copy.erase(position);
372                                    str2 = str_copy.c_str();
373                                    KnotenGr3[i][1][0] = strtod(str2,NULL) - 1.0;
374                        }
375
376
377              fin.close();
378
379              IfmInfo(pDoc,"IFM: Daten sind eingelesen.");
380
381    }
382
383    static void PostSimulation (IfmDocument pDoc)
384    {
385      /*
386       * TODO: Add your own code here ...
387       */
388              IfmInfo(pDoc,"IFM: Speicher wird freigegeben ...");
389
390              //IFM-Speicher freigeben
391
392              double**** Wasserstandszeiger = (double ****)IfmDocumentGetUserData (pDoc);
393
394              double*** WasserstaendeFed = Wasserstandszeiger[0];
395              double*** WasserstaendeOFe = Wasserstandszeiger[1];
396              double*** WasserstaendeGr1 = Wasserstandszeiger[2];
397              double*** WasserstaendeGr2 = Wasserstandszeiger[3];
398              double*** WasserstaendeGr3 = Wasserstandszeiger[4];
399              double*** KnotenFed = Wasserstandszeiger[5];
400              double*** KnotenGr1 = Wasserstandszeiger[6];
401              double*** KnotenGr2 = Wasserstandszeiger[7];
402              double*** KnotenGr3 = Wasserstandszeiger[8];
403
404              IfmFreeMem3D (pDoc, &WasserstaendeFed);
405              IfmFreeMem3D (pDoc, &WasserstaendeOFe);
406              IfmFreeMem3D (pDoc, &WasserstaendeGr1);
407              IfmFreeMem3D (pDoc, &WasserstaendeGr2);
408              IfmFreeMem3D (pDoc, &WasserstaendeGr3);
409              IfmFreeMem3D (pDoc, &KnotenFed);
410              IfmFreeMem3D (pDoc, &KnotenGr1);
411              IfmFreeMem3D (pDoc, &KnotenGr2);
412              IfmFreeMem3D (pDoc, &KnotenGr3);
413
414              IfmFreeMem (pDoc, &Wasserstandszeiger);
415
416              IfmDocumentSetUserData (pDoc, Wasserstandszeiger);
417
418              //Kontrollausgabe
419              IfmInfo(pDoc,"IFM: Speicher ist freigegeben.");
420
421    }
422
423
424    static void PostTimeStep (IfmDocument pDoc)
425    {
426      /*
427       * TODO: Add your own code here ...
428       */
429
```

> **Funktion 2 - Zeilen 383 bis 421:**
> **Anweisungen werden direkt nach**
> **Ende einer Simulation ausgeführt.**
> Die reservierten Speicherbereiche
> werden wieder freigegeben

> Zeilen 392 bis 402:
> Die Adressen der reservierten Speicher-
> bereiche werden zurückgeholt.

> Zeilen 404 bis 414:
> Die reservierten Speicherbereiche
> werden wieder freigegeben.

> **Funktion 3 - Zeilen 424 bis 795:**
> **Anweisungen werden direkt nach**
> **Ende jedes Zeitschrittes der GW-**
> **Simulation ausgeführt.**
> Die Wasserstände in den Gräben wer-
> den durch Interpolation ermittelt und den
> jeweiligen Knoten im GW-Modell zuge-
> wiesen

```
430        // Allgemeine Daten zur Verfügung Stellen
431
432        const int FAKTORENZAHL = 5;
433        const int DURCHFLUSSZAHL = 16;
434        const int STATIONENZAHLFED = 9;
435        const int STATIONENZAHLOFE = 2;
436        const int STATIONENZAHLGR1 = 17;
437        const int STATIONENZAHLGR2 = 18;
438        const int STATIONENZAHLGR3 = 32;
439
440        double Faktoren[FAKTORENZAHL] = {0.0, 0.25, 0.5, 0.75, 1};
441        double Durchfluesse[DURCHFLUSSZAHL] = {0.01, 0.05, 0.1, 0.2, 0.5, 1.0, 2.0, 4.0, 6.0, 8.0, 10.0, 12.0, 14.0, 16.0, 18.0, 20.0};
442        double StationenFed[STATIONENZAHLFED] = {0.0, 127.0, 259.0, 422.0, 647.0, 736.0, 809.0, 951, 1101};
443        double StationenOFe[STATIONENZAHLOFE] = {1101, 1220};
444        double StationenGr1[STATIONENZAHLGR1] = {0.0, 17.0, 57.0, 117.0, 217.0, 317.0, 417.0, 517.0, 617.0, 717.0, 817.0, 917.0,
445        1017.0, 1117.0, 1217.0, 1317.0, 1417.0};
446        double StationenGr2[STATIONENZAHLGR2] = {0.0, 90.0, 190.0, 260.0, 290.0, 390.0, 490.0, 590.0, 690.0, 790.0, 890.0, 990.0,
447        1090.0, 1190.0, 1290.0, 1390.0, 1490.0, 1590.0};
448        double StationenGr3[STATIONENZAHLGR3] = {0.0, 80.0, 150.0, 180.0, 280.0, 380.0, 480.0, 580.0, 680.0, 780.0, 880.0, 980.0,
449        1080.0, 1180.0, 1280.0, 1380.0, 1480.0, 1580.0, 1680.0, 1780.0, 1880.0, 1980.0, 2080.0, 2180.0, 2280.0, 2380.0, 2480.0, 2580.0,
450        2680.0, 2780.0, 2880.0, 2980.0};
451
452        const int KNOTENZAHLFED = 27;
453        const int KNOTENZAHLGR1 = 50;
454        const int KNOTENZAHLGR2 = 54;
455        const int KNOTENZAHLGR3 = 245;
456
457
458        // Zu Beginn gespeicherte Daten verfügbar machen
459
460        double**** Wasserstandszeiger = (double ****)IfmDocumentGetUserData (pDoc);
461
462        double*** WasserstaendeFed = Wasserstandszeiger[0];
463        double*** WasserstaendeOFe = Wasserstandszeiger[1];
464        double*** WasserstaendeGr1 = Wasserstandszeiger[2];
465        double*** WasserstaendeGr2 = Wasserstandszeiger[3];
466        double*** WasserstaendeGr3 = Wasserstandszeiger[4];
467        double*** KnotenFed = Wasserstandszeiger[5];
468        double*** KnotenGr1 = Wasserstandszeiger[6];
469        double*** KnotenGr2 = Wasserstandszeiger[7];
470        double*** KnotenGr3 = Wasserstandszeiger[8];
471
472
473 // Variablen initialisieren
474
475        int i = 0;  //Zähler
476
477
478        double SummeFed = 0.0;   //Durchflüsse Ende und Mitte der Gräben
479        double SummeGr1 = 0.0;
480        double SummeGr2 = 0.0;
481        double SummeMitteGr2 = 0.0;
482        double SummeGr3 = 0.0;
483        double SummeMitteGr3 = 0.0;
484
485        double FaktorGr1 = 0.0;   //Prozentsatz des Durchflusses am Gesamtdurchfluss an der Grabenmitte
486        double FaktorGr2 = 0.0;
487        double FaktorGr3 = 0.0;
488
489        int IndexFlussGr1 = 0;   //Anzuwendende obere Indexe in den Arrays der Gräben
490        int IndexFaktorGr1 = 0;
491        int IndexFlussGr2 = 0;
492        int IndexFaktorGr2 = 0;
493        int IndexFlussGr3 = 0;
494        int IndexFaktorGr3 = 0;
495
496        double AktWasserstaendeFed[STATIONENZAHLFED];   //Feler mit dem berechneten Wasserstand des Zeitschritts
497        double AktWasserstaendeGr1[STATIONENZAHLGR1];
498        double AktWasserstaendeGr2[STATIONENZAHLGR2];
499        double AktWasserstaendeGr3[STATIONENZAHLGR3];
500
501        int IndexAbstand = 0;   //Index für die Interpolation des Knotens zwischen den Stationen
502        double WasserstandEingabe = 0;
503
504
505        // Flüsse [m3/d] an den Boundary-Condition-Knoten aus Feflow auslesen und in Array
506        speichern
507
508        IfmBudget *budget = IfmBudgetFlowCreate (pDoc);
509
510        //[m3/d] am Federbach
511
512        for (i=0;i<=KNOTENZAHLFED-1;i++)
513            {
514                    KnotenFed[i][3][0] = IfmBudgetQueryFlowAtNode (pDoc, budget, long(KnotenFed[i][0][0]));
515                    KnotenFed[i][4][0] = IfmBudgetQueryFlowAtNode (pDoc, budget, long(KnotenFed[i][1][0]));
```

Zeilen 432 bis 455:
Initialisierung aller notwendigen Konstanten.

Zeilen 460 bis 470:
Die Adressen der reservierten Speicherbereiche werden zurückgeholt.

Zeilen 475 bis 502:
Initialisierung aller notwendigen Variablen.

Zeilen 507 bis 538:
An den Knoten der Gräben im GW-Modell wird die jeweilige In- und Exfiltration des letzten Zeitschrittes aus Feflow ausgelesen und in die dafür reservierten Speicherbereiche abgelegt.

```
516             }
517
518             //[m3/d] am Graben 1
519             for (i=0;i<=KNOTENZAHLGR1-1;i++)
520             {
521                     KnotenGr1[i][3][0] = IfmBudgetQueryFlowAtNode (pDoc, budget, long(KnotenGr1[i][0][0]));
522                     KnotenGr1[i][4][0] = IfmBudgetQueryFlowAtNode (pDoc, budget, long(KnotenGr1[i][1][0]));
523             }
524
525             //[m3/d] am Graben 2
526             for (i=0;i<=KNOTENZAHLGR2-1;i++)
527             {
528                     KnotenGr2[i][3][0] = IfmBudgetQueryFlowAtNode (pDoc, budget, long(KnotenGr2[i][0][0]));
529                     KnotenGr2[i][4][0] = IfmBudgetQueryFlowAtNode (pDoc, budget, long(KnotenGr2[i][1][0]));
530             }
531
532             //[m3/d] am Graben 3
533             for (i=0;i<=KNOTENZAHLGR3-1;i++)
534             {
535                     KnotenGr3[i][3][0] = IfmBudgetQueryFlowAtNode (pDoc, budget, long(KnotenGr3[i][0][0]));
536                     KnotenGr3[i][4][0] = IfmBudgetQueryFlowAtNode (pDoc, budget, long(KnotenGr3[i][1][0]));
537             }
538
539             IfmBudgetClose (pDoc, budget);
540
541
542             // Summe der Flüsse an den Grabenmitten und Graben-Enden berechnen
543             // Mitte bei Graben 1 ist die Mündung in den Federbach, die Graben 1 und der Federbach zusammen berechnet wurden.
544             // Aus dem Federbach (up) kommen nochmal 1,8 m3/s (=155520 m3/d) hinzu. Diese sollen bei der bewertung aber keine Rolle
545     spielen (nur bei der Berechnung in HEC-RAS)
546             // Mitte bei Graben 2 ist zwischen den Index 30 und 31
547             // Mitte bei Graben 3 ist zwischen den Index 126 und 127
548
549             for (i=0;i<=KNOTENZAHLGR1-1;i++)
550             {
551                     SummeGr1 = SummeGr1 + KnotenGr1[i][3][0] + KnotenGr1[i][4][0];
552             }
553
554             SummeFed = SummeGr1;   // + 155520.0;
555             for (i=0;i<=KNOTENZAHLFED-1;i++)
556             {
557                     SummeFed = SummeFed + KnotenFed[i][3][0] + KnotenFed[i][4][0];
558             }
559
560             for (i=KNOTENZAHLGR2-1;i>=31;i--)
561             {
562                     SummeMitteGr2 = SummeMitteGr2 + KnotenGr2[i][3][0] + KnotenGr2[i][4][0];
563             }
564
565             SummeGr2 = SummeMitteGr2;
566             for (i=30;i>=0;i--)
567             {
568                     SummeGr2 =  SummeGr2 + KnotenGr2[i][3][0] + KnotenGr2[i][4][0];
569             }
570
571             for (i=KNOTENZAHLGR3-1;i>=127;i--)
572             {
573                     SummeMitteGr3 =  SummeMitteGr3 + KnotenGr3[i][3][0] + KnotenGr3[i][4][0];
574             }
575
576             SummeGr3 = SummeMitteGr3;
577             for (i=126;i>=0;i--)
578             {
579                     SummeGr3 =  SummeGr3 + KnotenGr3[i][3][0] + KnotenGr3[i][4][0];
580             }
581
582             //Umrechnung der Summen in m/s
583             SummeFed = SummeFed / 86400.0;
584             SummeGr1 = SummeGr1 / 86400.0;
585             SummeGr2 = SummeGr2 / 86400.0;
586             SummeMitteGr2 = SummeMitteGr2 / 86400.0;
587             SummeGr3 = SummeGr3 / 86400.0;
588             SummeMitteGr3 = SummeMitteGr3 / 86400.0;
589
590             //Berechnung der Faktoren
591             FaktorGr1 = SummeGr1 / SummeFed;
592             FaktorGr2 = SummeMitteGr2 / SummeGr2;
593             FaktorGr3 = SummeMitteGr3 / SummeGr3;
594
595             // Schritt 1: Berechnen des Wasserstandes in den Gräben durch Bilineare Interpolation
596
597             // Erechnen, welche Array-Felder für die Interpolation angewendet werden
598
599             // Graben 1 und Federbach
600             for (IndexFlussGr1 = 0 ; IndexFlussGr1 <= DURCHFLUSSZAHL - 1 ; IndexFlussGr1++)
601             {
```

> **Zeilen 548 bis 592:**
> Für die Gräben wird der jeweilige Gesamtabfluss und der jeweilige prozentuale Anteil der Exfiltration in der oberen Hälfte berechnet.

> **Zeilen 599 bis 653:**
> Für jeden Graben werden die 4 ähnlichsten, mit dem HN-Modell berechneten Wasserspiegellagen ausgewählt.

```
602                        if (SummeFed <= Durchfluesse[IndexFlussGr1])
603                                break;
604           }
605
606           if (FaktorGr1 < 0)
607                   FaktorGr1 = 0;
608           if (FaktorGr1 > 1)
609                   FaktorGr1 = 1;
610           for (IndexFaktorGr1 = 0 ; IndexFaktorGr1 <= FAKTORENZAHL - 1 ; IndexFaktorGr1++)
611           {
612                   if (FaktorGr1 <= Faktoren[IndexFaktorGr1])
613                           break;
614           }
615           if (IndexFaktorGr1 == 0)
616                   IndexFaktorGr1 = 1;
617
618           // Graben 2
619           for (IndexFlussGr2 = 0 ; IndexFlussGr2 <= DURCHFLUSSZAHL - 1 ; IndexFlussGr2++)
620           {
621                   if (SummeGr2 <= Durchfluesse[IndexFlussGr2])
622                           break;
623           }
624
625           if (FaktorGr2 < 0)
626                   FaktorGr2 = 0;
627           if (FaktorGr2 > 1)
628                   FaktorGr2 = 1;
629           for (IndexFaktorGr2 = 0 ; IndexFaktorGr2 <= FAKTORENZAHL - 1 ; IndexFaktorGr2++)
630           {
631                   if (FaktorGr2 <= Faktoren[IndexFaktorGr2])
632                           break;
633           }
634           if (IndexFaktorGr2 == 0)
635                   IndexFaktorGr2 = 1;
636
637           // Graben 3
638           for (IndexFlussGr3 = 0 ; IndexFlussGr3 <= DURCHFLUSSZAHL - 1 ; IndexFlussGr3++)
639           {
640                   if (SummeGr3 <= Durchfluesse[IndexFlussGr3])
641                           break;
642           }
643
644           if (FaktorGr3 < 0)
645                   FaktorGr3 = 0;
646           if (FaktorGr3 > 1)
647                   FaktorGr3 = 1;
648           for (IndexFaktorGr3 = 0 ; IndexFaktorGr3 <= FAKTORENZAHL - 1 ; IndexFaktorGr3++)
649           {
650                   if (FaktorGr3 <= Faktoren[IndexFaktorGr3])
651                           break;
652           }
653           if (IndexFaktorGr3 == 0)
654                   IndexFaktorGr3 = 1;
655
656           // Die Felder mit den Wasserständen in den Gräben zum aktuellen Zeitschritt durch bilineare Interpolation berechnen
657
658
659           // Graben 1 und Federbach
660                   if (IndexFlussGr1 == 0)
661                   {
662                           for ( i = 0 ; i <= STATIONENZAHLFED - 1 ; i++)
663                           {
664                                   AktWasserstaendeFed[i] = WasserstaendeFed[i][0][0];
665                           }
666                           for ( i = 0 ; i <= STATIONENZAHLGR1 - 1 ; i++)
667                           {
668                                   AktWasserstaendeGr1[i] = WasserstaendeGr1[i][0][0];
669                           }
670                   }
671                   else
672                   {
673                           for ( i = 0 ; i <= STATIONENZAHLFED - 1 ; i++)
674                           {
675                                   AktWasserstaendeFed[i] =
676   Bilineare_Interpolation(SummeFed,FaktorGr1,Durchfluesse[IndexFlussGr1-
677   1],Durchfluesse[IndexFlussGr1],Faktoren[IndexFaktorGr1-1],Faktoren[IndexFaktorGr1],WasserstaendeFed[i][IndexFlussGr1-
678   1][IndexFaktorGr1-1],WasserstaendeFed[i][IndexFlussGr1-
679   1][IndexFaktorGr1],WasserstaendeFed[i][IndexFlussGr1][IndexFaktorGr1-
680   1],WasserstaendeFed[i][IndexFlussGr1][IndexFaktorGr1]);
681                           }
682                           for ( i = 0 ; i <= STATIONENZAHLGR1 - 1 ; i++)
683                           {
684                                   AktWasserstaendeGr1[i] =
685   Bilineare_Interpolation(SummeFed,FaktorGr1,Durchfluesse[IndexFlussGr1-
686   1],Durchfluesse[IndexFlussGr1],Faktoren[IndexFaktorGr1-1],Faktoren[IndexFaktorGr1],WasserstaendeGr1[i][IndexFlussGr1-
687   1][IndexFaktorGr1-1],WasserstaendeGr1[i][IndexFlussGr1-
```

> Zeilen 659 bis 732:
> Für jeden Graben wird durch bilineare Interpolation aus den 4 ausgewählten Wasserspiegellagen die passende Wasserspiegellage berechnet.

```
688     1][IndexFaktorGr1],WasserstaendeGr1[i][IndexFlussGr1][IndexFaktorGr1-
689     1],WasserstaendeGr1[i][IndexFlussGr1][IndexFaktorGr1]);
690             }
691     }
692
693     // Graben 2
694         if (IndexFlussGr2 == 0)
695         {
696             for ( i = 0 ; i <= STATIONENZAHLGR2 - 1 ; i++)
697             {
698                 AktWasserstaendeGr2[i] = WasserstaendeGr2[i][0][0];
699             }
700         }
701         else
702         {
703             for ( i = 0 ; i <= STATIONENZAHLGR2 - 1 ; i++)
704             {
705                 AktWasserstaendeGr2[i] =
706     Bilineare_Interpolation(SummeGr2,FaktorGr2,Durchfluesse[IndexFlussGr2-
707     1],Durchfluesse[IndexFlussGr2],Faktoren[IndexFaktorGr2-1],Faktoren[IndexFaktorGr2],WasserstaendeGr2[i][IndexFlussGr2-
708     1][IndexFaktorGr2-1],WasserstaendeGr2[i][IndexFlussGr2-
709     1][IndexFaktorGr2],WasserstaendeGr2[i][IndexFlussGr2][IndexFaktorGr2-
710     1],WasserstaendeGr2[i][IndexFlussGr2][IndexFaktorGr2]);
711             }
712         }
713
714     // Graben 3
715         if (IndexFlussGr3 == 0)
716         {
717             for ( i = 0 ; i <= STATIONENZAHLGR3 - 1 ; i++)
718             {
719                 AktWasserstaendeGr3[i] = WasserstaendeGr3[i][0][0];
720             }
721         }
722         else
723         {
724             for ( i = 0 ; i <= STATIONENZAHLGR3 - 1 ; i++)
725             {
726                 AktWasserstaendeGr3[i] =
727     Bilineare_Interpolation(SummeGr3,FaktorGr3,Durchfluesse[IndexFlussGr3-
728     1],Durchfluesse[IndexFlussGr3],Faktoren[IndexFaktorGr3-1],Faktoren[IndexFaktorGr3],WasserstaendeGr3[i][IndexFlussGr3-
729     1][IndexFaktorGr3-1],WasserstaendeGr3[i][IndexFlussGr3-
730     1][IndexFaktorGr3],WasserstaendeGr3[i][IndexFlussGr3][IndexFaktorGr3-
731     1],WasserstaendeGr3[i][IndexFlussGr3][IndexFaktorGr3]);
732             }
733         }
734
735             // Schritt 2: Berechnen der Wasserstände an den Feflow-Knoten durch einfache Interpolation und Setzen der
736     Wasserstände
737
738         //Berechnung und Eingabe am Federbach
739         for (i=0;i<=KNOTENZAHLFED-1;i++)
740         {
741             for (IndexAbstand = 1 ; IndexAbstand <= STATIONENZAHLFED - 1 ; IndexAbstand++)
742             {
743                 if (KnotenFed[i][2][0] <= StationenFed[IndexAbstand])
744                     break;
745             }
746             WasserstandEingabe = Interpolation(KnotenFed[i][2][0],StationenFed[IndexAbstand-
747     1],AktWasserstaendeFed[IndexAbstand-1],StationenFed[IndexAbstand],AktWasserstaendeFed[IndexAbstand]);
748             IfmSetBcFlowValueAtCurrentTime(pDoc,long(KnotenFed[i][0][0]),WasserstandEingabe);
749             IfmSetBcFlowValueAtCurrentTime(pDoc,long(KnotenFed[i][1][0]),WasserstandEingabe);
750         }
751
752         //Berechnung und Eingabe am Graben 1
753         for (i=0;i<=KNOTENZAHLGR1-1;i++)
754         {
755             for (IndexAbstand = 1 ; IndexAbstand <= STATIONENZAHLGR1 - 1 ; IndexAbstand++)
756             {
757                 if (KnotenGr1[i][2][0] <= StationenGr1[IndexAbstand])
758                     break;
759             }
760             WasserstandEingabe = Interpolation(KnotenGr1[i][2][0],StationenGr1[IndexAbstand-
761     1],AktWasserstaendeGr1[IndexAbstand-1],StationenGr1[IndexAbstand],AktWasserstaendeGr1[IndexAbstand]);
762             IfmSetBcFlowValueAtCurrentTime(pDoc,long(KnotenGr1[i][0][0]),WasserstandEingabe);
763             IfmSetBcFlowValueAtCurrentTime(pDoc,long(KnotenGr1[i][1][0]),WasserstandEingabe);
764         }
765
766         //Berechnung und Eingabe am Graben 2
767         for (i=0;i<=KNOTENZAHLGR2-1;i++)
768         {
769             for (IndexAbstand = 1 ; IndexAbstand <= STATIONENZAHLGR2 - 1 ; IndexAbstand++)
770             {
771                 if (KnotenGr2[i][2][0] <= StationenGr2[IndexAbstand])
772                     break;
773             }
```

> Zeilen 7380 bis 793: Für jeden Graben wird durch lineare Interpolation aus der berechneten Wasserspiegellage der Wasserstand an den Knoten im GW-Modell berechnet und diesem Knoten zugewiesen, damit er im folgenden Zeitschritt zur Verfügung steht.

```
774                                 WasserstandEingabe = Interpolation(KnotenGr2[i][2][0],StationenGr2[IndexAbstand-
775        1],AktWasserstaendeGr2[IndexAbstand-1],StationenGr2[IndexAbstand],AktWasserstaendeGr2[IndexAbstand]);
776                                 IfmSetBcFlowValueAtCurrentTime(pDoc,long(KnotenGr2[i][0][0]),WasserstandEingabe);
777                                 IfmSetBcFlowValueAtCurrentTime(pDoc,long(KnotenGr2[i][1][0]),WasserstandEingabe);
778                     }
779
780                     //Berechnung und Eingabe am Graben 3
781                     for (i=0;i<=KNOTENZAHLGR3-1;i++)
782                     {
783                          for (IndexAbstand = 1 ; IndexAbstand <= STATIONENZAHLGR3 - 1 ; IndexAbstand++)
784                          {
785                                  if (KnotenGr3[i][2][0] <= StationenGr3[IndexAbstand])
786                                       break;
787                          }
788                                 WasserstandEingabe = Interpolation(KnotenGr3[i][2][0],StationenGr3[IndexAbstand-
789        1],AktWasserstaendeGr3[IndexAbstand-1],StationenGr3[IndexAbstand],AktWasserstaendeGr3[IndexAbstand]);
790                                 IfmSetBcFlowValueAtCurrentTime(pDoc,long(KnotenGr3[i][0][0]),WasserstandEingabe);
791                                 IfmSetBcFlowValueAtCurrentTime(pDoc,long(KnotenGr3[i][1][0]),WasserstandEingabe);
792                     }
793
794    }
795
796    double Bilineare_Interpolation(double x, double y, double x1, double x2, double y1, double y2, double h11, double h12, double h21, double
797         h22)
798    // h21 bedeutet: h an der Stelle x2 y1
799    {
800            double a;
801            double b;          //Länge und Breite
802            double n11;
803            double n12;
804            double n21;
805            double n22;                          //Basisfunktionen
806            double xz;
807            double yz;                           //Koordinaten des Zentrums
808            double Ergebnis;
809
810            xz = (x1 + x2) / 2;
811            yz = (y1 + y2) / 2;
812
813            a = fabs((x2 - x1) / 2);
814            b = fabs((y2 - y1) / 2);
815
816            n11 = ((1 - ((x - xz) / a)) * (1 - ((y - yz) / b))) / 4;
817            n12 = ((1 - ((x - xz) / a)) * (1 + ((y - yz) / b))) / 4;
818            n21 = ((1 + ((x - xz) / a)) * (1 - ((y - yz) / b))) / 4;
819            n22 = ((1 + ((x - xz) / a)) * (1 + ((y - yz) / b))) / 4;
820
821            Ergebnis = h11 * n11 + h12 * n12 + h21 * n21 + h22 * n22;
822
823            return Ergebnis;
824    }
825
826    double Interpolation(double x, double x1, double y1, double x2, double y2)
827    {
828            double Ergebnis;
829
830            Ergebnis = ((x-x1)*y2 + (x2-x)*y1)/(x2-x1);
831
832            return Ergebnis;
833    }
```

> **Funktion 4 - Zeilen 795 bis 823:**
> **Durchführung einer bilinearen Inter-**
> **polation.**
> Zur Verwendung in der Funktion 3.

> **Funktion 5 - Zeilen 825 bis 832:**
> **Durchführung einer linearen Interpo-**
> **lation.**
> Zur Verwendung in der Funktion 3.

Anhang B: Simulierte Fließgewässeranteile

**Ganglinien der simulierten Fließgewässeranteile
im geförderten Grundwasser eines Wasserwerks
nach der Flutung eines Hochwasserretentionsraums**

**Ergebnisse der Simulationen mit den Prinzip-
modellen**

Anhang B-1:

Fließgewässeranteil im Wasserwerk nach einem Hochwasserereignis im Modellszenario S1A (Einzugsgebiet der Entnahmebrunnen und Retentionsraum sind räumlich voneinander getrennt, Abstandsgeschwindigkeit ist geringer als im Szenario S1B). Die Durchlässigkeit der Bodenzone im Retentionsraum wird in den Diagrammen jeweils von oben nach unten geringer.

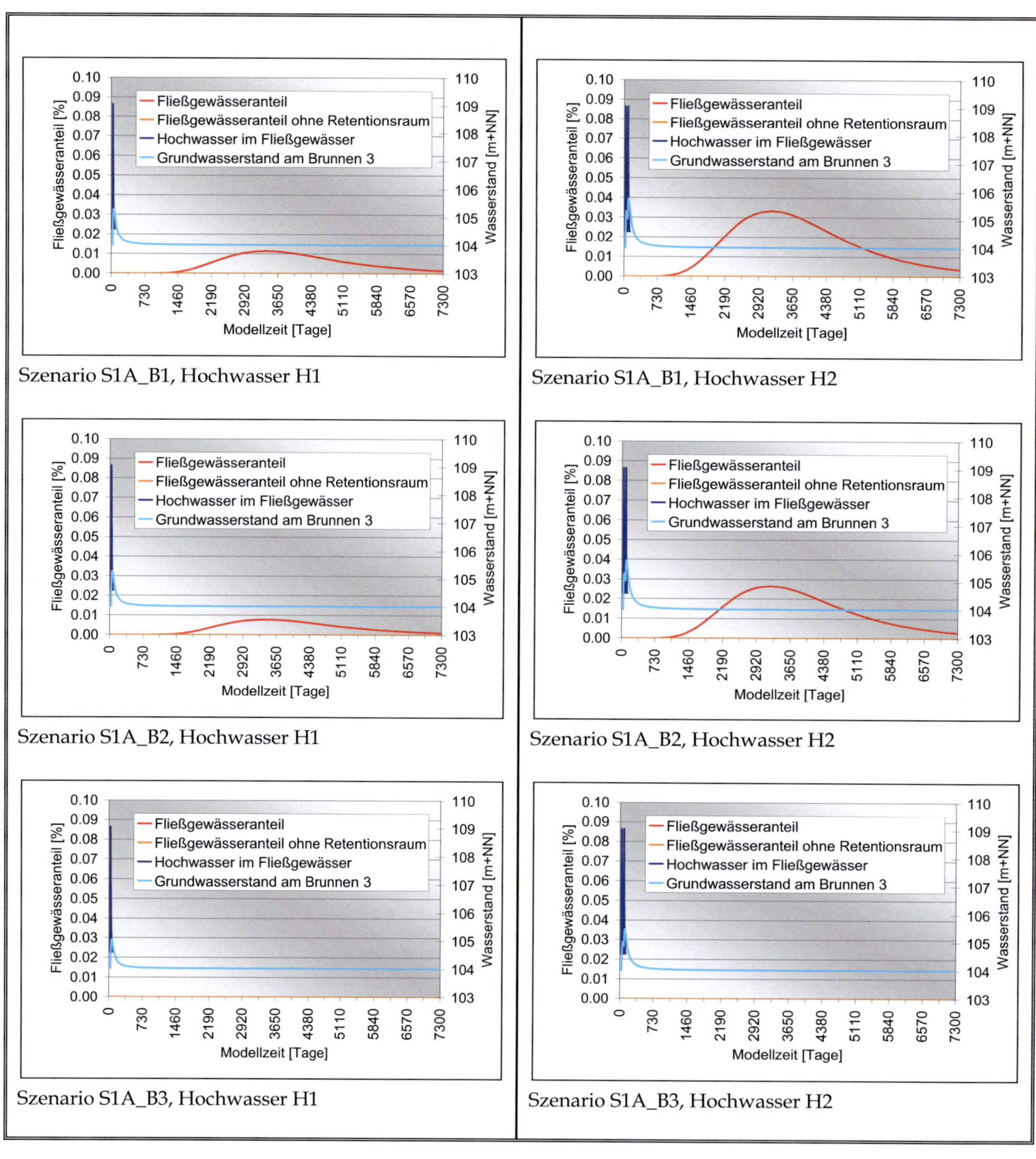

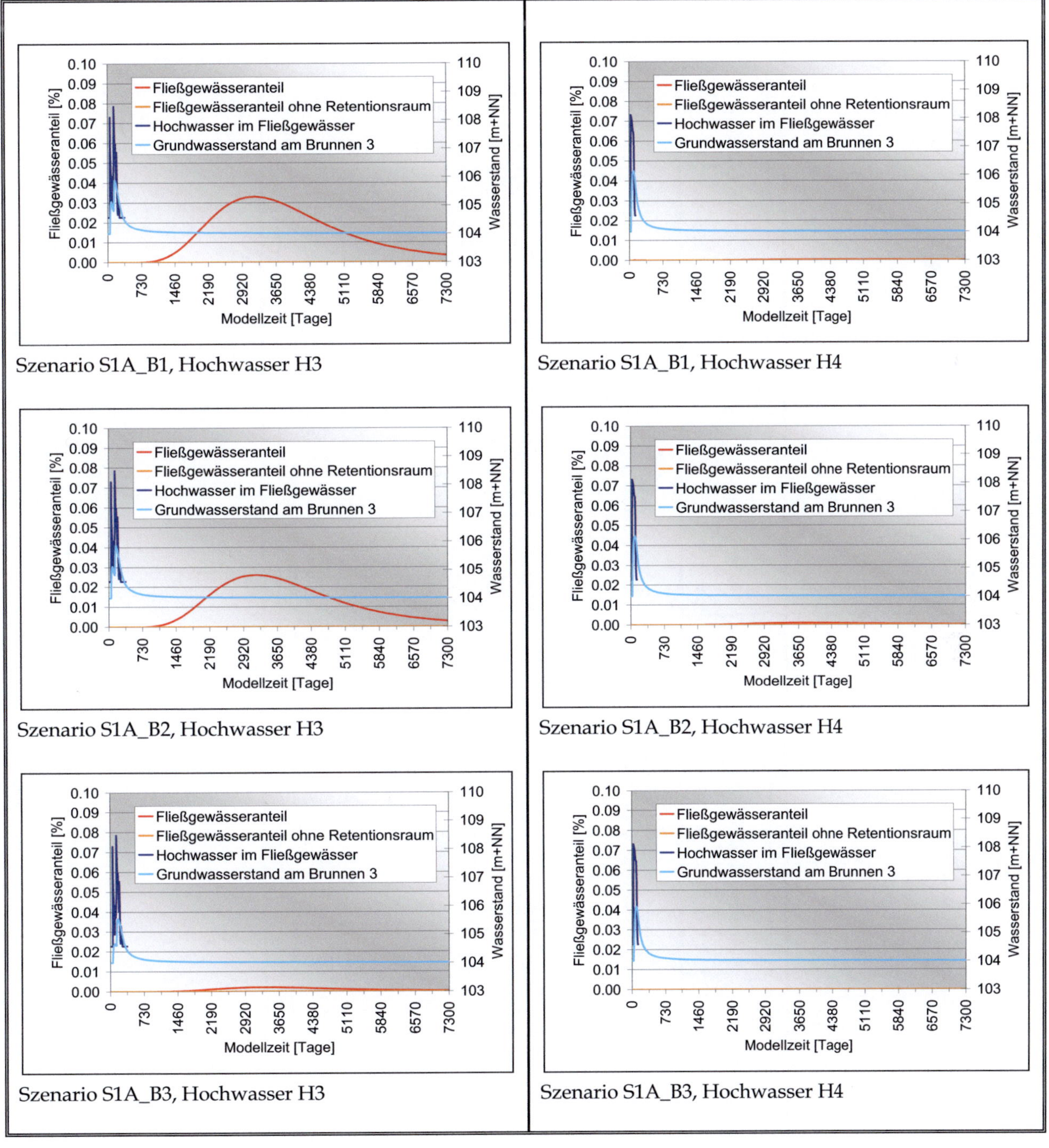

Szenario S1A_B1, Hochwasser H3

Szenario S1A_B1, Hochwasser H4

Szenario S1A_B2, Hochwasser H3

Szenario S1A_B2, Hochwasser H4

Szenario S1A_B3, Hochwasser H3

Szenario S1A_B3, Hochwasser H4

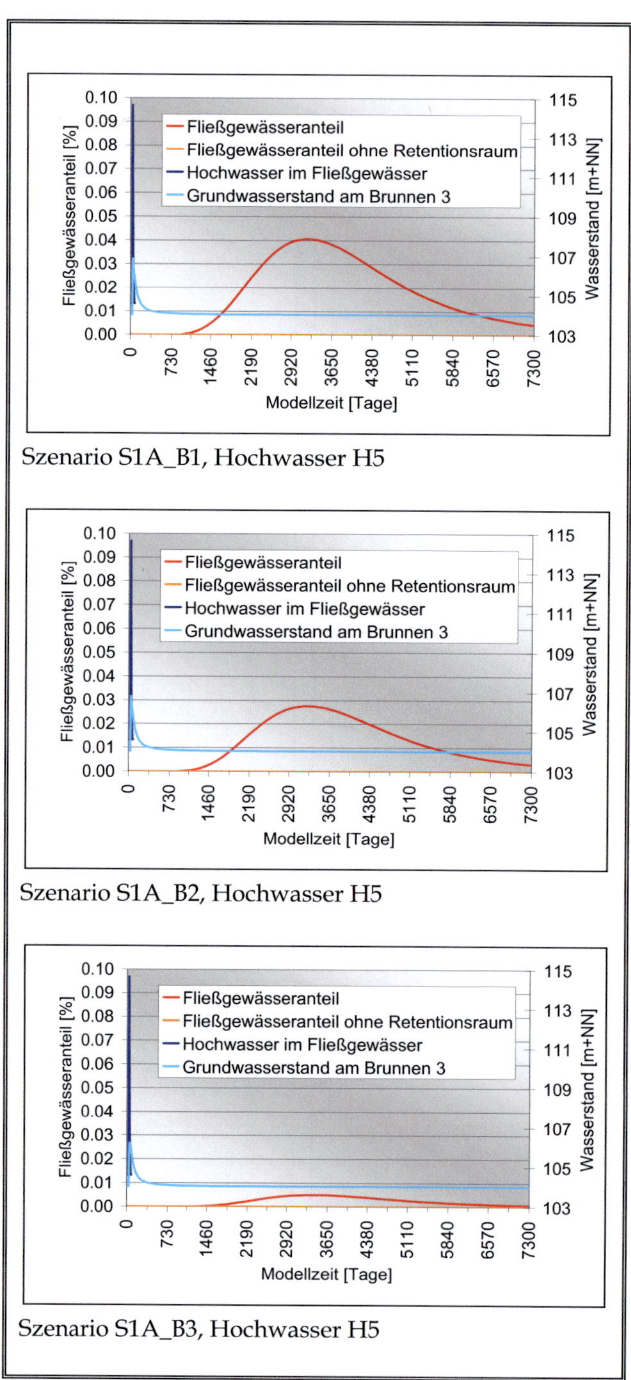

Szenario S1A_B1, Hochwasser H5

Szenario S1A_B2, Hochwasser H5

Szenario S1A_B3, Hochwasser H5

Anhang B-2:

Fließgewässeranteil im Wasserwerk nach einem Hochwasserereignis im Modellszenario S1B (Einzugsgebiet der Entnahmebrunnen und Retentionsraum sind räumlich voneinander getrennt, Abstandsgeschwindigkeit ist höher als im Szenario S1A). Die Durchlässigkeit der Bodenzone im Retentionsraum wird in den Diagrammen jeweils von oben nach unten geringer.

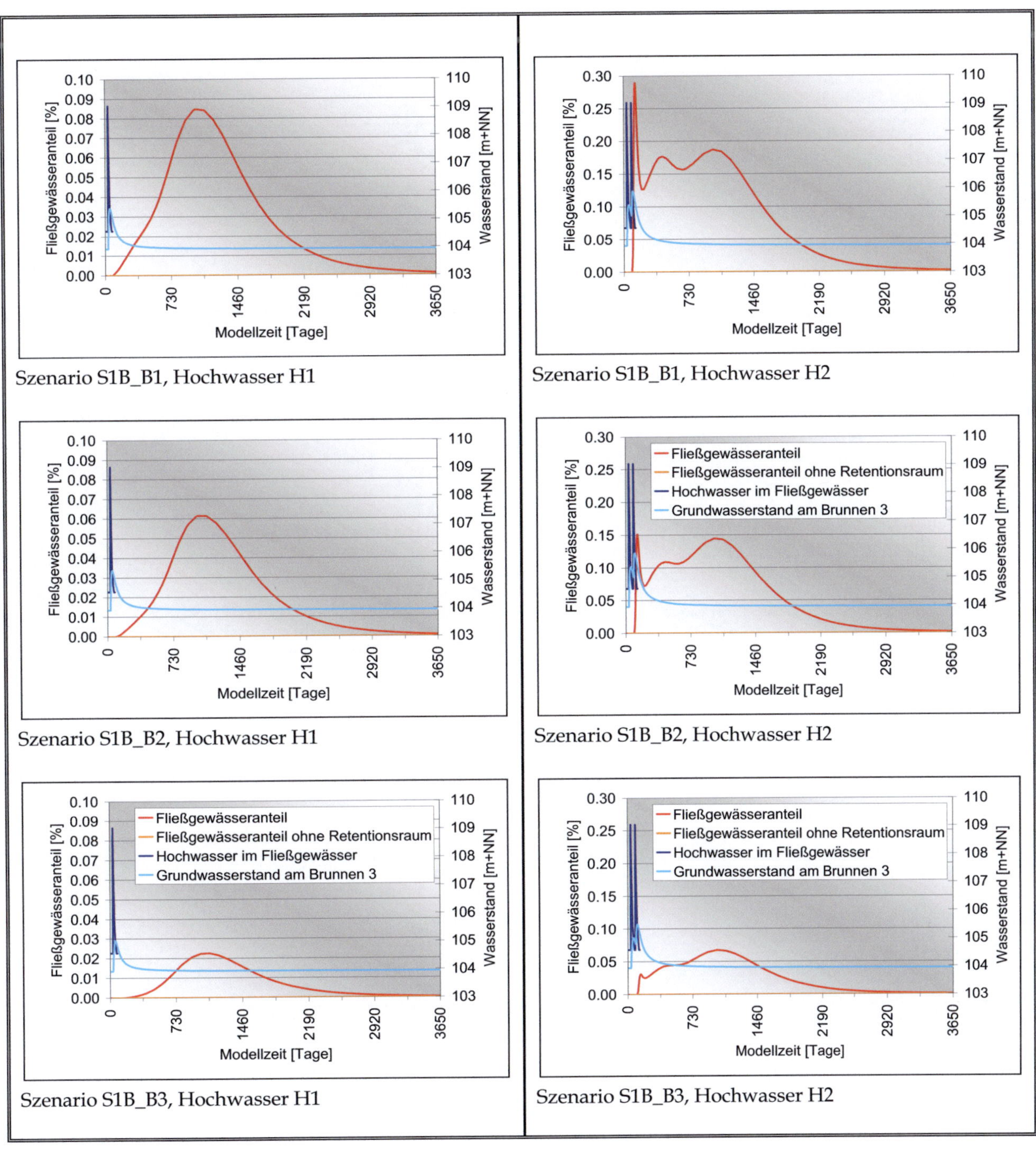

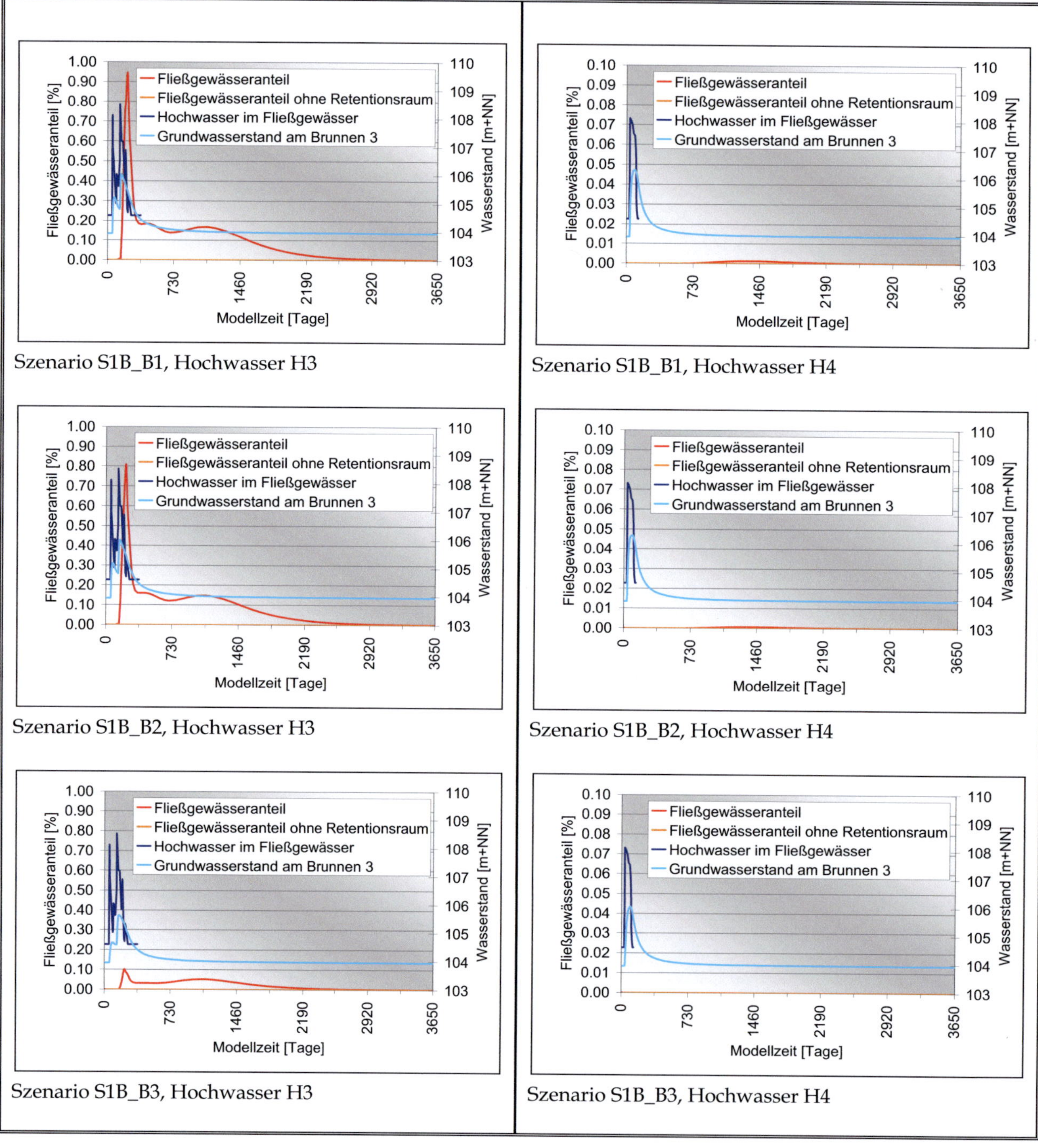

Szenario S1B_B1, Hochwasser H3

Szenario S1B_B1, Hochwasser H4

Szenario S1B_B2, Hochwasser H3

Szenario S1B_B2, Hochwasser H4

Szenario S1B_B3, Hochwasser H3

Szenario S1B_B3, Hochwasser H4

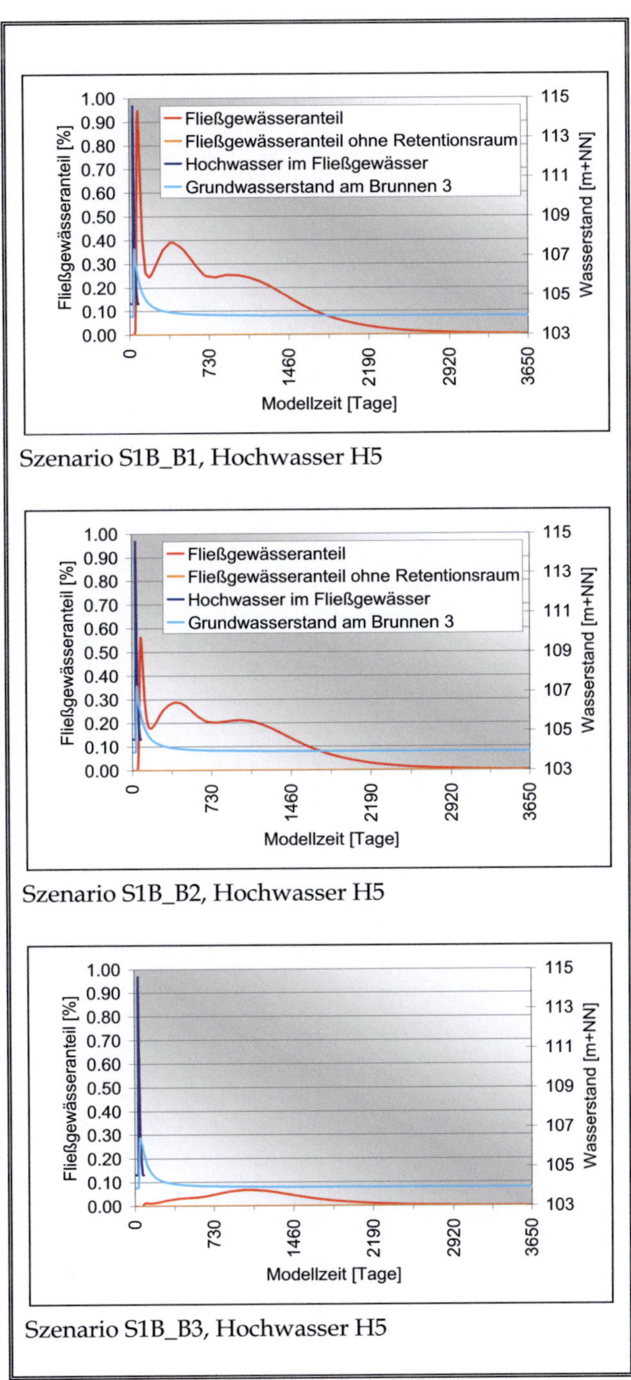

Szenario S1B_B1, Hochwasser H5

Szenario S1B_B2, Hochwasser H5

Szenario S1B_B3, Hochwasser H5

Anhang B-3:

Fließgewässeranteil im Wasserwerk nach einem Hochwasserereignis im Modellszenario S2A (Einzugsgebiet der Entnahmebrunnen und Retentionsraum überschneiden sich, Abstandsgeschwindigkeit ist geringer als im Szenario S2B). Die Durchlässigkeit der Bodenzone im Retentionsraum wird in den Diagrammen jeweils von oben nach unten geringer.

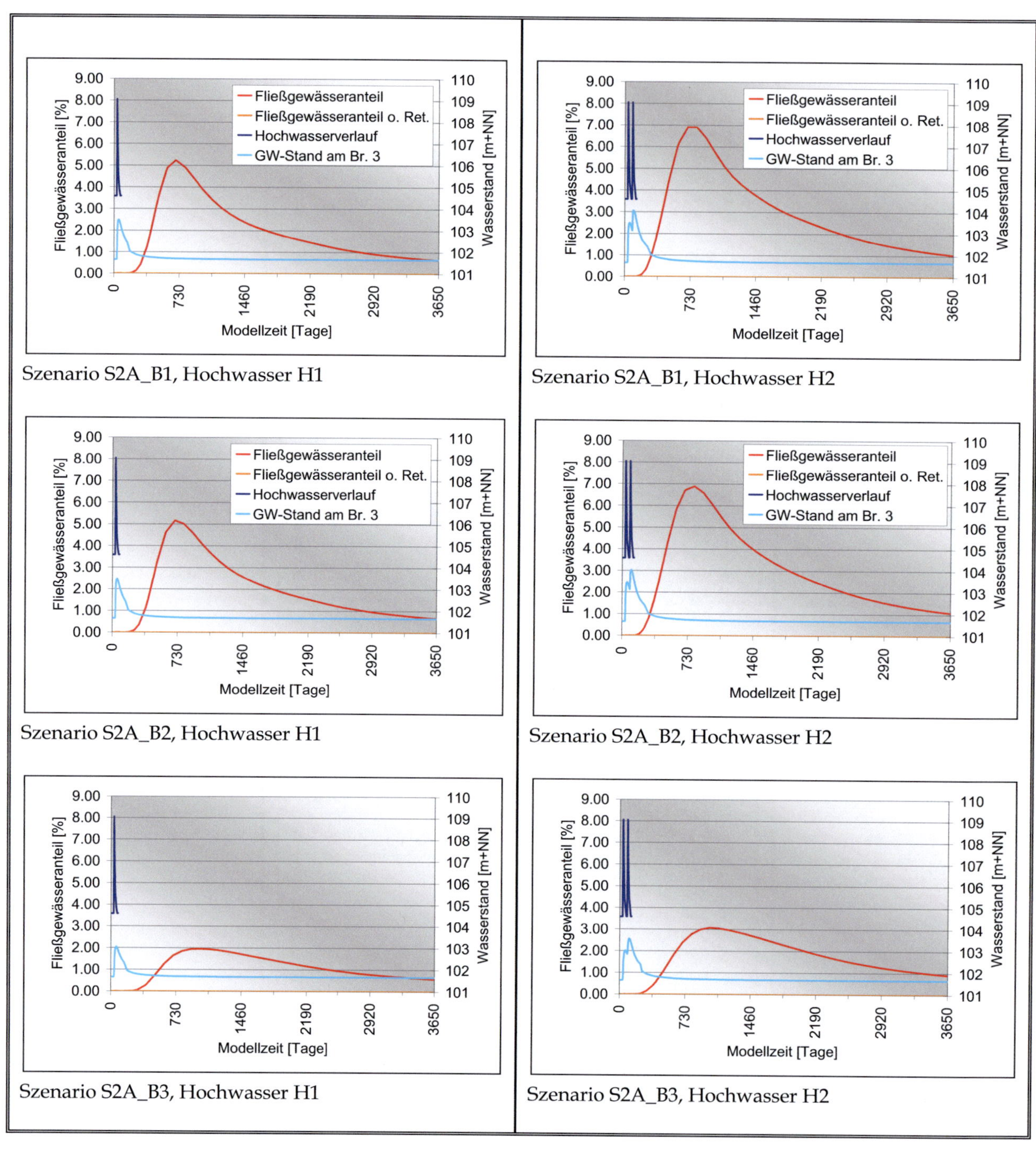

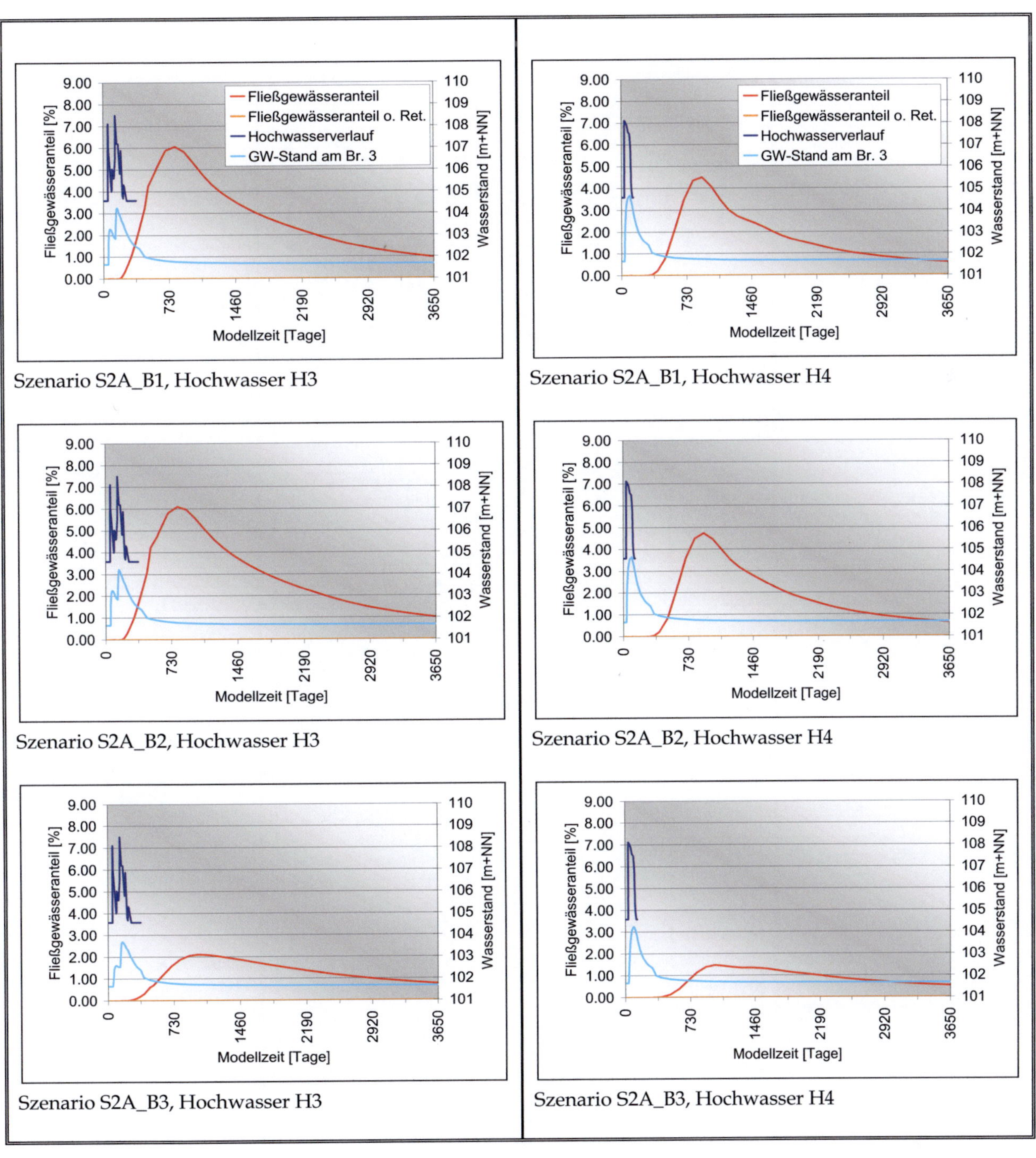

Szenario S2A_B1, Hochwasser H3

Szenario S2A_B1, Hochwasser H4

Szenario S2A_B2, Hochwasser H3

Szenario S2A_B2, Hochwasser H4

Szenario S2A_B3, Hochwasser H3

Szenario S2A_B3, Hochwasser H4

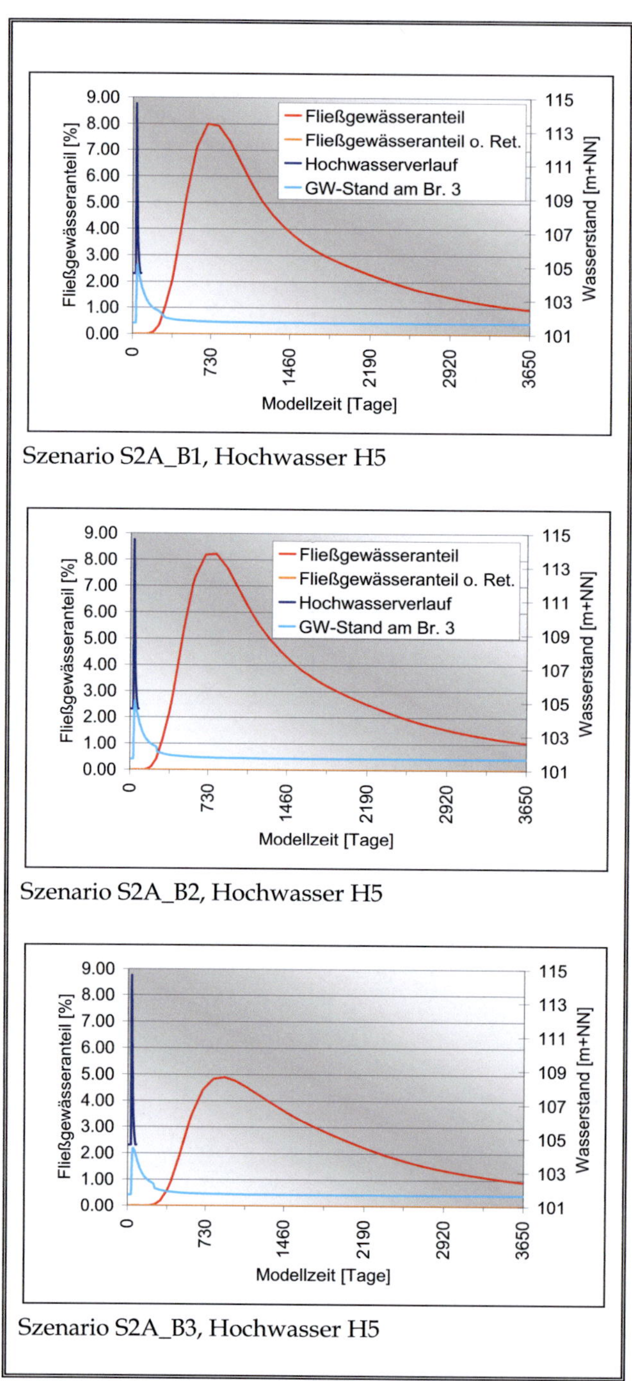

Szenario S2A_B1, Hochwasser H5

Szenario S2A_B2, Hochwasser H5

Szenario S2A_B3, Hochwasser H5

Anhang B-4:

Fließgewässeranteil im Wasserwerk nach einem Hochwasserereignis im Modellszenario S2B (Einzugsgebiet der Entnahmebrunnen und Retentionsraum überschneiden sich, Abstandsgeschwindigkeit ist höher als im Szenario S2A). Die Durchlässigkeit der Bodenzone im Retentionsraum wird in den Diagrammen jeweils von oben nach unten geringer.

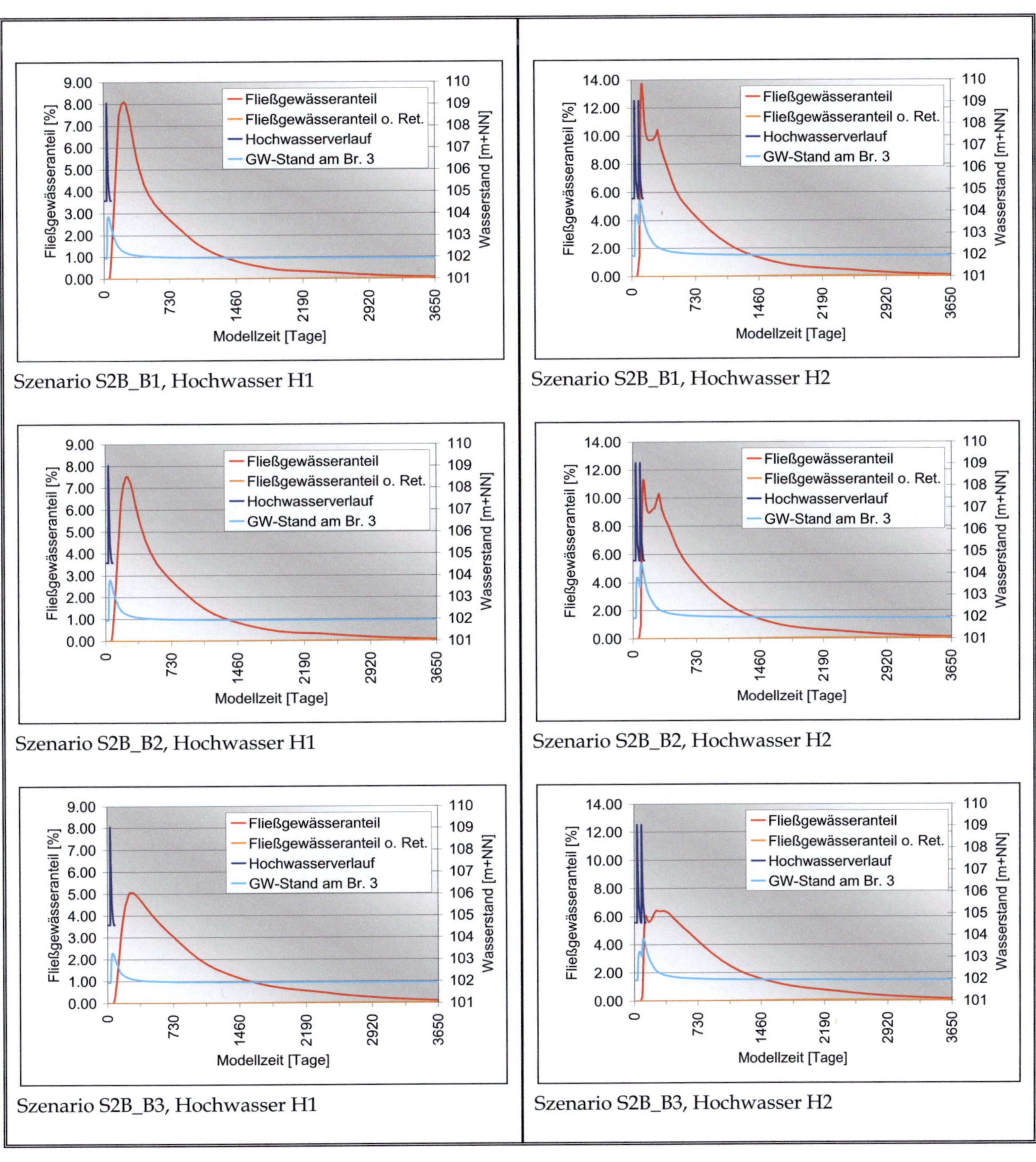

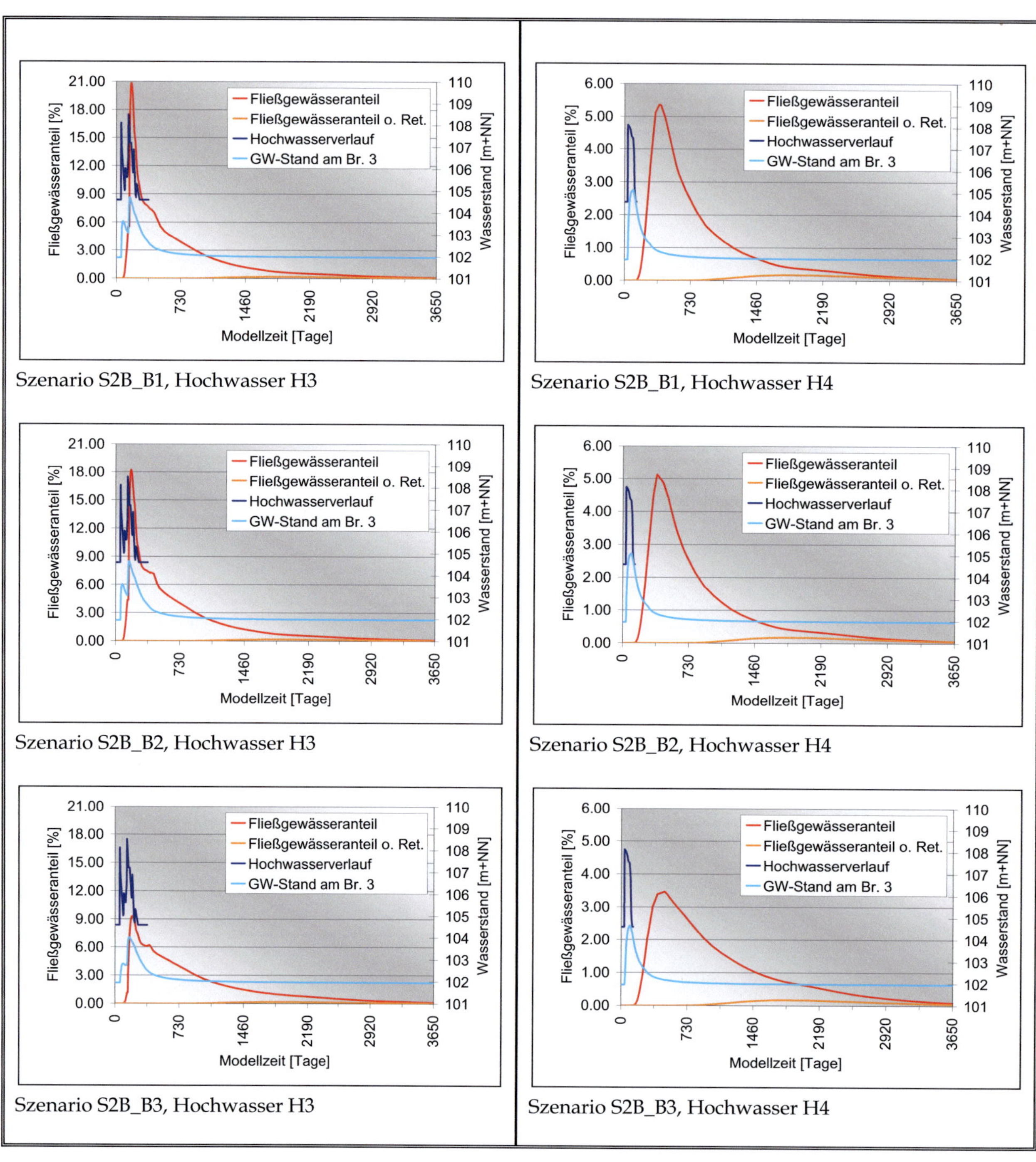

Szenario S2B_B1, Hochwasser H3

Szenario S2B_B1, Hochwasser H4

Szenario S2B_B2, Hochwasser H3

Szenario S2B_B2, Hochwasser H4

Szenario S2B_B3, Hochwasser H3

Szenario S2B_B3, Hochwasser H4

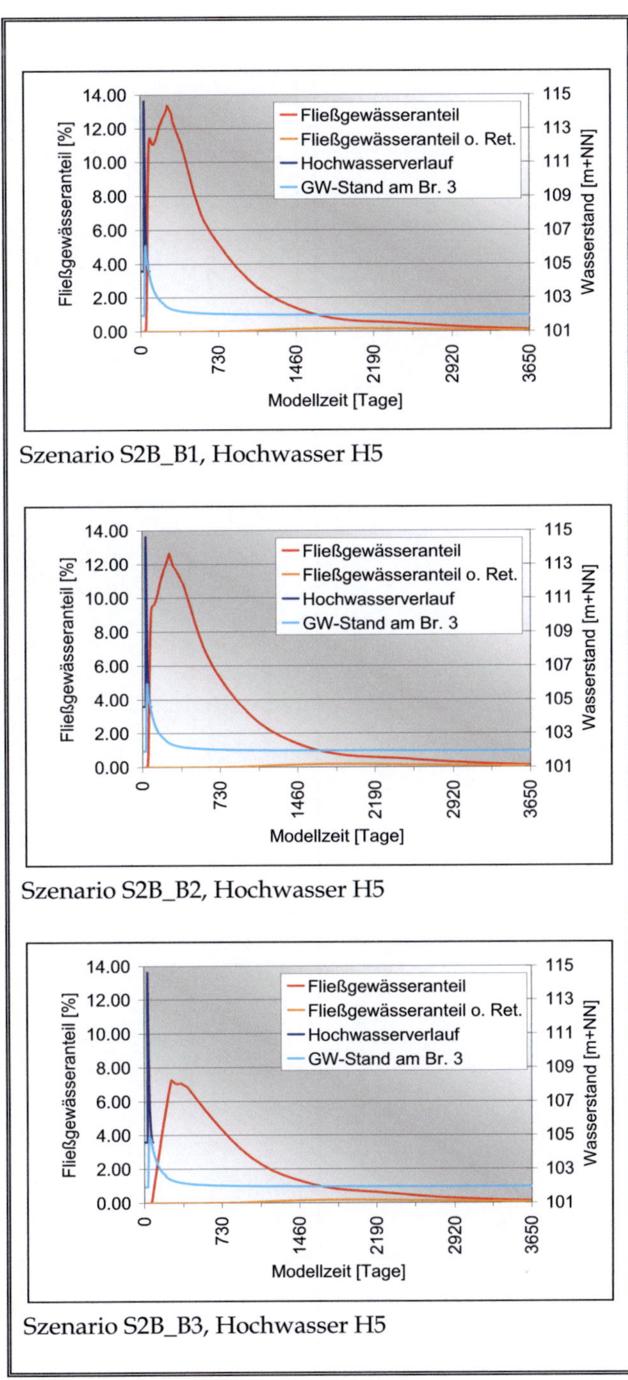

Szenario S2B_B1, Hochwasser H5

Szenario S2B_B2, Hochwasser H5

Szenario S2B_B3, Hochwasser H5

Anhang B-5:

Fließgewässeranteil im Wasserwerk nach einem Hochwasserereignis im Modellszenario S3A (Einzugsgebiet der Entnahmebrunnen beinhaltet einen Teil des Retentionsraums und des Fließgewässers, Abstandsgeschwindigkeit ist geringer als im Szenario S2B). Die Durchlässigkeit der Bodenzone im Retentionsraum wird in den Diagrammen jeweils von oben nach unten geringer.

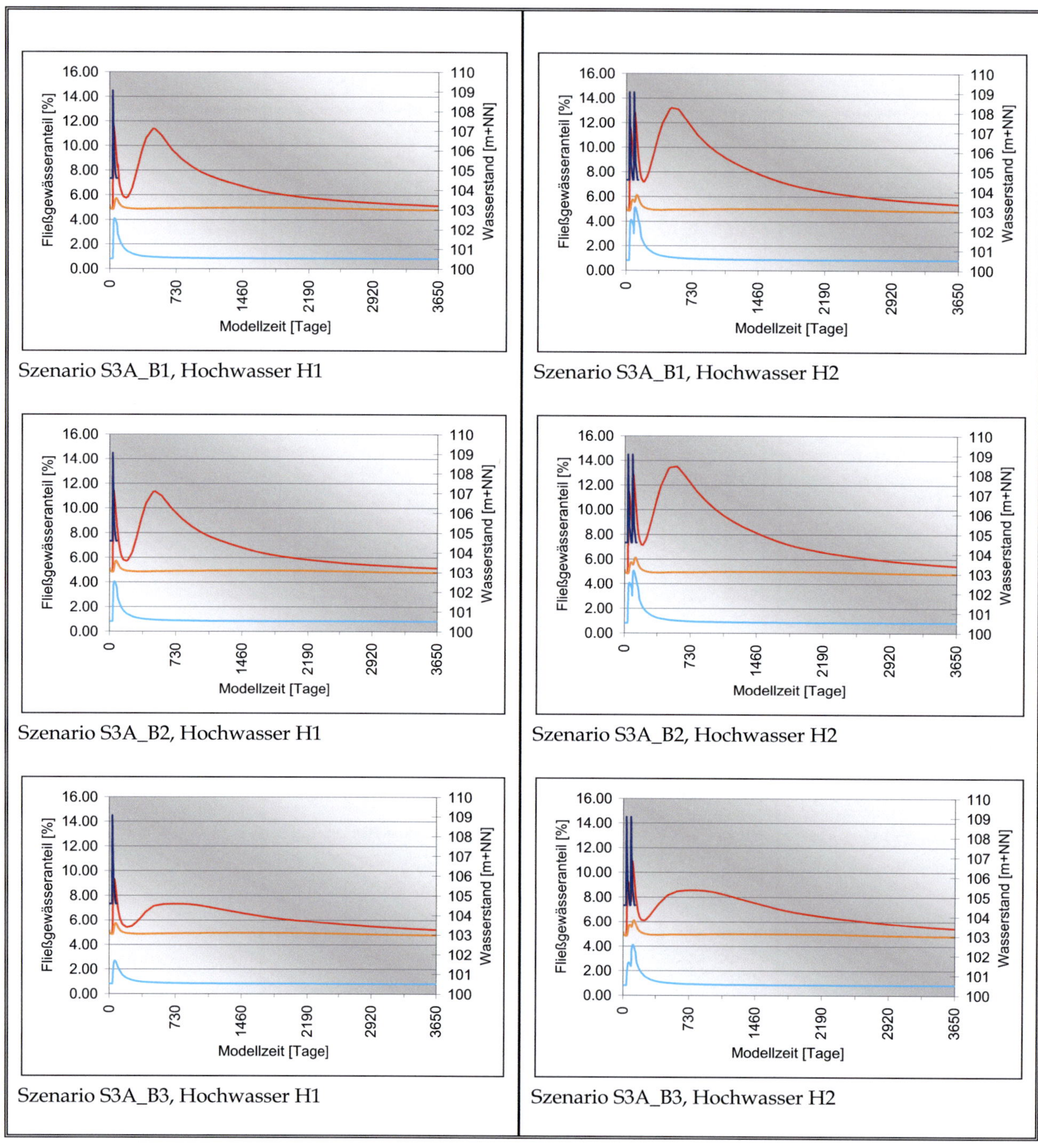

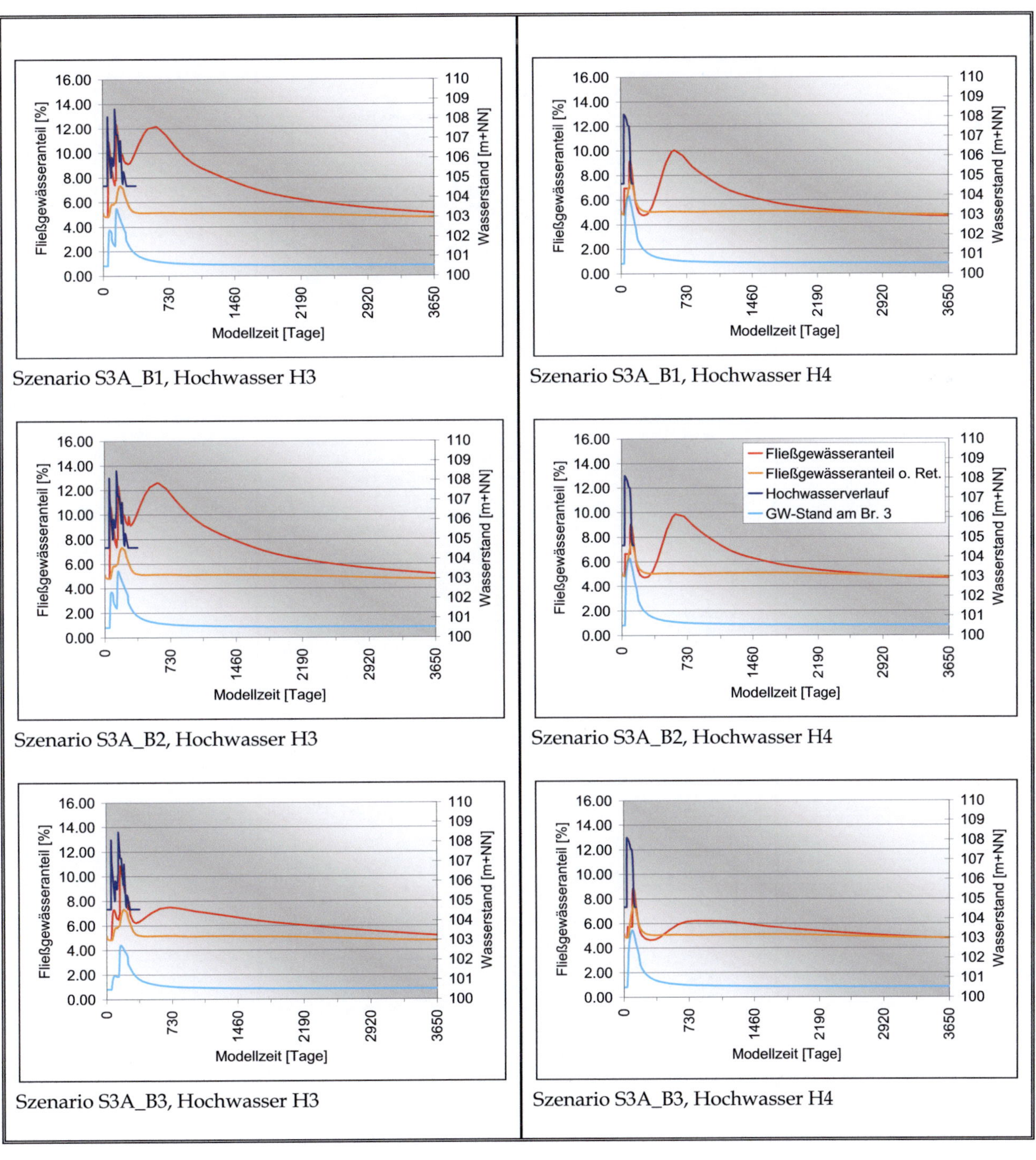

Szenario S3A_B1, Hochwasser H3

Szenario S3A_B1, Hochwasser H4

Szenario S3A_B2, Hochwasser H3

Szenario S3A_B2, Hochwasser H4

Szenario S3A_B3, Hochwasser H3

Szenario S3A_B3, Hochwasser H4

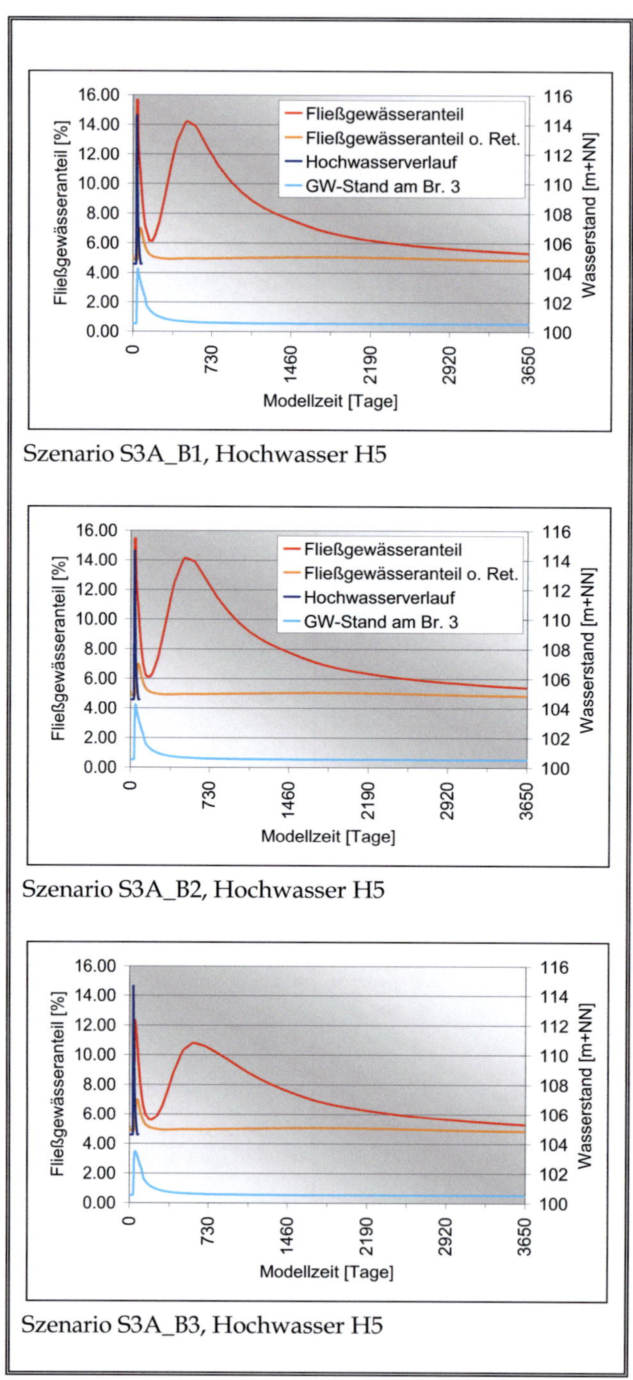

Szenario S3A_B1, Hochwasser H5

Szenario S3A_B2, Hochwasser H5

Szenario S3A_B3, Hochwasser H5

Anhang B-6:

Fließgewässeranteil im Wasserwerk nach einem Hochwasserereignis im Modellszenario S3B (Einzugsgebiet der Entnahmebrunnen beinhaltet einen Teil des Retentionsraums und des Fließgewässers, Abstandsgeschwindigkeit ist geringer als im Szenario S3A). Die Durchlässigkeit der Bodenzone im Retentionsraum wird in den Diagrammen jeweils von oben nach unten geringer.

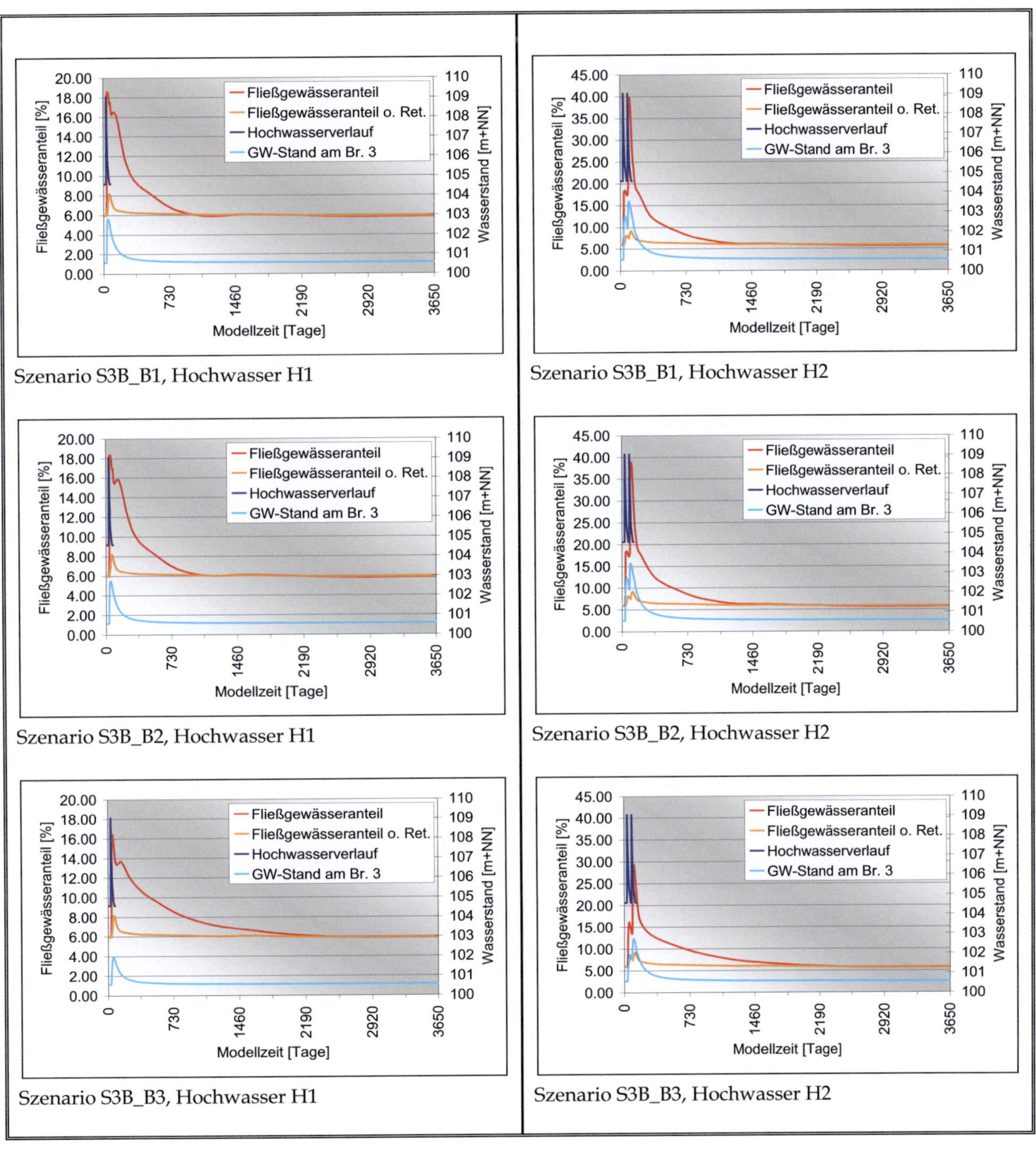

Szenario S3B_B1, Hochwasser H1

Szenario S3B_B1, Hochwasser H2

Szenario S3B_B2, Hochwasser H1

Szenario S3B_B2, Hochwasser H2

Szenario S3B_B3, Hochwasser H1

Szenario S3B_B3, Hochwasser H2

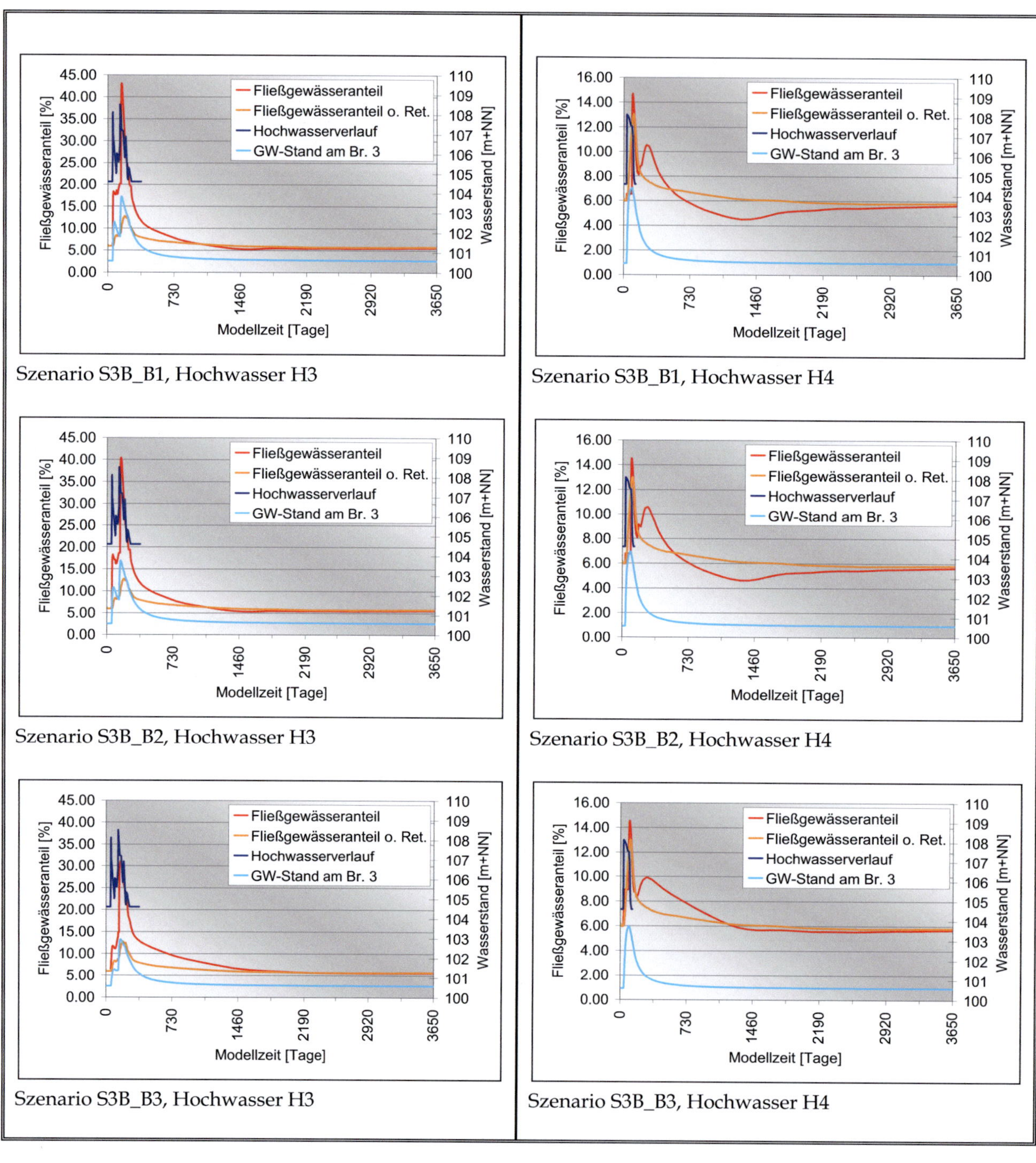

Szenario S3B_B1, Hochwasser H3

Szenario S3B_B1, Hochwasser H4

Szenario S3B_B2, Hochwasser H3

Szenario S3B_B2, Hochwasser H4

Szenario S3B_B3, Hochwasser H3

Szenario S3B_B3, Hochwasser H4

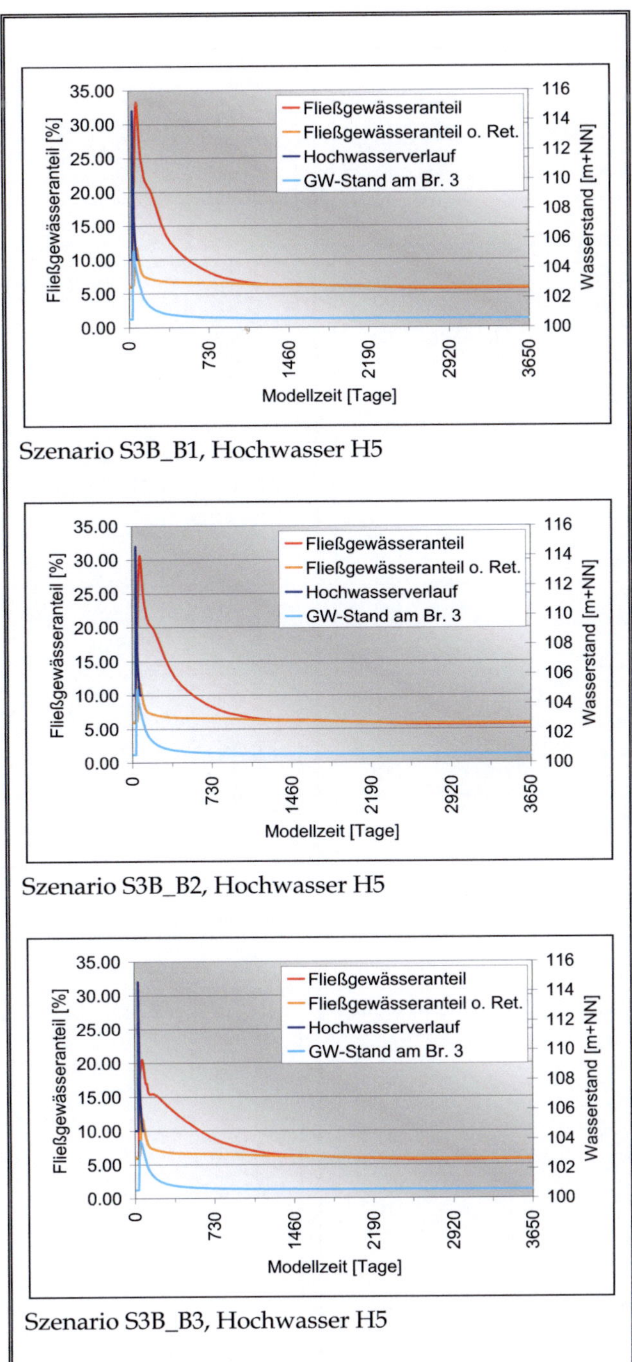

Szenario S3B_B1, Hochwasser H5

Szenario S3B_B2, Hochwasser H5

Szenario S3B_B3, Hochwasser H5

Anhang B-7:

Fließgewässeranteil im Wasserwerk nach dem Hochwasserereignis H1 bei guter Durchlässigkeit der Bodenzone des Retentionsraums (B2) mit und ohne Abzugsgraben um den Retentionsraum.

Die zu vergleichenden Ganglinien sind nebeneinander angeordnet.

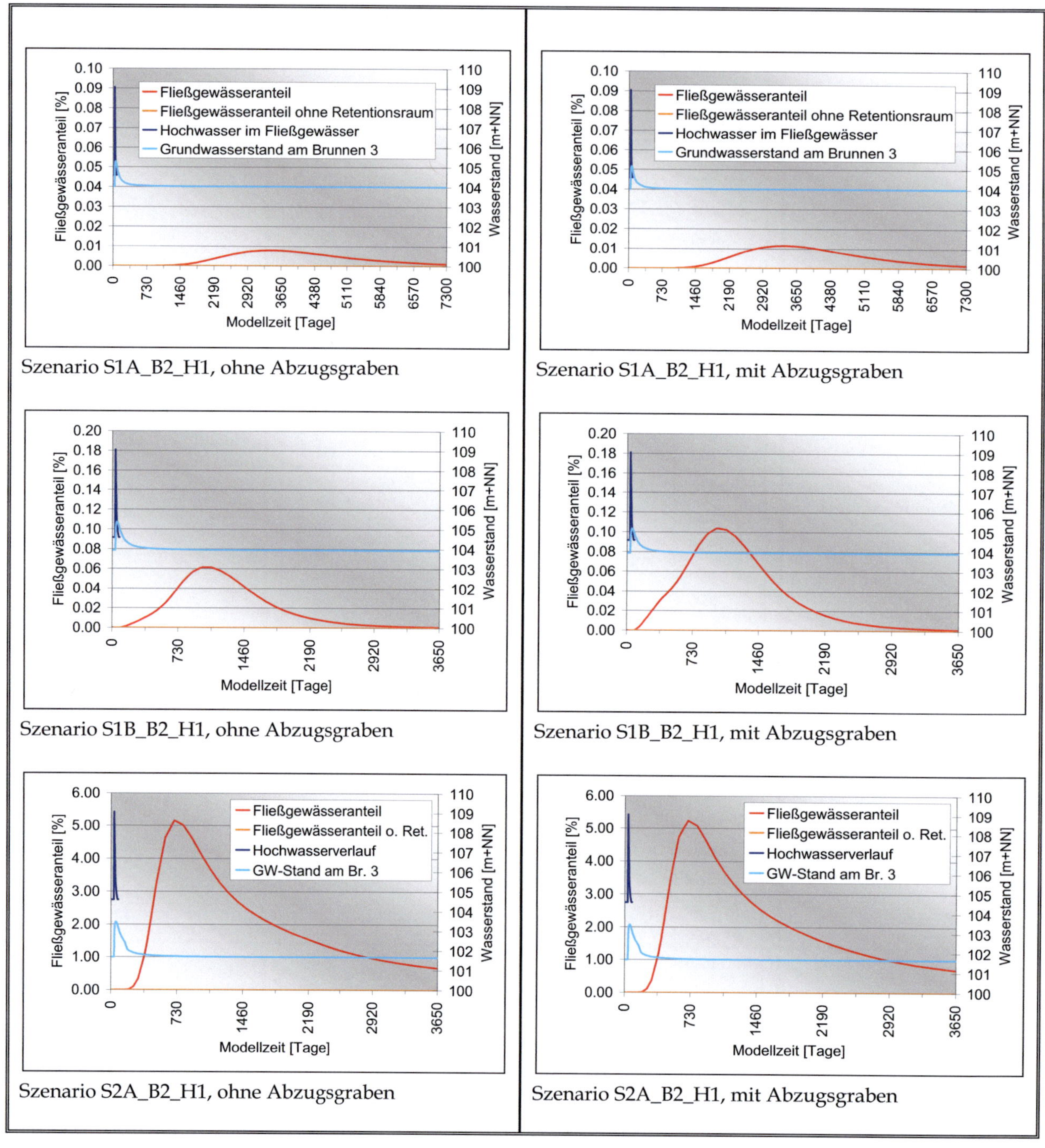

Szenario S1A_B2_H1, ohne Abzugsgraben

Szenario S1A_B2_H1, mit Abzugsgraben

Szenario S1B_B2_H1, ohne Abzugsgraben

Szenario S1B_B2_H1, mit Abzugsgraben

Szenario S2A_B2_H1, ohne Abzugsgraben

Szenario S2A_B2_H1, mit Abzugsgraben

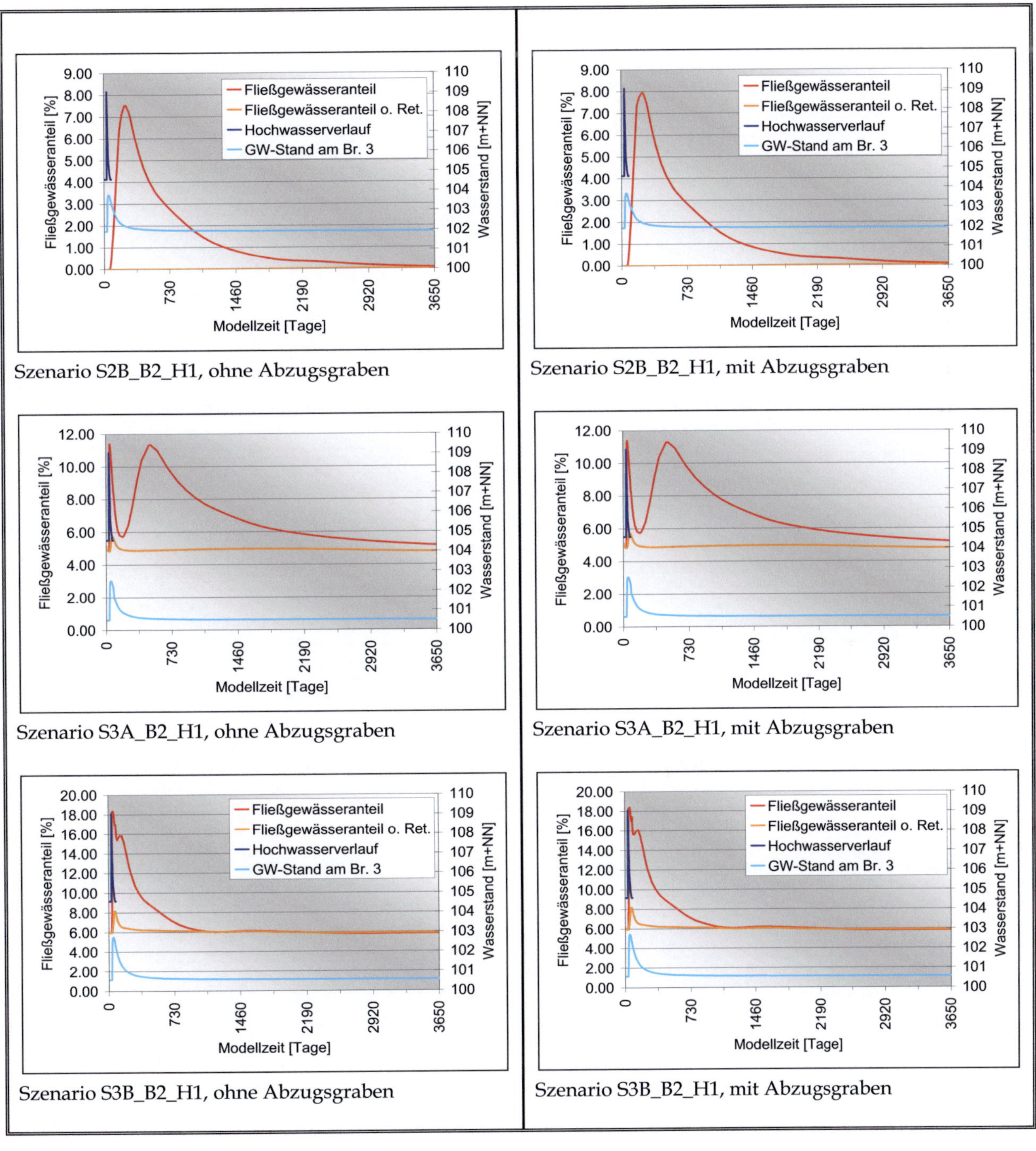

Szenario S2B_B2_H1, ohne Abzugsgraben

Szenario S2B_B2_H1, mit Abzugsgraben

Szenario S3A_B2_H1, ohne Abzugsgraben

Szenario S3A_B2_H1, mit Abzugsgraben

Szenario S3B_B2_H1, ohne Abzugsgraben

Szenario S3B_B2_H1, mit Abzugsgraben

Anhang B-8:

Fließgewässeranteil im Wasserwerk nach dem Hochwasserereignis H1 bei guter Durchlässigkeit der Bodenzone des Retentionsraums (B2) mit und ohne zweites Fließgewässer im Zustrombereich des Wasserwerks.

Die zu vergleichenden Ganglinien sind nebeneinander angeordnet.

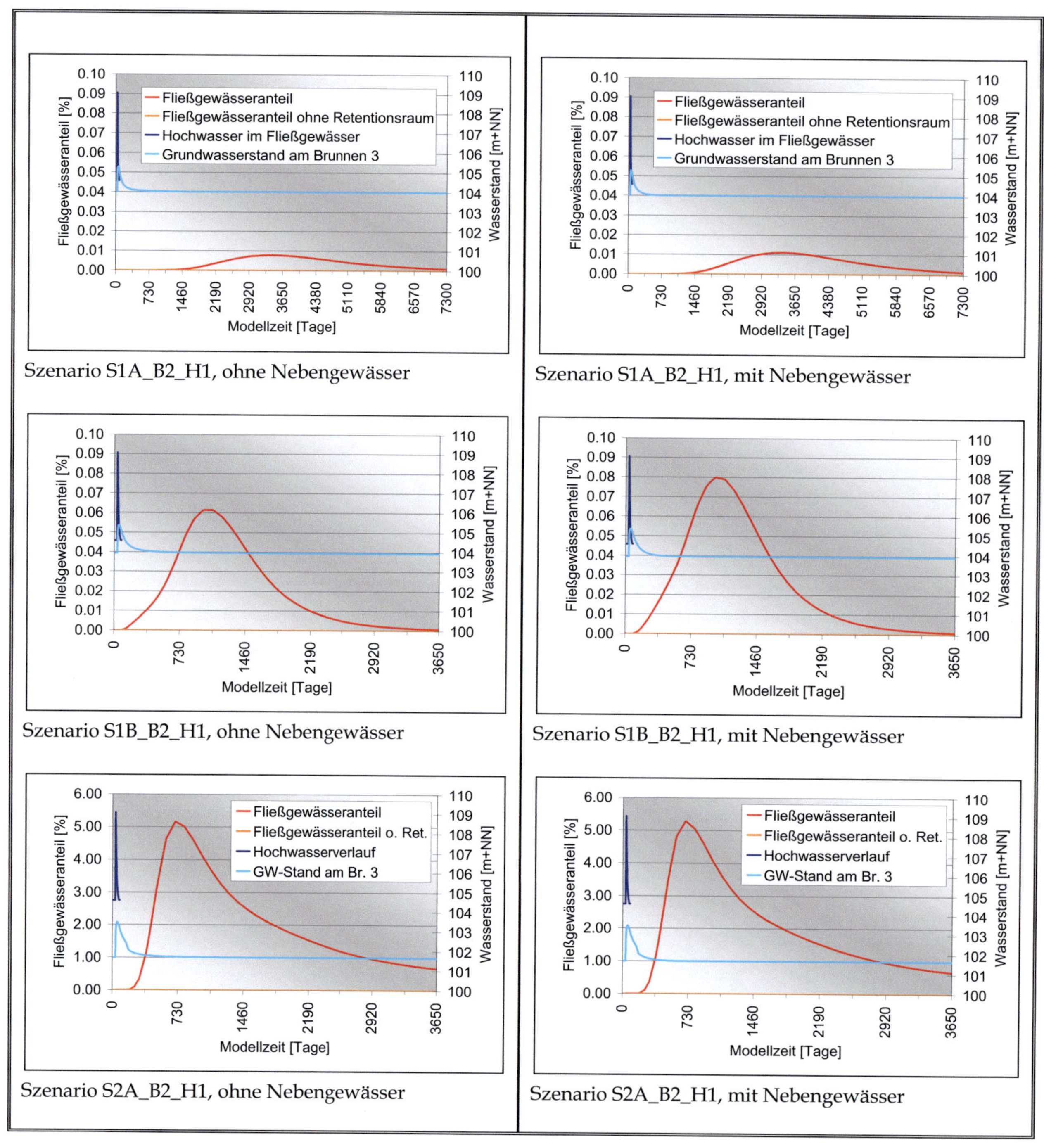

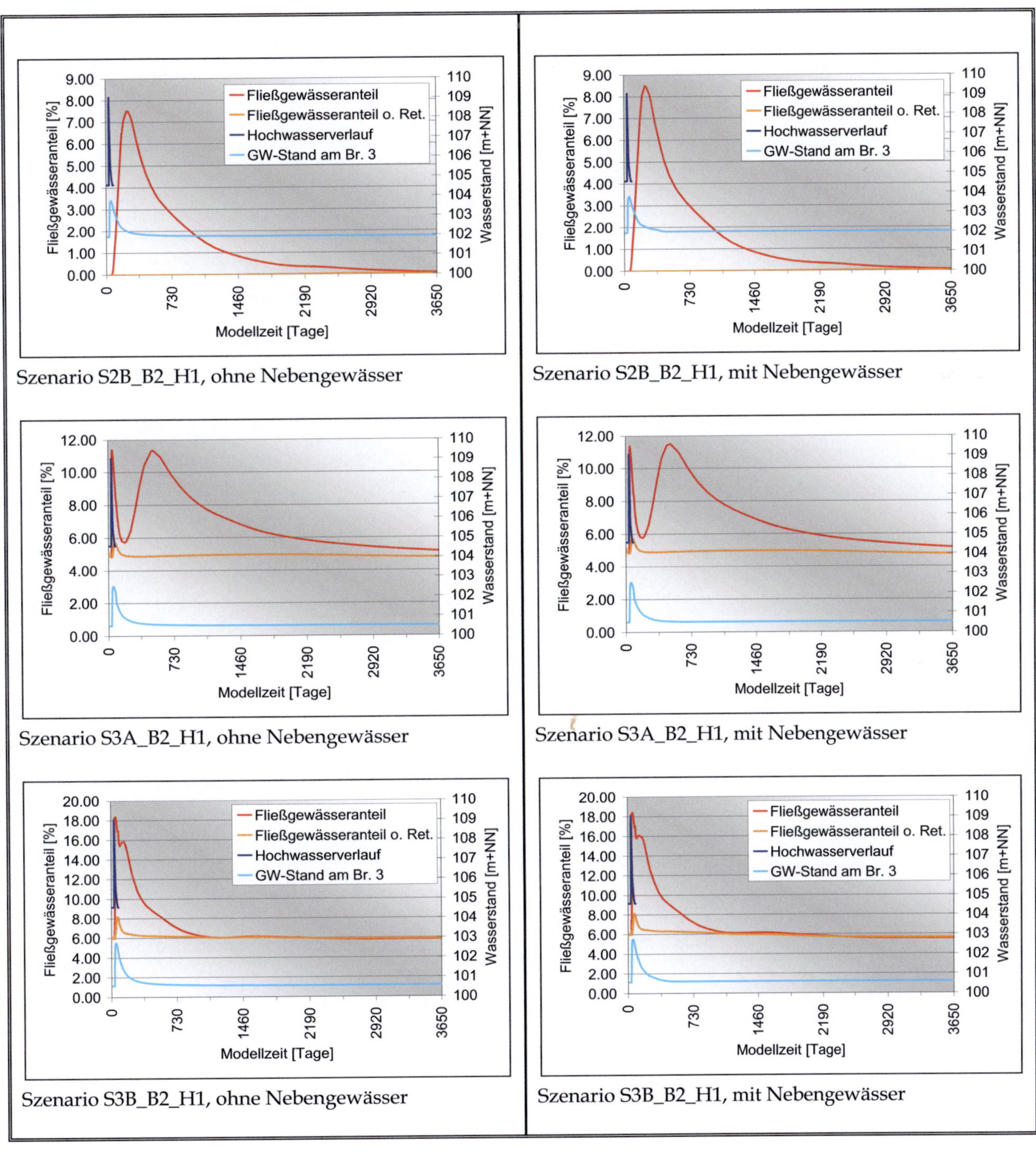

Szenario S2B_B2_H1, ohne Nebengewässer

Szenario S2B_B2_H1, mit Nebengewässer

Szenario S3A_B2_H1, ohne Nebengewässer

Szenario S3A_B2_H1, mit Nebengewässer

Szenario S3B_B2_H1, ohne Nebengewässer

Szenario S3B_B2_H1, mit Nebengewässer

Anhang B-9:

Fließgewässeranteil im Wasserwerk mit und ohne Abschalten der Grundwasserentnahme während des Hochwasserereignisses H1 bei guter Durchlässigkeit der Bodenzone des Retentionsraums (B2).

Die zu vergleichenden Ganglinien sind nebeneinander angeordnet.

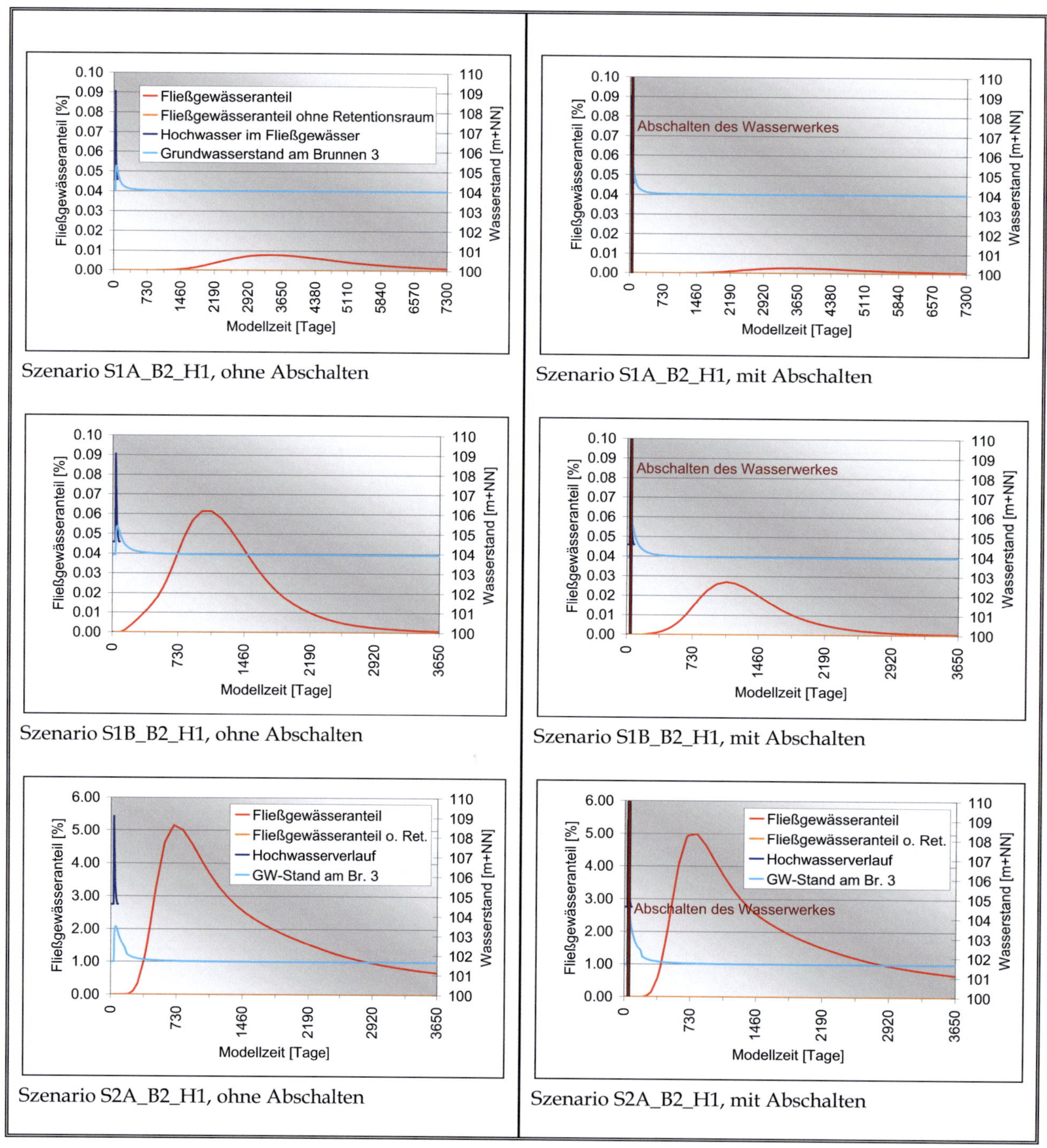

Szenario S1A_B2_H1, ohne Abschalten

Szenario S1A_B2_H1, mit Abschalten

Szenario S1B_B2_H1, ohne Abschalten

Szenario S1B_B2_H1, mit Abschalten

Szenario S2A_B2_H1, ohne Abschalten

Szenario S2A_B2_H1, mit Abschalten

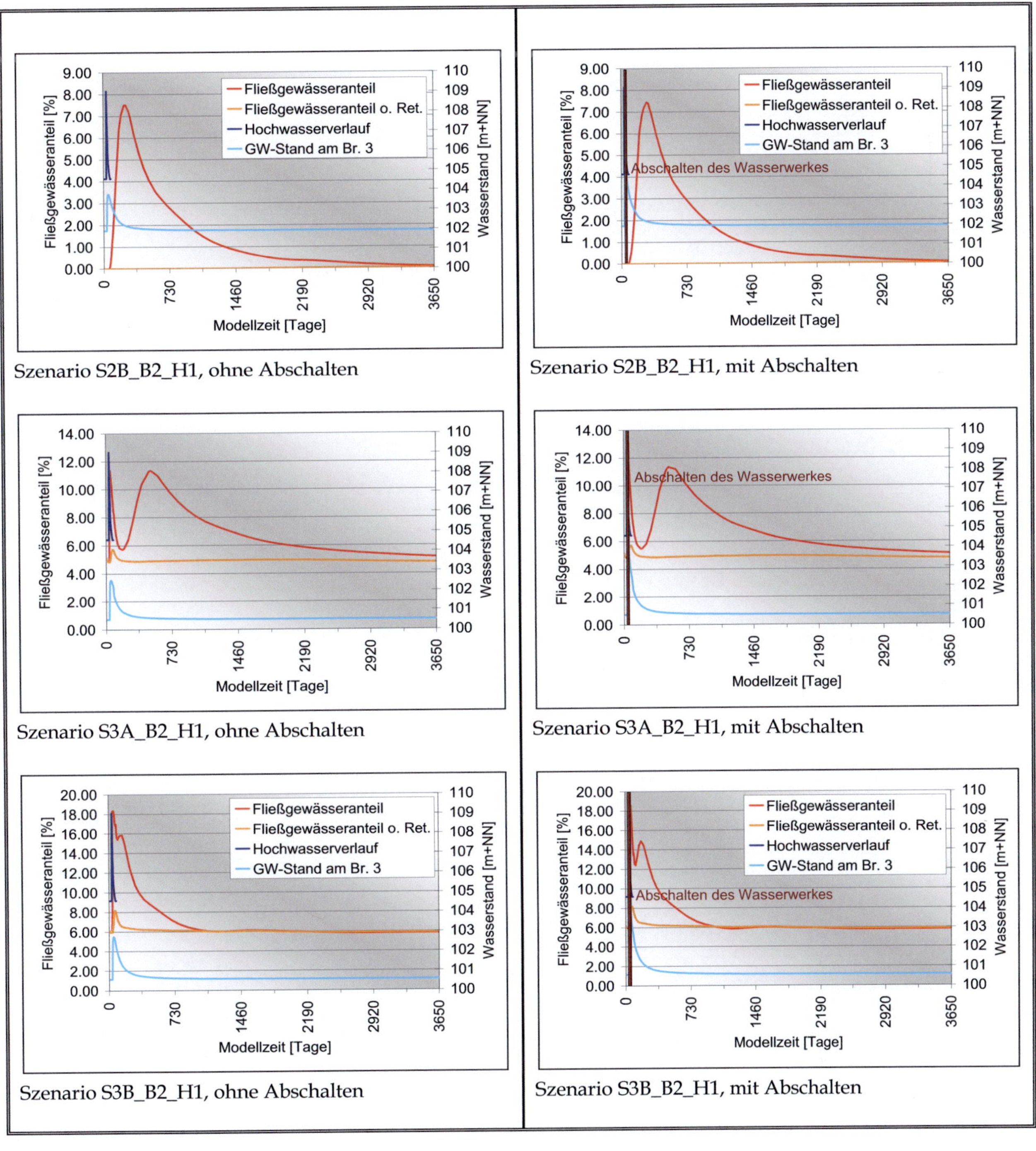

Szenario S2B_B2_H1, ohne Abschalten

Szenario S2B_B2_H1, mit Abschalten

Szenario S3A_B2_H1, ohne Abschalten

Szenario S3A_B2_H1, mit Abschalten

Szenario S3B_B2_H1, ohne Abschalten

Szenario S3B_B2_H1, mit Abschalten

Anhang B-10:

Fließgewässeranteil im Wasserwerk nach dem Hochwasserereignis H1 bei guter Durchlässigkeit der Bodenzone des Retentionsraums (B2) mit und ohne Spundwand im Deich.

Die zu vergleichenden Ganglinien sind nebeneinander angeordnet.

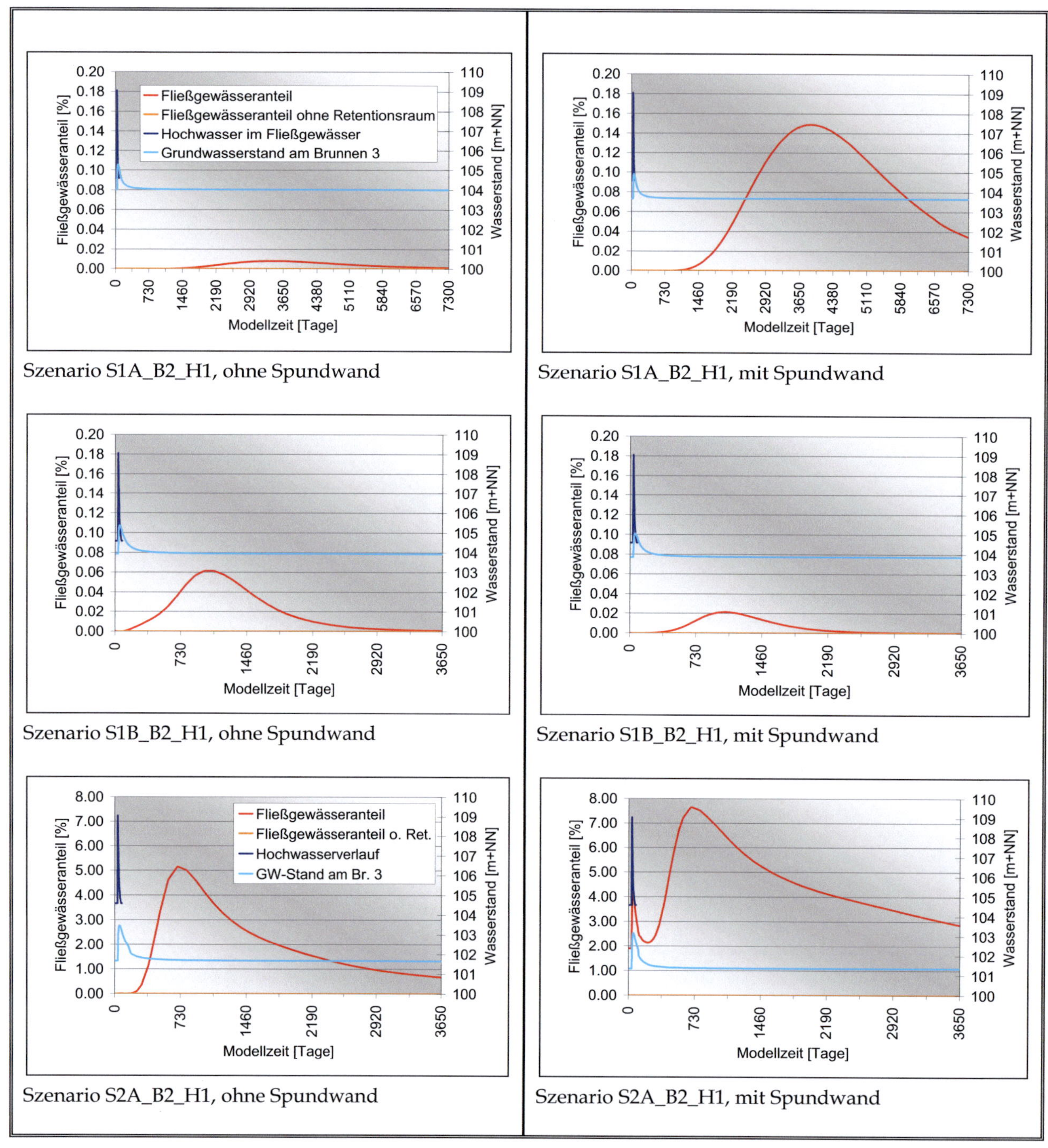

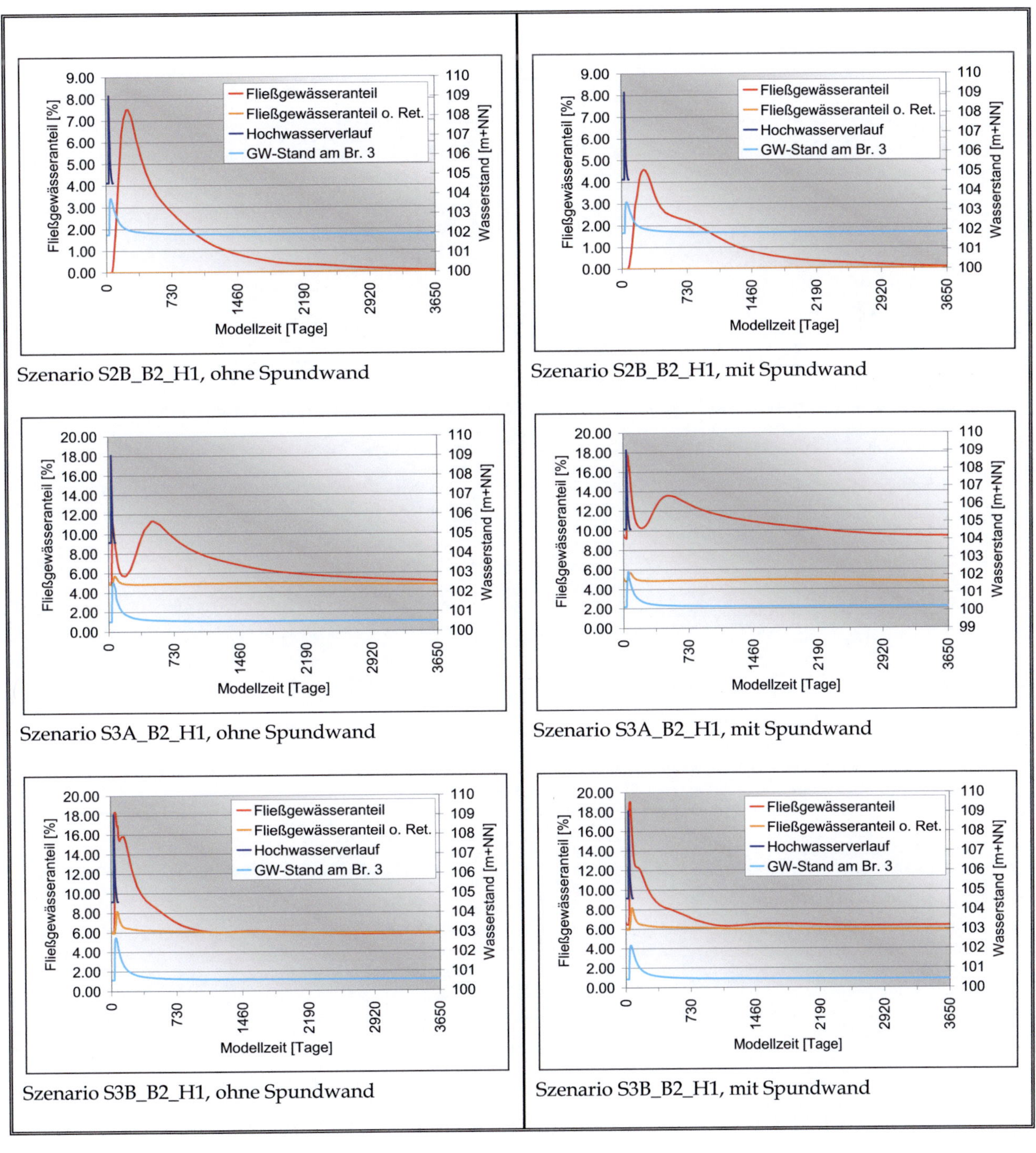

Szenario S2B_B2_H1, ohne Spundwand

Szenario S2B_B2_H1, mit Spundwand

Szenario S3A_B2_H1, ohne Spundwand

Szenario S3A_B2_H1, mit Spundwand

Szenario S3B_B2_H1, ohne Spundwand

Szenario S3B_B2_H1, mit Spundwand

Anhang B-11:

Fließgewässeranteil im Wasserwerk nach dem Hochwasserereignis H1 bei guter Durchlässigkeit der Bodenzone des Retentionsraums (B2) und einem zweiten Fließgewässer im Zustrombereich des Wasserwerks (F) mit und ohne Spundwand im Deich.

Die zu vergleichenden Ganglinien sind nebeneinander angeordnet.

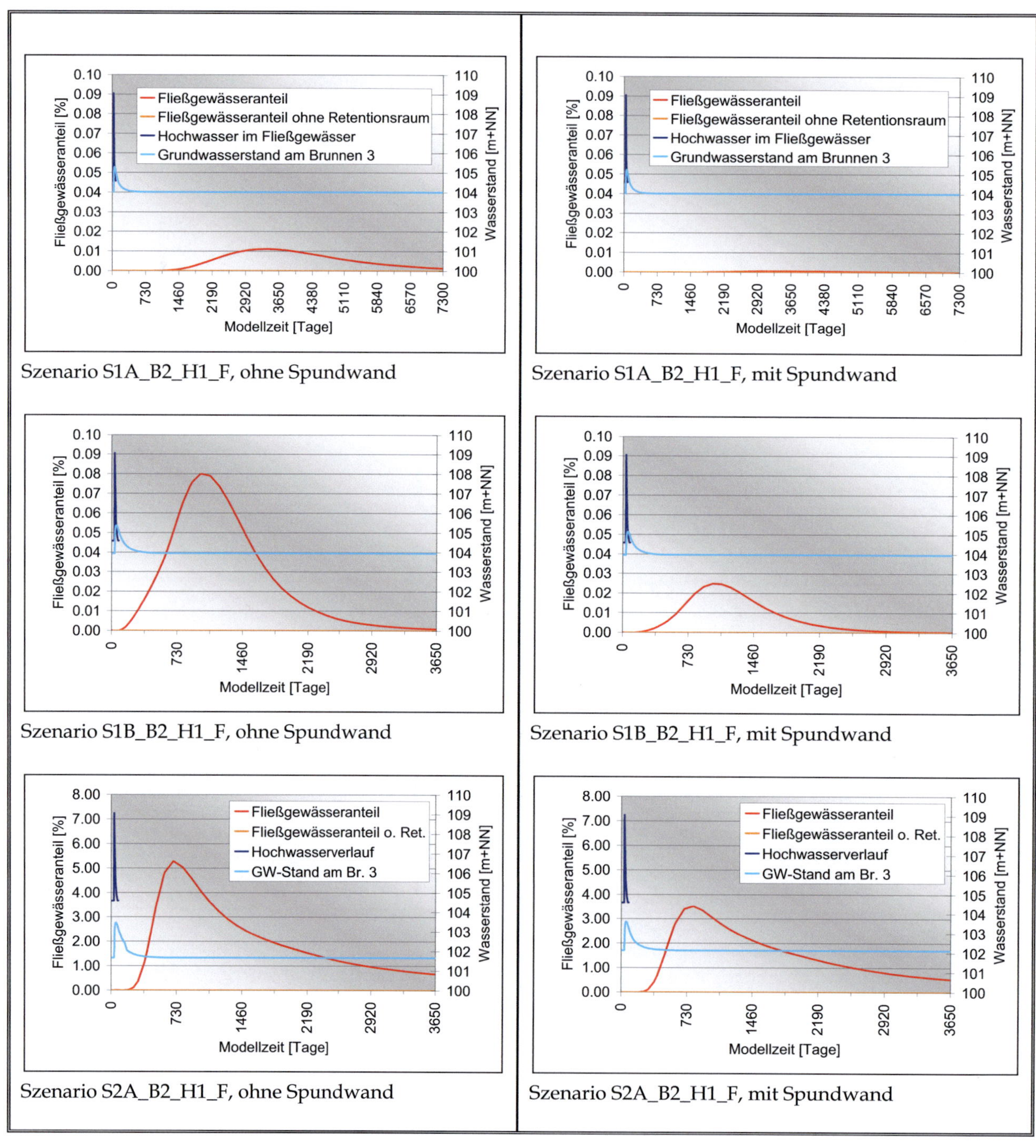

Szenario S1A_B2_H1_F, ohne Spundwand

Szenario S1A_B2_H1_F, mit Spundwand

Szenario S1B_B2_H1_F, ohne Spundwand

Szenario S1B_B2_H1_F, mit Spundwand

Szenario S2A_B2_H1_F, ohne Spundwand

Szenario S2A_B2_H1_F, mit Spundwand

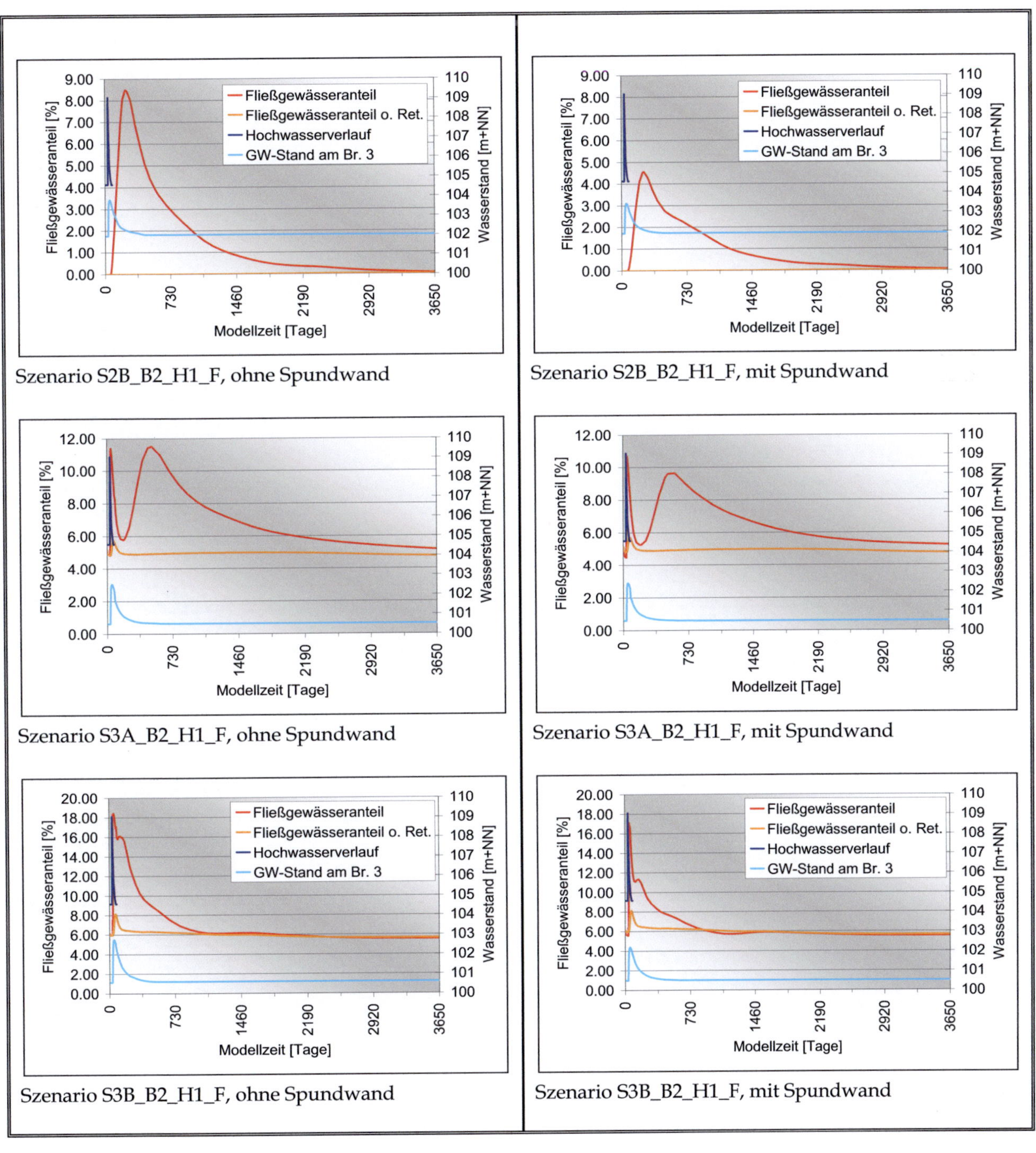

Szenario S2B_B2_H1_F, ohne Spundwand

Szenario S2B_B2_H1_F, mit Spundwand

Szenario S3A_B2_H1_F, ohne Spundwand

Szenario S3A_B2_H1_F, mit Spundwand

Szenario S3B_B2_H1_F, ohne Spundwand

Szenario S3B_B2_H1_F, mit Spundwand